Raisonnement et stratégies
de preuve dans l'enseignement
des mathématiques

Exploration
Recherches en sciences de l'éducation

La pluralité des disciplines et des perspectives en sciences de l'éducation définit la vocation de la collection Exploration, celle de carrefour des multiples dimensions de la recherche et de l'action éducative. Sans exclure l'essai, Exploration privilégie les travaux investissant des terrains nouveaux ou développant des méthodologies et des problématiques prometteuses.

Collection de la Société Suisse pour la Recherche en Education, publiée sous la direction de Rita Hofstetter, André Petitat et Bernard Schneuwly

Philippe R. Richard

Raisonnement et stratégies de preuve dans l'enseignement des mathématiques

PETER LANG

Bern · Berlin · Bruxelles · Frankfurt am Main · New York · Oxford · Wien

Information bibliographique publiée par «Die Deutsche Bibliothek»
«Die Deutsche Bibliothek» répertorie cette publication dans la «Deutsche Nationalbibliografie»; les données bibliographiques détaillées sont disponibles dans Internet à ‹http://dnb.ddb.de›.

Publié avec le concours de l'Académie suisse des sciences humaines et sociales.

Réalisation couverture: Thomas Jaberg, Peter Lang AG

ISBN 3-906770-30-3
ISSN 0721-3700

© Peter Lang SA, Editions scientifiques européennes, Berne 2004
Hochfeldstrasse 32, Postfach 746, CH-3000 Berne 9
info@peterlang.com, www.peterlang.com, www.peterlang.net

Imprimé en Allemagne

A mon père

*Je remercie mes élèves d'Aula Escola Europea et,
plus particulièrement, la cohorte Barcelona, qui s'est prêté à
l'exercice avec enthousiasme et intelligence.
Je remercie aussi tous ceux qui, par leurs commentaires, m'ont
encouragé dans cette recherche, dont mes collègues et amis Claudi
Alsina, Nicolas Balacheff, Joaquim Giménez, Lluís Bibiloni,
Carmen Azcárate, Jordi Deulofeu, Núria Rosich, Elisabeth Simò
et Hélène Richard.
Je remercie également Josep Maria Fortuny, sans qui mon
entreprise n'aurait peut-être été qu'une aventure.*

Table de matières

INTRODUCTION   1

CHAPITRE I: PROBLÉMATIQUE   5

Comment l'élève s'y prend-il pour formuler une conjecture?
Quels sont les types d'explication ou les procédures de preuve
qu'il manie?   7
L'élève s'approche-t-il de la démonstration? En a-t-il besoin?   9
Quel rôle joue le raisonnement dans les stratégies de preuve?   12
Quel rôle y joue le langage?   14
Quel rôle y jouent la figure et le dessin?   15
Comment intervient le milieu? Et la situation-problème?   17
Y a-t-il des comportements récurrents dans la façon de prouver?   19

CHAPITRE II: CADRE THÉORIQUE   23

ASPECTS ÉPISTÉMOLOGIQUES   23
    La démonstration dans l'histoire de la géométrie   23
    De la genèse chez les grecs jusqu'à la fin du Moyen-Age   24
    Multiplication des géométries depuis la Renaissance   29
    Naissance des géométries non euclidiennes   32
    La démonstration au XXe siècle   34
    Emergence du formalisme   35
    Analyse descriptive de la méthode axiomatique   36

Limitations intrinsèques de la méthode axiomatique
et «fin» de la géométrie   38
Démonstration algorithmique et débordements en linguistique   39
Mathématique significative, aspect social de la démonstration
dans la pratique mathématique et validité épistémologique   42

ASPECTS CURRICULAIRES   45
Place de la mathématique dans le curriculum   46
Egard mitigé aux situations de validation
et au raisonnement déductif   48
Importance épistémologique et cognitive du discours déductif   49
Caractéristiques de la géométrie scolaire   51
Tutorisation et phénomène de proceptualisation   53
Obstacles   56
Nécessité d'un diagnostic sur les stratégies de preuve   58

ASPECTS SÉMIOTIQUES ET PRAGMATIQUES   60
Analyse du discours   60
Plan argumentatif   62
Plan déductif   65
Raisonnement par l'absurde   66
Valeur, validité et pertinence d'un raisonnement   67
Argument et discursivité   70
Rapport de l'argumentation dans le processus de preuve   73
Dessin, figure, langages   74
Modélisation, signifiance et représentation   75
Concept figural et figure géométrique opératoire   82
Langage symbolique et langue naturelle   85

ASPECTS RELATIFS À LA DÉMARCHE   89
Les stratégies de preuve   89
Catégories de procédure de preuve   90
Stratégies élémentaires de preuve   93
Preuves dans un EIAO   97
Qualité d'une preuve   104
Niveau de validation-conviction   109

CHAPITRE III: SUR LA MÉTHODOLOGIE   111

Motivation structurale du questionnaire et analyse a priori   112
Question 1   114

Question 2 118
Question 3 123
Question 4 125
Question 5 127

CHAPITRE IV: ANALYSE DES DONNÉES, RÉSULTATS 129

CONTEXTURE STRATÉGIQUE, SCHÉMA DISCURSIF 129
Déroulement des sessions 130
Question 1 131
Question 2 136
Question 3 142
Question 4 147
Question 5 154

EVALUATION DES PREUVES 164
Moment de la conjecture 165
Au sujet de la question 1 171
Stratégies de preuve 178
Raisonnement, catégories de preuve 184
Qualité des preuves 189
Niveaux de validation-conviction 194
Dessins, images visuelles, traits du langage 198
Au sujet de la question 5 202

TYPOLOGIE DU COMPORTEMENT 207
Patrons de conduite:
le problème des caractéristiques communes 207
Hypothèses effectives 210
Comportement empirique 213
Comportement elliptique 217
Comportement étiologique 220
Comportement heuristique 223
Répartition des types et caractérisation du comportement 227

CHAPITRE V: THÉORISATION 235

Apport du diagnostic et réflexion prospective 235
Raisonnement graphique et preuve 236
L'inférence figurale en classe 242

Battement argumentativo-graphique et raisonnement
discursivo-graphique   246
Adaptation du raisonnement, enracinement multiple des
preuves   254
Contribution méthodologique   258

CONCLUSION   263

Fonction, structure et qualité de l'inférence figurale   264
Raisonnement, stratégie et catégorie de preuve   268
Un nouveau cadre conceptuel   270
Conséquences pour l'enseignement   275
Tendances sociétales et problèmes ouverts pour la recherche   280

ANNEXE A: QUESTIONNAIRE ORIGINAL   285

ANNEXE B: TRANSCRIPTION DU TEXTE DES REPRODUCTIONS   295

ANNEXE C: PATRONS DE CONDUITE   303

RÉFÉRENCES BIBLIOGRAPHIQUES   317

Introduction

Pour l'élève, le raisonnement mathématique peut être un moyen d'égaler ou de dépasser le professeur: c'est une expérience humaine qui n'est pas banale, mais qui a été maintes fois relatée. La force de la raison peut être plus forte que tous les arguments d'autorité, et un enfant, armé des outils de la raison, peut en remontrer à son maître. C'est bien là l'un des fondements de la démocratie.

Jean-Pierre Kahane,
L'enseignement des sciences mathématiques

La tournant du millénaire se caractérise aussi bien par la prolifération vertigineuse des connaissances que par la production impétueuse de l'information. On assiste à une expansion tentaculaire du savoir, désormais ouvert et abordable à l'échelle planétaire, souvent de façon immédiate, qui brave l'ancienne tendance à échanger jalousement des secrets entre les initiés d'une même communauté. Globalement, la question de l'accès s'est déplacée vers un problème de tri et de sélection. Et dans les spécialités comme la didactique, il se crée en outre l'illusion d'une sursaturation du savoir qui rend leur exercice assez périlleux. Si le privilège du chercheur contemporain réside dans le pouvoir de puiser à sa guise dans tout type d'ouvrage, il doit plus que jamais s'appuyer sur la confiance sociale accordée aux institutions.

Toutefois, le savoir et les méthodes institutionnelles en didactique sont plutôt récents. Dans sa formation et pour son avancement, il a fallu et il faudra consulter, s'inspirer ou emprunter des connaissances dans le champ immensément vaste qui embrasse simultanément la mathématique, la psychologie, la pédagogie, l'épistémologie, la sociologie et même l'anthropologie, ainsi qu'un grand nombre de domaines qui leur sont traditionnellement associés comme la physique, l'informatique, la linguistique, l'histoire ou la philosophie, voire la biologie et la chimie. La richesse des points de vue disponibles contraint d'abord à une attention constante portée à la cohérence interdisciplinaire, mais, en même temps, fournit toute une souplesse d'argumentation.

Comme l'enfant qui apprend à connaître le monde par petites touches, il semble que les découvertes actuelles revendiquent une envergure beaucoup plus modeste que celles, imaginaires, qui prétendent régler définitivement la nature du complexe didactique. Ceci ne veut pas dire que toute recherche de synthèse est dénuée d'intérêt, bien au contraire. L'installation de repères théoriques se révèle indispensable pour la simple exigence discursive. Mais le temps est fini de chercher l'imposition de solutions universelles à des problèmes locaux. Après tout, si on pouvait «entrer» dans la tête de l'élève pour y observer l'activité, on n'aurait plus besoin de se creuser autant les méninges.

L'enseignement et l'apprentissage de la géométrie à l'école secondaire se confrontent continuellement au problème du degré de certitude sur les notions considérées. Que ce soit pour se convaincre du bien-fondé d'une propriété ou pour valider une conjecture, il est nécessaire que s'établissent, dans la structure didactique, des mécanismes de validation-conviction qui soient culturellement reconnus comme valables, condition qui suscite un regard investigateur pour le raisonnement et les stratégies de preuve. Or, dans la plupart des recherches actuelles connexes, on attache de l'importance aux procédures de preuve attestées (même lorsque ces recherches nous exhortent à ne pas les employer), et non pas aux procédures qualifiées d'impossibles et, de ce fait, jamais attestées. Bien qu'il existe une distinction institutionnelle entre une preuve et un raisonnement, tout examen de «preuves» produites en milieu scolaire ne peut s'accomplir essentiellement par comparaison à la norme, sous peine de présupposer une connaissance de l'objet dont l'élève cherche à découvrir le fonctionnement, en l'occurrence les procédures attestées. Alors, comment l'élève se comporte-il en situation de validation?

Toute réponse ne peut qu'engager simultanément des éléments aussi divers que leur capacité de raisonner, leur besoin de prouver et les influences socioculturelles. Mais l'ampleur même de la question, joint à l'opportunité d'œuvrer depuis deux groupes d'élèves issus du cours régulier, suggèrent un *diagnostic* sur le raisonnement et les stratégies de preuve conçu dans l'esprit d'une étude ethnographique. Bien que l'interaction sociale et le rôle de tuteur du professeur demeurent déterminants dans la formation des procédures de preuve, notre diagnostic se penche sur l'état d'habitudes acquises et non pas sur leur processus d'acquisition. Ainsi, à l'aide d'un questionnaire, nous avons provoqué des situations de validation écrites pour disposer d'une source matérielle primitive tout en bénéficiant intégralement de la richesse individuelle prise dans son ensemble. Cependant, l'examen des preuves qui découlent de son passage exige le développement préalable d'un outil d'analyse et d'évaluation conçue sur une double trame, respectant conjointement l'intention de l'élève et l'interprétation didactique.

La recherche débute par une analyse exploratoire des connaissances qui sont susceptibles d'intervenir (chapitre I), suivi de la mise en place d'un cadre théorique qui fixe les repères épistémologiques et didactiques nécessaires (chapitre II). Ensuite, nous procédons à une analyse situationnelle, structurale et qualitative des preuves écrites qui s'ouvre sur une typologie du comportement (chapitres III et IV). Parce que la recherche est de type expérimental à caractère sémiologique, nous empruntons le protocole suivant: adaptation et application de la méthode, collecte des données, interprétation des résultats, et, finalement, organisation et validation des découvertes principales au regard de la bibliographie actuelle (chapitre V). Notre objectif vise autant l'apport du contenu didactique que la contribution méthodologique.

Chapitre I

Problématique

Nous voilà sur la voie des déductions et des inductions, souspira Lestrade en m'adressant un clin d'œil. Je trouve que les faits sont suffisamment compliqués, Holmes, sans qu'il soit nécessaire d'y adjoindre des théories et autres foutaises.

Arthur Conan Doyle, *Le mystère du Val Boscombe*

Les élèves avec lesquels nous avons travaillé venaient à peine de commencer le deuxième cycle de l'enseignement secondaire obligatoire (étape 14-16 ans).[1] Dans leurs cours antérieurs, ils n'ont jamais reçu d'enseignement explicite du raisonnement déductif et aucun de leurs instituteurs ne se rappelle y avoir fait allusion, ni même avoir mentionné une expression qui s'y rattache. C'est pourquoi, bien que le contact indirect avec le discours déductif demeure quotidien (discussion avec les parents, amis ou professeurs; exposés dans les médias, les textes de toutes sortes, etc.), il se confond souvent avec d'autres types de raisonnement. Ainsi, l'argumentation et le raisonnement déductif emploient la plupart du temps les mêmes connecteurs et se traduisent par des démarches linguistiques très voisines (Duval, 1991). Nous considérons que la conscience de l'existence du discours déductif et la connaissance de sa nature restent négligeables pour la grande majorité des élèves. Ce qui ne veut pas dire que toute manifestation du discours déductif apparaît fortuitement ou résulte de la simple répétition. Il est parfaitement concevable de se trouver en présence de préoccupations plus profondes, ou d'une

---

1 Nous sommes au mois de novembre tandis que les classes débutèrent à la deuxième quinzaine de septembre.

première méditation, soumises à la conviction personnelle ou au besoin de comprendre son environnement.

Les seules situations de validation provoquées avant notre diagnostic se réduisaient essentiellement aux moments où le professeur attend du tac au tac une réponse à l'ostensible «pourquoi?» lancé oralement en classe. On a sporadiquement incité par écrit les élèves à soutenir leurs propos en demandant de les expliquer, ou en incluant, dans l'énoncé d'un problème, «que peut-on dire de» suivi de «justifier la réponse». Mais, à chaque fois, les preuves demeuraient particulières aux conditions précises de la situation traitée. L'administration et l'acceptation des explications résidaient d'abord et avant tout du côté du professeur, qui n'a jamais cherché à révéler certaines procédures de preuve mathématiques lors de situations de validation reconnues comme telles.

Bien qu'aucune intention d'enseignement ne se dirigeât vers l'apprentissage des bases du discours déductif ou de procédures de preuve institutionnelles, les savoirs en jeu s'enracinèrent forcément dans l'histoire de la classe et dans les connaissances personnelles. L'art de les combiner, pour atteindre la conviction, y prend aussi naissance. Si certaines conceptions paraissent naïves, incomplètes ou fausses au regard des méthodes mathématiques, elles obéissent toutefois à une cohérence didactique, sémiotique ou situationnelle qu'il importe de scruter.

Les raisons spécifiques qui poussent l'élève à recourir à tel ou tel type d'explication, pour une classe de problèmes donnée, demeurent visiblement implicites. Il reste que l'étude détaillée des effets obtenus en provoquant des situations de validation permet de s'en approcher. D'où la nécessité d'installer des points de comparaison (chapitre II, sections *Aspects sémiotiques et pragmatiques* et *Aspects relatifs à la démarche*; chapitre III), qui marquent la planification et l'analyse d'une phase expérimentale (chapitre IV, sections *Contexte stratégique, schéma discursif, Evaluation des preuves* et *Typologie du comportement*), en s'appuyant sur la substance constitutive des démonstrations authentiques et des phénomènes de preuve (chapitre II, sections *Aspects épistémologiques* et *Aspects curriculaires*). C'est en maintenant cette attitude que nous proposons la mise sur pied d'un diagnostic sur les stratégies de preuve qui tourne autour de sept pôles.

COMMENT L'ÉLÈVE S'Y PREND-IL POUR FORMULER UNE CONJECTURE?
QUELS SONT LES TYPES D'EXPLICATION
OU LES PROCÉDURES DE PREUVE QU'IL MANIE?

L'expert distingue volontiers l'établissement d'une conjecture de la production d'une preuve et peut reconnaître dans ceux-ci les conditions qui commandent une action ou un processus de réflexion. Autant pour lui que pour autrui, il sait juger dans quelle mesure sa preuve entraîne la conviction et, selon les besoins, il doit veiller à son renouvellement. L'élève, au contraire, dispose rarement d'un tel esprit de discernement.[2] A l'aide d'un questionnaire, il a fallu créer des situations-problèmes de façon à évoquer l'existence d'une séparation entre la situation elle-même, le moment de la conjecture et celui de la preuve (voir chapitre III et annexe A). La production écrite témoigne de l'action et permet, au cours des quatre premières questions (Q1 à Q4), l'évaluation conjointe de classes entières, sujettes aux mêmes contraintes. Pour la cinquième question (Q5), la disponibilité matérielle nous a astreint à en limiter l'exercice à un seul échantillon.

L'imposition de la conclusion dans l'énoncé d'un problème par «démontrer que» empêche toute conjecture et, de fait, restreint l'envergure de l'éventail des stratégies de preuve disponibles. Dans une dialectique des preuves et des réfutations (Lakatos, 1986), la conjecture est susceptible de s'ajuster ou de se reformuler après la découverte d'un contre-exemple. Or, celui-ci peut apparaître pendant l'élaboration d'une preuve à la suite d'une stratégie planifiée, comme dans un raisonnement par l'absurde, ou d'une découverte qui invite à reprendre le problème depuis le début. Dans ce dernier cas, s'agit-il d'une partie intégrante de la situation de validation ou d'un instant propre à la situation de formulation? Pour résoudre cette question, inextricable à première vue, et parce que la toile de fond de notre recherche se tisse sur le processus de preuve, nous avons borné la formulation de la conjecture par le choix de celle-ci parmi une liste de possibilités. Ainsi, nous conservons une certaine richesse des preuves disponibles, tout en limitant les preuves arbi-

---

2 Dans le cas de situations d'apprentissage, Brousseau (1981, 1998) découpe le sens des connaissances produites en fonction de la nature du problème posé, des outils et des méthodes qui prennent part à sa solution. Il considère les situations d'action, de formulation, de validation et d'institutionnalisation. Si, dans chaque situation, la responsabilité et la tâche de l'élève sont différentes, encore faut-il qu'il puisse les assumer.

traires par manque de conjecture suffisamment sûre. Par surcroît, l'élève peut aborder sa preuve sur la base de la conviction raisonnable, chose habituelle en mathématique (Villiers, 1997). Dans Q5, au contraire, la conjecture est ouverte, mais le dispositif informatique amène rapidement à sa formulation.

Les moments de conjecture se démarquent alors en ayant lieu lors d'une réflexion vive et brouillonne qui chemine en appliquant des propriétés de liens compris ou sentis, sans nécessairement pouvoir verbaliser les propriétés ou chercher à les justifier, et sans que l'attention se centre sur la conscience de leur existence. Globalement, la formulation d'une conjecture peut s'assimiler à une tâche typique de résolution de problèmes dont la portée ne dépasse pas la conviction personnelle. Quant aux moments de preuve, la réflexion s'organise cette fois: par l'application consciente (stratégie) ou non (exploration) de propriétés caractéristiques, contrôlée par un besoin de validation; en suivant une continuité thématique, contrôlée par un besoin de conviction. Cette vision atomique de «moments» possède l'avantage d'identifier des moments de preuve ou de conjecture lors de situations «grises» comme l'expérimentation à partir de cas particuliers ou de représentants de classes d'objets. L'essai, la tentative, la modification, le remaniement ou le changement de stratégie appartiennent autant aux situations de validation qu'aux situations de formulation.

Dans les preuves écrites, il est raisonnable d'anticiper une faible quantité de processus qui recourt à des procédures institutionnelles qui s'apparentent à la démonstration (voir chapitre II, sections *Aspects épistémologiques* et *Aspects curriculaires*). La tradition en mathématique avalise l'usage de trois procédures connues sous les noms de méthode directe[3], méthode par contraposition logique et méthode par réduction à l'absurde. Cependant, ces procédures n'interviennent habituellement que dans des situations de validation d'exigence supérieure et elles requièrent une certaine maîtrise du raisonnement déductif. Par conséquent, la classification de solutions d'élèves entraîne inévitablement la composition de typologies qui allient les procédures didactiques aux procédures mathématiques, entre les preuves parfaites et les preuves incomplètes de Polya (1965). En ce qui concerne les preuves réalisées dans le cadre de notre diagnostic, nous nous sommes d'abord inspirés

---

3   Construction de la conclusion à partir des hypothèses de la situation en invoquant des définitions ou des propriétés caractéristiques déjà connues.

du processus d'acquisition des preuves de Balacheff (1987), en l'adaptant toutefois à l'exigence de notre étude par la définition de *catégories de preuve*. Ensuite, en dissociant les preuves selon les conjectures explicitées au cours de la procédure – et ainsi considérer la dialectique de Lakatos –, nous avons formé la *contexture stratégique* de chaque preuve à partir de quatre groupes de *stratégie élémentaire de preuve* (voir chapitre II, section *Aspects relatifs à la démarche*).

L'ÉLÈVE S'APPROCHE-T-IL DE LA DÉMONSTRATION?
EN A-T-IL BESOIN?

Du point de vue épistémologique, la démonstration représente à notre époque une preuve de niveau élevé, apanage de la communauté mathématique[4]. Le rôle de la démonstration se résume au moins en relation avec les cinq fonctions suivantes: la vérification-conviction, l'explication, la systématisation, la découverte et la communication (Villiers, 1993). L'explication, la systématisation et la découverte s'insèrent dans l'arsenal de celui qui cherche la vérité. Et c'est surtout l'explication qui rejoint en première ligne la vérification-conviction de celui qui aspire à la communication de la vérité.

Dans une perspective tout euclidienne, Balacheff (1987, p. 148) rappelle la définition suivante:

> [La démonstration consiste en une] suite d'énoncés organisée suivant des règles déterminées: un énoncé est connu comme étant vrai, ou bien est déduit à partir de ceux qui le précèdent à l'aide d'une règle de déduction prise dans un ensemble de règles bien défini.

Il en découle que toute recherche qui aborde la démonstration doit passer par la connaissance du fonctionnement de l'organisation déductive d'énoncés mathématiques. Notre étude comporte une analyse des caractéristiques essentielles d'un raisonnement déductif, ce qui requiert une attention particulière portée à la nature même des déductions et aux manières de les enchaîner (voir chapitre II, section *Aspects sémiotiques et pragmatiques*). Ces caractéristiques forment une référence à partir de laquelle nous identifions les éléments des preuves produites qui s'y rap-

---

4 Balacheff (1987) soulève l'existence de la composante sociale qui détermine la validité d'une démonstration. A partir de facteurs d'acceptation d'un nouveau théorème, Hanna (1991) touche indirectement au même aspect (voir chapitre II, section *Aspects épistémologiques*).

portent et la mesure dans laquelle ces preuves s'apparentent à la démonstration (voir chapitre III).

Il est difficile d'imaginer la production d'une preuve sans qu'elle ne corresponde à une certaine inquiétude, à moins de combler, sans autre cause, les désirs du professeur dans une relation d'autorité. Lorsqu'on se contente de demander une explication au choix d'une conjecture, on ne sait pas si la situation-problème déclenche un processus de preuve ou si elle arrête déjà une stratégie donnée après une première saisie de l'information. On ne sait pas non plus si la motivation principale provient de l'obligation de répondre, du style du questionnaire ou s'il s'agit de satisfaire sa curiosité. D'autre part, la preuve ne peut avoir lieu sans contexte et celui-ci demeure déterminant pour décider de l'épaisseur qui va être allouée à l'explication. Alors, en situation de validation, la preuve apparaît-elle comme le dénouement logique suite à la formulation d'une conjecture? Comment soupeser la nécessité de prouver et le sens que comporte une telle activité chez l'élève?

Pour cibler «sens» et «besoin», nous avons commencé par dresser une liste de niveaux de conviction hiérarchisés pour la soumettre, sous forme d'items à cocher, après la production de la preuve dans Q2 (voir chapitre II, section *Aspects relatifs à la démarche*; chapitre III). Nous suscitons ainsi une prise de conscience de leur existence tout en forçant l'appréciation de la preuve produite. Déjà, si la qualification ne dépasse pas la conviction personnelle, le besoin, au mieux, reste mitigé. Sinon, et cela représente une appréciation beaucoup plus fiable, nous évaluons le degré d'adéquation entre le niveau de conviction, la conjecture et la qualité[5] de la preuve avancée, ce qui met en relation le sens et le besoin de prouver.

L'élaboration d'un questionnaire exige une réflexion didactique poussée. Si certaines situations encouragent nettement la validation, d'autres, au contraire, ne pourraient que l'impliquer timidement. On peut modifier leur forme ou leur contenu, mais il est aussi possible de solliciter une simulation intellectuelle de l'interaction sociale en introduisant la conviction pour autrui, appuyant sur la fonction de communication d'une preuve. On sait que l'interaction sociale, en particulier entre camarades de classe, est susceptible d'influencer de façon décisive un processus de preuve. C'est ce qui arrive fréquemment lorsqu'un tiers place l'élève devant une contradiction. Cependant, notre recherche se penche précisément sur les stratégies privées, sans intervention exté-

---

5   Dans le pôle suivant on énuméra les indicateurs de qualité utilisés.

rieure dynamique, dans l'esprit d'un diagnostic et non d'un apprentissage. Ainsi, les situations-problèmes Q3 et Q4 réclament un niveau de validation en juxtaposant, à la demande d'explication, un des niveaux de conviction développé pour Q2, ce qui incite à une forme de débat intérieur.

Il convient de situer, dans un contexte de niveaux, quel est le sens que nous attribuons à «validation». Celui-ci renvoie à la validité du processus de preuve et non pas à la validation d'un énoncé, objectif d'une situation de validation. De plus, le mot «validation» cache une ambiguïté, selon qu'on veuille lui prêter le sens de «valable» ou de «valide». Déjà, cette distinction ne fait pas l'unanimité: la même définition «qui a les conditions requises pour produire son effet» signifie tantôt «valide» (*Dictionnaire Hachette*, 1987, 1996; *Le Nouveau Petit Robert*, 1995), tantôt «valable» (*Petit Larousse*, 1991, 1996).[6] De son côté, la preuve cherche à établir une réalité mathématique; la validité du processus peut être assujetti à la confiance placée dans une reconnaissance sociale ou conserver une certaine relativité associée à la conviction. Par exemple, une preuve est valable parce que le meilleur élève de la classe le proclame, parce que le professeur l'accepte et qu'il est jugé compétent, parce que la procédure est attestée dans un livre renommé ou parce qu'un expert n'a rien à lui objecter. Alors, un énoncé à prouver devient vraisemblable lorsqu'il existe une procédure de preuve valable qui persuade de son bien-fondé. Mais toute preuve valable n'est pas nécessairement une démonstration, qui revendique en plus l'établissement de la valeur de vérité et dont le processus se valide en vertu de sa seule forme. La vérité d'un énoncé à démontrer se confirme lorsque la procédure de preuve obéit à un ensemble de règles déterminées. La démonstration, processus de preuve qui prétend l'objectivité et l'universalité tout en assurant automatiquement la conviction, représente l'échelon le plus élevé des niveaux de validation: elle est reconnue et pratiquée par la communauté mathématique.

Dans ce qui précède, on substituerait volontiers le syntagme «preuve valable» par «argumentation acceptée par un interlocuteur», ce qui permettrait de réserver le mot «preuve» pour les procédures convenues par la communauté mathématique ou pour celles qui jouissent d'un statut de preuve à un moment donné dans le cursus scolaire – comme les preuves

---

6 Nous nous plaçons volontairement au niveau du sens courant pour ne pas entrer dans une précision d'ordre linguistique, voire encyclopédique.

qui se trouvent dans un manuel scolaire et dont le degré de complexité s'ajuste selon l'âge des lecteurs auxquels il est destiné. Il ne s'agit pas seulement d'un effet de distanciation théorique entre deux notions (argumentation versus preuve) puisque le fait d'être valable évoque l'authenticité du processus; l'assentiment de l'interlocuteur (camarade de classe, professeur, tiers imaginaire, etc.) n'est jamais suffisant en soi. Néanmoins, ce double sens apparaît nécessaire pour les besoins du diagnostic étant donné le fondement ethnographique de notre étude (nous y reviendrons un peu plus loin). Il faut comprendre que l'analyse des données et la compréhension des résultats doivent aussi bien respecter l'interprétation didactique que l'intention de l'élève (Eisenhart, 1988). Dans le premier cas, il est indispensable de distinguer les démarches d'argumentation des démarches de preuve et de traiter la question de la validité sous les angles sémiotique et épistémologique (voir chapitre II, sections *Aspects épistémologiques* et *Aspects sémiotiques et pragmatiques*). Dans le second cas, nous devons considérer la preuve dans une perspective situationnelle: celle-ci consisterait en une argumentation (raisonnée ou non) produite en situation de validation et qui serait valable lorsqu'elle demeure convaincante dans le contexte de production.

QUEL RÔLE JOUE LE RAISONNEMENT DANS LES STRATÉGIES DE PREUVE?

Si on voulait différencier «preuve» et «démonstration» dans un cadre scolaire, le type de rationalité engagée deviendrait une première condition. De façon générale, les processus de preuve opèrent simultanément par le raisonnement verbal et le non verbal[7], associés métaphoriquement, en psychologie cognitive et en neuropsychologie, aux hémisphères gauche et droit du cerveau; ces processus se développent aussi bien dans le langage que dans l'action. Cependant, par rapport aux situations de validation de notre étude, la majeure partie du raisonnement s'articule par le discours, entendu comme étant l'expression verbale de la pensée. Du point de vue fonctionnel, Duval (1995, p. 233) donne la définition suivante:

---

7   Nous aurions pu écrire aussi «pour le non verbal» étant donné l'interaction entre les deux types de raisonnement. Il s'agit là d'un point que nous développons particulièrement au chapitre V et que nous parachevons dans la conclusion.

Le raisonnement peut (alors) être défini comme la forme d'expansion discursive qui est orientée vers un énoncé-cible dans le but:
– de modifier la valeur épistémique, sémantique ou théorique, que cet énoncé-cible a dans un état de connaissances donné, ou dans un milieu social donné,
– et, par voie de conséquence, d'en modifier la valeur de vérité lorsque certaines conditions particulières d'organisation discursive sont remplies.

Elle suppose que le raisonnement circule sur deux plans discursifs: un premier, argumentatif, qui répond à des critères dialogiques; un deuxième, déductif, qui se soumet à des principes logiques. Une analyse des formes du raisonnement inclut l'idée d'unités discursives organisées entre elles selon des modalités propres à chaque forme (voir chapitre II, section *Aspects sémiotiques et pragmatiques*).

Sur un axe du continuum de la validation, dont l'extrémité inférieure est l'explication et l'extrémité supérieure la démonstration formelle, on pourrait situer, dans l'ordre, les preuves et la démonstration. Toutes deux circulent sur chaque plan, mais dans des proportions inverses, le rapport déductif/argumentatif étant nettement plus grand pour la démonstration. Nous considérons trois formes de raisonnement attribué au plan déductif et trois autres au plan argumentatif. L'apport d'une telle distinction autorise une évaluation qualitative des stratégies de preuve en relation avec l'organisation discursive développée.

Une preuve écrite pendant une durée limitée ne manifeste pas que le produit fini d'une réflexion. Bien au contraire, le processus de preuve dévoile aussi la démarche et la stratégie qui l'accompagnent. D'autant plus, qu'en ces circonstances, le caractère brouillon de la rédaction montre des ratures qui suggèrent, en plus de l'équivoque, l'interposition de contradictions dans le raisonnement.[8] Si l'on passe en revue chaque preuve pour identifier conjointement les unités discursives sous-jacentes et leur enchaînement, il est alors possible de lancer une évaluation sous l'angle de la cohérence, de la stabilité et de la clarté, critères exprimés en fonction des plans du discours et de la forme du raisonnement appliqué (voir chapitre II, section *Aspects relatifs à la démarche*). Nous ajoutons, à ces trois *indicateurs de qualité*, deux autres indicateurs plus généraux: l'intérêt et l'authenticité.

---

8 Nous avons rendu obligatoire l'utilisation de l'encre, tout comme dans les cours réguliers, et nous avons averti les élèves qu'ils pouvaient utiliser le verso vierge des pages du questionnaire en guise de papier brouillon.

QUEL RÔLE Y JOUE LE LANGAGE?

Les situations de formulation et de validation partagent un dénominateur commun qui, sans se réclamer exclusif, se situe franchement sur l'avant-scène. Le langage est une condition, un véhicule et un résultat d'un processus de réflexion et un catalyseur de l'action. D'origine sociale et culturelle, le langage résulte en même temps d'une faculté innée de symbolisation qui permet de structurer et d'articuler une réalité existante. Selon Duval (1995, p. 89), l'emploi d'une langue (le discours) partage, avec les autres registres de représentation symboliques ou figuratifs, la communication, le traitement de représentations cognitives et l'objectivation de représentations virtuelles. Déjà, la formulation d'une conjecture consiste en un premier pas vers l'explicitation et la verbalisation de connaissances ou d'habiletés. Le langage prend part à la représentation des éléments pertinents de la situation, agit pendant leur anticipation, préside à leur sélection, et peut même automatiser un certain type d'action ou de réflexion. La validation d'une conjecture dépense un effort ajouté d'organisation discursive qui amène les stratégies de preuve à composer avec la langue naturelle et les divers langages mathématiques disponibles.

On entend souvent l'expression «langage mathématique» pour marquer une frontière entre la langue naturelle et les registres de la spécialité, tout en concédant l'existence d'une grande variété de symboles. Au niveau des signifiants, nous convenons plutôt de l'appellation «lexique mathématique» pour éviter d'insinuer une langue dialectale de communication entre autochtones mathématiques. La langue véhiculaire reste évidemment le français, qui fait l'objet d'études en linguistique et en psycholinguistique, tandis que les registres mathématiques et leurs systèmes de représentation s'examinent en sémiologie. La plupart des mots du lexique mathématique sont issus de la langue naturelle et y trouvent leur pendant. Il n'est pas sûr que leur sens technique soit perçu par l'élève et que celui-ci fonctionne dans le même domaine d'interprétation que le professeur. De plus, un mot peut résumer conjointement un processus, une action ou un fait, désigner un objet et son signifié pour un sujet donné, ou même invoquer une propriété sans que l'on puisse discerner de souche empirique ou théorique. Pour notre diagnostic, nous jugeons que l'ambiguïté sur le statut et sur la signification des mots risque de s'entretenir tout au long du processus de preuve. Nous désignons alors le sens des expressions relatives au contenu mathématique et nous établissons des niveaux de langage pour relever les indices qui supposent l'usage du lexique mathématique (voir chapitre II, section *Aspects sémiotiques et pragmatiques*).

Au-delà du registre linguistique, les connaissances mathématiques s'articulent à partir de toute une kyrielle de signes et de systèmes de signes, comme les arbres de choix, les diagrammes de Venn, les figures géométriques, les graphes sagittaux, les graphies algébriques, les graphiques de fonction, les grilles de probabilité, les représentations cartésiennes, les tableaux de variation, etc. En général, ces systèmes procèdent de champs d'application beaucoup plus vastes que ceux qui sont imaginés en classe. En outre, nombreux sont les codes et les conventions éprouvés au fil du temps par la pratique mathématique pour des raisons d'efficacité, d'économie ou de rigueur. Est-il étonnant que l'élève ne voit pas toujours la nécessité d'utiliser ces registres de représentation sémiotique? Un tel besoin conditionne-t-il sa stratégie de preuve? Il semble qu'il y a une relation intrinsèque entre l'ordre de la symbolisation qui se rapporte à des objets géométriques, le niveau de langage et la forme d'organisation discursive développée. Pour notre diagnostic, nous comparons le détail du langage opérationnel exposé dans la preuve avec les caractéristiques langagières et sémiotiques qui sont susceptibles d'y apparaître a priori (voir chapitre II, section *Aspects sémiotiques et pragmatiques*). L'usage d'un niveau de langage ou de symboles rudimentaires peuvent coïncider avec un besoin de validation du même acabit.

QUEL RÔLE Y JOUENT LA FIGURE ET LE DESSIN?

L'activité géométrique utilise tout un outillage sémiotique associé aux figures à tel point qu'on rencontre assez souvent une confusion entre l'idéal et ses représentants. Cette confusion peut s'avérer souhaitable pour le traitement d'une figure géométrique lorsque son représentant intervient tel un concentré conceptuel. De fait, l'expérience quotidienne montre que l'être humain ne peut porter son attention que sur un nombre restreint d'idées, mais qu'il possède une mémoire à long terme d'une capacité volumineuse. Il s'ensuit un phénomène de compression de données pour lui permettre de centrer son attention, et aussi un phénomène d'expansion conceptuelle pour favoriser les liens éventuels avec d'autres données emmagasinées au cerveau.[9] Mais si, au contraire, le traitement procède à partir de représentants qui se substituent à l'idéal, cela peut engendrer l'appréhension de connaissances fausses, comme celles qui proviennent de l'apparence visuelle d'un dessin trompeur.

La figure géométrique et le raisonnement se prêtent mutuellement assistance dans une espèce de jeu continuel qui relie l'univers physique à l'univers mental. En situation de validation, l'élève raisonne lorsqu'il construit une figure et en dégage des propriétés. Il est habituel de retenir, dans la notion de figure, un objet de référence qui se représente sous forme de dessin dans l'environnement papier-crayon ou à l'écran d'un dispositif électronique. Toutefois, la représentation figurale dans l'univers physique est limitée. D'une part, parce que les contraintes matérielles, comme l'épaisseur des traits ou la difficulté de représenter le mouvement, gênent pour voir certaines propriétés. On a aussi recours au développement d'images mentales et de leurs relations pour compenser. D'autre part, parce que chaque système de représentation possède des propriétés spécifiques qui restreignent intrinsèquement ses possibilités de représentation, des systèmes différents sont nécessaires (Duval, p. 64). En situation de validation, le raisonnement joue donc un rôle de contrôle dans le traitement cognitif et sémiotique qui se constitue par l'emploi du discours et des registres de représentation symbolique ou figuratif.

L'importance décisive de la figure géométrique s'est traduite par la préparation de situations-problèmes dans lesquelles nous distinguons la représentation figurale de la représentation linguistique, tout en obligeant la coordination de ces registres pour résoudre certaines difficultés. Deux questions énoncent un problème qui est suivi par un dessin. Dans Q1, il y a une grande adéquation entre les propriétés spatiales du dessin et les propriétés géométriques de la figure. Le raisonnement pourrait s'attacher aux faits ou aux propriétés que l'élève perçoit matériellement. Dans Q3, le dessin semble représenter l'idéal, mais en fait celui-ci est impossible à construire. On s'attend à ce que le raisonnement cherche à réconcilier les traitements cognitif et sémiotique dans la coordination des registres. Dans les trois autres questions:

– Q2 montre un dessin qui engendre une illusion optico-géométrique. Pour chaque perception spatiale suspecte, le raisonnement devrait jouer un premier rôle dans le traitement sémiotique.

---

9   Provient de David Tall lors d'une conférence donnée à Barcelone en mai 1995.

- Q4 décrit une figure dans un texte, de sorte que la réalisation de la preuve pourrait chercher à reproduire des éléments significatifs du processus de représentation.
- Q5 repose sur un problème d'optimisation dans lequel l'élève doit construire un dessin à l'interface du Cabri-géomètre II[10]. Ce logiciel de géométrie dynamique permet de simuler le déplacement de parties de figure qui respecte la logique de la construction. Le contrôle par le raisonnement pourrait amener l'élève à comprendre les propriétés qui demeurent stables dans le mouvement.

COMMENT INTERVIENT LE MILIEU? ET LA SITUATION-PROBLÈME?

Une situation didactique repose sur des liens prétendus ou effectifs entre l'élève, le professeur et le milieu. Ce dernier englobe l'ensemble des conditions de l'environnement qui régit la marche didactique, mais peut revêtir une forme particulière selon le type de situation dans lequel il se trouve. Le savoir[11] est organisé pour l'enseignement-apprentissage[12], l'élève fonctionne avec une structure cognitive particulière et le professeur, avec son idéologie personnelle. La structure didactique s'accomplit dans un équilibre dynamique de ces interrelations par des mécanismes plus souvent implicites qu'explicites, regroupés sous la bannière du contrat didactique (Dupin & Johsua, 1999). Le rôle et le sens du savoir se réorientent d'une situation à l'autre, au fur et à mesure de l'apprentissage.

Par rapport à notre diagnostic, nous constatons que l'apprentissage qui met en jeu le professeur est déjà consommé. L'élève est supposé pouvoir faire face aux situations-problèmes avec ce qu'il a déjà appris du système enseigné, ainsi qu'avec les habiletés qu'il a su développer dans son histoire. Dès lors, dans le contexte du passage du questionnaire, les conditions du milieu s'assemblent dans l'environnement papier-crayon pour Q1 à Q4, tandis qu'on leur greffe les particularités du logiciel de

---

10 Bellemain, F., Laborde, J.-M., Université Joseph Fourier, Grenoble I (1988-1994), version 1.0, éditée par Texas Instruments. Cette compagnie a mis aussi sur le marché, dans les années 1990, le «calculateur» de poche TI-92 dans lequel est implémentée une version réduite du Cabri-géomètre II.
11 Entendu comme une connaissance institutionnelle.
12 Nous aurions pu nuancer: «après la transposition didactique» (Chevallard, 1992).

géométrie dynamique et du dispositif informatique pour Q5. Conformément à la théorie des situations didactiques de Brousseau (1998), le
milieu se présente comme un partenaire adidactique[13] avec lequel l'élève
devrait réaliser des échanges de jugement (validation), des échange d'informations codées dans un langage (formulation) et des échanges d'informations non codées ou sans langage (action). Ainsi, on peut considérer que les situations-problèmes provoquent chez l'élève diverses réac-
tions dont l'objectif et la fonction dépendent du type d'échange en jeu, ce
qui accorde au questionnaire, tant au niveau de la structure qu'aux rapports de contenu, un rôle d'intervenant inerte ou de participant pseudo-
actif (chapitre III et annexe A). Si on découpe la situation adidactique
selon un classement déjà apporté par Brousseau (1988), il est possible
d'analyser a priori les interactions de l'élève avec le milieu:

– *Situation adidactique objective:* elle réunit les moments de lecture et
  de production écrite. L'élève agit à partir du et sur le questionnaire.
  Le diagnostic s'établit après l'aboutissement de cette situation et
  n'ouvre que cette fenêtre de la réflexion silencieuse. Pour Q5, le
  comportement comprend en sus l'action à l'interface du Cabri-
  géomètre II et la rétroaction de celle-ci.
– *Situation de référence adidactique:* les moments de conjecture et de
  preuve acquièrent un statut de référence pour l'action. L'élève inté-
  riorise l'information accessible qui devient, dans son esprit, l'objet
  d'une disposition occupée par la formulation d'hypothèses et leur
  validation. De plus, pour certains, la production écrite s'adresse à
  un destinataire imaginaire et constitue derechef une référence (voir
  chapitre II, section *Aspects sémiotiques et pragmatiques*). La réflexion
  procède à partir de la synergie de l'intuition, du raisonnement, du
  langage, du dessin, de la figure, de la conjecture vue comme référent ainsi que d'une partie de la preuve déjà achevée; en ce sens,
  tous contribuent à la réalisation et à la composition de la preuve
  avec une économie de moyens.
– *Situation d'apprentissage adidactique:* au terme d'une question, il se
  peut que l'élève se place dans une position réflexive relativement
  au travail exercé et qu'il considère pour lui-même les fonctions de
  son expérience. D'autant plus que l'exigence d'un niveau de validation dans certaines situations-problèmes encourage ce type

---

13 Selon l'auteur, le *milieu adidactique* est le système antagoniste du système pré-
    cédemment enseigné.

d'attention. Ainsi, l'apprentissage risque de modifier et peut-être même de corriger les rapports existants entre les éléments de la synergie précédente pour les questions ultérieures.

Bien que le passage du questionnaire ne soit pas une situation didactique, il peut être examiné à la lumière d'une analyse du contrat didactique et de la dévolution. Après tout, comme professeur face à une classe, nous tentons de faire savoir à l'élève ce que nous voulons qu'il fasse et cela, même si la forme du questionnaire vise à orienter sa démarche. Du travail de présentation jusqu'au passage lui-même, notre rôle consiste, non pas à la communication d'un concept ou d'une méthode, mais bien à la dévolution du bon problème, soutenu par le questionnaire, contribuant à toute assistance qui souscrit à cette intention.

Y A-T-IL DES COMPORTEMENTS RÉCURRENTS DANS LA FAÇON DE PROUVER?

On admet généralement que tous les élèves sont différents, mais que leur comportement au sein d'une même classe est susceptible de s'ajuster à des habitudes communes. Dans une situation de validation, ces mêmes habitudes ne dépendent pas seulement d'une habileté ou d'une capacité de prouver, mais aussi de composantes socioculturelles, physiques ou contextuelles. Pour cette raison, l'étude du comportement adopté depuis les situations-problèmes proposées tire avantage d'allier la tradition ethnographique de l'anthropologie culturelle à la recherche théorique ou à celle qui se fonde, plus particulièrement, sur la psychologie expérimentale (Eisenhart, 1988).

Dans ce cadre, les preuves écrites fournissent la source matérielle primitive qui engage la reconnaissance qualitative de comportements récurrents. Celle-ci requiert le développement préalable d'un outil d'analyse et d'évaluation qui procède par décomposition des éléments constitutifs signifiants (voir chapitre IV, section *Contexture stratégique, schéma discursif*), traitant de concert la question de leur interprétation pour l'élève et pour la communauté didactique. En substance, les assises de notre diagnostic reposent sur l'organisation de la stratégie et du discours. De façon plus fine, chaque preuve est passée au crible de la conjecture, des stratégies élémentaires de preuve, du raisonnement, des catégories de preuve, de la qualité, des dessins, des images visuelles et des traits du langage.

Il est essentiel de distinguer le comportement du groupe du comportement de l'élève. Dans le premier cas, la récurrence s'identifie après l'évaluation de toutes les preuves d'une situation-problème donnée. Il s'agit d'abord, pour chaque preuve, de compter la fréquence des items du «crible» précédent et, ensuite, de constater les caractéristiques communes (voir chapitre IV, section *Evaluation des preuves*). Dans le second cas, la récurrence se base sur les caractéristiques répétitives d'une situation à l'autre chez un élève donné (voir chapitre IV, section *Typologie du comportement*). Nous comparons l'évaluation des preuves de chaque élève pour former leur patron de conduite de manière à relever les patrons semblables.

En principe, la recherche de patrons semblables devrait fournir l'amorce d'une typologie du comportement, encore faut-il que les particularités des situations-problèmes ne prévalent pas, dans ces conditions, sur les caractéristiques communes. Pour pallier à cette éventualité, l'outil d'analyse et d'évaluation doit conserver suffisamment de souplesse pour pouvoir incorporer toute découverte qui découle de son application et qui porte un intérêt en soi; ou même, tout indice généralisable et qui se révèle déterminant pour une telle typologie. Soulignons qu'une des difficultés centrales dans une méthode ethnographique réside dans la compréhension de la signification qu'accorde l'élève aux signes qu'il emploie. Ceci présuppose un regard neuf et sans préjugés dans l'interprétation et ce, malgré une prétention de référence objective par la décomposition des preuves en éléments constitutifs signifiants, de même que par l'analyse du contrat didactique et de la dévolution dont la finalité consiste justement à cautionner les significations. La richesse des données et la complexité du panorama est susceptible de montrer des indices pouvant antérieurement passer inaperçus, mais qui se révèlent, quand même, parce que les moyens du diagnostic sont planifiés pour permettre l'arrivée de filons incidents à la recherche (voir chapitre IV, sections *Contexture stratégique, schéma discursif, Evaluation des preuves* et *Typologie du comportement*; chapitre V).

C'est par l'intégration des pôles précédents que nous élaborons une *modélisation du comportement en situation de validation* à partir d'habiletés acquises. Parce que l'élève méconnaît les procédures de preuve reconnues par la communauté mathématique et que ses habitudes discursives s'enracinent aussi bien dans l'histoire de la classe que dans la vie quotidienne, l'idéal de l'expert (démonstration, raisonnement déductif) ne peut que trop faiblement servir de point de comparaison et cela, même si nous convenons de son indéniable importance en vue d'un éventuel apprentissage. Déjà, la structure du questionnaire – fondement des conditions du milieu – doit assurer la distinction entre le moment de la conjecture et celui de la preuve, permettre la dialectique du contre-exemple, attribuer au dessin un rôle effectif, faciliter la prise de cons-cience d'un niveau de validation-conviction et, surtout, susciter la réali-sation d'une preuve. Après la collecte des données, l'examen du texte des preuves oblige autant à une évaluation qualitative qu'à une analyse structurelle qui allie le langage, le raisonnement (verbal et non verbal) et la stratégie, respectant les significations prétendues par l'élève, les as-pects relatifs à la représentation en géométrie et à l'interprétation didac-tique. Le résultat de ce diagnostic fournit alors la matière première à partir de laquelle les types de comportement se constituent.

Chapitre II

Cadre théorique

> Que nul n'entre ici s'il n'est géomètre.
> Inscription qui figurait sur le fronton de l'école platonicienne à Athènes

ASPECTS ÉPISTÉMOLOGIQUES

LA DÉMONSTRATION DANS L'HISTOIRE DE LA GÉOMÉTRIE

Annoncer qu'on va raconter une histoire prépare déjà l'auditoire à un récit chronologique. Il était une fois la démonstration, sa formation, sa persistance et sa transformation, depuis sa genèse jusqu'à aujourd'hui. Mais on ne peut espérer saisir les moments de son application sans aborder en même temps la connaissance et la compréhension du monde qu'avaient nos aïeux. Car l'histoire de la démonstration – procédure de validation de la communauté mathématique – s'attache à l'histoire du vrai, de l'appréhension du réel, de la conception du savoir et des démarches de l'esprit.

Dans les sections suivantes, il ne s'agit pas de faire œuvre de démystification sinon du travail de lecteur, voire d'historien. Tenter de rétablir la vérité sur la démonstration eût été une démarche simpliste et aurait consisté à tomber dans un piège où d'autres étaient déjà tombés. Or nous le savons tous, il n'y a pas qu'une histoire, et celle-ci n'est jamais blanche ou noire. Elle est infiniment plus complexe, elle procède par petites touches, elle répond à de multiples enjeux. Bref, c'est une aventure en tons de gris.

Le traitement que nous offrons file dans l'histoire de la géométrie. La spécificité des propriétés de l'espace, ajoutée à des exigences aussi bien théoriques que pratiques, a engendré au cours des siècles des modifications de la forme démonstrative. Mais beaucoup plus au niveau de son statut que de sa structure.[1] Si l'idée d'établir la vérité ou la réalité par le raisonnement s'est presque toujours maintenue, le rôle principal de la démonstration s'inscrivait, selon les époques, dans une dialectique de la conviction ou de l'explication, sinon de la production de connaissances en évitant les contradictions.

DE LA GENÈSE CHEZ LES GRECS JUSQU'À LA FIN DU MOYEN-AGE

Toute la pensée occidentale s'est imprégnée de la spéculation philosophique et de la recherche mathématique de la civilisation grecque. On aime retenir une conception dualiste sur l'origine de la connaissance et les moyens d'approcher la réalité empirique: y a-t-il dévoilement du réel ou construction de l'esprit? Nous voilà en train d'alimenter le cœur d'un débat dont l'influence a déjà fait couler beaucoup d'encre, inspiré sans cesse par Platon, Aristote et leurs illustres successeurs Descartes et Kant.[2] Guichard (1990, p. 39) résume ainsi l'histoire du vrai:

---

1   Selon Bourbaki (1969, p. 10), la forme démonstrative n'aurait pratiquement pas changé depuis le milieu du Ve siècle: «[...] dès les premiers textes détaillés qui nous soient connus [...], le ‹canon› idéal d'un texte mathématique est bien fixé. Il trouvera sa réalisation la plus achevée chez les grands classiques, Euclide, Archimède et Apollonius; la notion de démonstration, chez ces auteurs, ne diffère en rien de la nôtre.». Nous nuançons toutefois cet «idéal» d'un texte mathématique à la section *Mathématique significative, aspect social de la démonstration dans la pratique mathématique et validité épistémologique*.

2   En philosophie, l'évolution des conceptions sur les manières de discuter, d'exposer ou d'argumenter peut se décrire brièvement en relation avec ces auteurs, plus Hegel et Marx. Platon parle de l'art de la discussion, du dialogue, considéré comme le moyen de s'élever des connaissances sensibles aux Idées. Aristote oppose la dialectique, logique du probable, à l'analytique, logique du certain. Cette conception est renouvelée au Moyen-Age en opposant la dialectique du point de vue de la logique formelle, à la rhétorique qui vise la persuasion. Plus tard, Kant introduit la «logique de l'apparence», celle de la pensée qui, voulant se libérer de l'expérience, tombe dans les antinomies. Hegel traite la progression de la pensée qui reconnaît le caractère inséparable des contradictoires (thèse et antithèse), puis découvre un principe d'union (synthèse) qui les dépasse. Quant à Marx, il voit le mouvement progressif de

La pensée grecque classique conçoit la vérité comme dévoilement du réel d'abord caché aux sens [...]. La vérité est atteinte au terme d'une démarche de découverte qui permet à l'esprit de voir l'essence des choses. [...] Cependant, mettre le fondement de la connaissance dans la saisie intellectuelle (ou intuition) de natures simples comme le fait la philosophie cartésienne, c'est encore concevoir la vérité comme découverte d'une réalité extérieure à l'esprit. [...] Il faut attendre le XVIIIᵉ siècle et la philosophie critique de Kant pour que la question se déplace du «comment trouver le vrai?» au «que puis-je connaître?» et que le vrai soit conçu comme ce que l'esprit construit à l'aide de ses catégories et concepts.

Si on avait pu demander aux anciens Grecs de trancher sur la question précédente ou sur n'importe quelle autre «connaissance du réel», ils se seraient lancés dans une démonstration «[qui] est une argumentation informative et instructive, et cela présuppose la communication de quelque chose à quelqu'un dans un cadre discursif: le ‹lui faire savoir›[3] qu'en relation avec le sujet traité quelque chose est ou n'est pas effectivement le cas.» (Vega, 1990, p. 26). Cette conception, d'esprit dialogique, considère que la démonstration est de l'ordre de la conviction dans un débat contradictoire. La théorie de la démonstration s'expose alors sous un angle double: celui de la philosophie et celui des sciences mathématiques.

Aristote illustre constamment les Analytiques d'exemples mathématiques. Il faut dire qu'à l'époque, les sciences ne sont pas disjointes. Cependant, malgré l'incontournable apport de la philosophie aristotélicienne, la démonstration qui nous intéresse est celle du corpus euclidien. Par extension et analogie aux démonstrations actuelles d'une théorie formelle en logique mathématique, Caveing (1990, p. 114) explique:

Dans la mesure où la construction euclidienne part de propositions liminaires pour en déduire des propositions universelles jouant le rôle de «thèse» du système et grâce auxquelles on peut ultérieurement obtenir les conséquences d'une hypothèse déterminée introduite à volonté, le terme «démonstration» lui convient: c'est un chaînage ouvert de propositions validées dans le champ clos par les propositions liminaires.

Les Grecs sont avant tout des géomètres et c'est à partir de problèmes géométriques que leur mathématique est devenue abstraite et déductive.

---

la réalité qui évolue, comme chez Hegel, par le dépassement des contradictions dans les choses.

3 Dans le texte original en espagnol, on dit «el hacerle saber», sans guillemets.

La rupture avec les géométries pragmatiques antérieures des Babylo-
niens ou des Egyptiens commence par une période de découvertes spo-
radiques qui débouche sur une ère d'inventions systématiques. L'âge
d'or culmine à la rédaction d'éléments de géométrie qui regroupent logiquement la majorité des résultats connus tout en ajoutant des recherches
originales.

> L'originalité essentielle des Grecs consiste précisément en un effort conscient
> pour ranger les démonstrations mathématiques en une succession telle que le
> passage d'un chaînon au suivant ne laisse aucune place au doute et contrai-
> gne l'assentiment universel (Bourbaki, 1969, p. 10).

Les Eléments d'Euclide sont les seuls qui traversent le temps, probablement parce qu'on les savait plus complets et plus achevés que les autres,
et peut-être même parce qu'ils les déclassaient aussi bien par la forme
que par la méthode. On ne sait pas si Euclide était une personne, un chef
d'équipe ou le pseudonyme d'une société de chercheurs. On n'est pas
sûr non plus s'il s'agit d'un ouvrage fondamentalement original ou de
l'intégration partielle d'éléments antérieurs, comme ceux de la tradition
des Académiciens. Néanmoins, la mentalité de l'époque laisse croire au
moins à l'existence de l'individu; l'achèvement ultérieur des Livres XIV
et XV et le possible respect de groupes de théorèmes existants, pris par
paquets, expliqueraient les différences de style dans la rédaction des
treize premiers Livres. Malgré tout, l'histoire filtre et retient le travail
élaboré comme un événement charnière des mathématiques grecques.
Depuis l'invention de l'imprimerie, les Eléments d'Euclide restent l'ouvrage qui a connu, après la Bible, le plus grand nombre de traductions
(Caveing, 1990).

Si les Eléments apparaissent comme un remarquable ouvrage de synthèse, l'accès au travail d'analyse nous est complètement interdit. C'est
d'ailleurs un reproche général que Descartes adressait aux Anciens géomètres en considérant qu'ils réservaient pour eux seuls l'analyse, tel un
secret d'importance. L'incidence d'une telle constatation sur l'origine de
la forme démonstrative du corpus euclidien est majeure: comment a-t-
elle surgi?

Les raisons qui ont pu rendre la démonstration nécessaire dans l'histoire proviennent sans doute à la fois de la société grecque qui a favorisé
l'émergence de la démonstration tel un bouillon de culture et de préoccupations internes à la mathématique. Dans les mathématiques préhell-
éniques (antérieures au XIIe siècle av. J.-C.), il existait diverses procé-

dures, sous forme de modèles, de protocoles, de traités, de tableaux, etc., qui servaient à s'assurer de certains résultats numériques ou géométriques; pas de traces de démonstration au sens propre. Elles n'apparaissent avec clarté qu'à l'intérieur du cercle intellectuel de l'Académie de Platon dans la première moitié du IVe siècle av. J.-C. On retrouve la forme euclidienne dans certains traités quelque peu antérieurs aux Eléments d'Euclide, ce qui invite à penser que cette forme était déjà canonique pour les mathématiques de la fin du siècle. Que s'est-il passé entre-temps?

La pensée rationnelle de la Grèce antique est d'origine mythique et rituelle; elle ne s'est détachée que progressivement de la magie et de la religion. L'homme grec cherche un adversaire ou une situation conflictuelle pour qu'il puisse s'affirmer et consolider ses opinions, particulièrement dans des joutes oratoires. Après une profonde mutation sociale au VIe siècle av. J.-C., les explications ne peuvent plus s'exprimer avec le langage du mythe: elles se présentent comme des problèmes soumis à la discussion, susceptibles de réponses affirmatives ou négatives, pendant des débats publics de citoyens. Au cours de cette période il y a eu passage d'une mathématique pratique à une mathématique théorique:

> On peut admettre que, dans les débuts de la science, on utilisait une argumentation d'accompagnement, guidée par l'intuition de la figure, et que ce «discours» s'est progressivement structuré en fonction d'exigences logiques de plus en plus précises provenant de la matière en elle-même (Caveing, 1990, p. 115).

> Objets de discussions, les propositions mathématiques ne sont plus de simples énoncés traduisant des faits empiriques mais nécessitent désormais une démonstration qui conduit, d'une ou plusieurs propositions, dites prémisses, à une conclusion nécessaire (Dahan-Dalmedico & Peiffer, 1986, p. 45).

Les plus anciennes démonstrations connues de la géométrie grecque cherchent à donner une certitude appuyée sur le visible: il fallait faire voir concrètement. Plus tard, l'impossibilité de résoudre certains problèmes suivant les procédés habituels a amené non seulement un changement de méthode, mais aussi un changement de conception. En particulier, le problème de l'irrationalité de $\sqrt{2}$ et celui de l'incommensurabilité de la diagonale du carré avec son côté engendrent pour le nombre un changement de statut empirique à un statut d'idéal, qui ne peut être qu'objet de démonstration au sens de Caveing.

L'éminence du rôle des Grecs se corrobore en partie par l'absence de raisonnement par l'absurde et d'idéalisation explicite des objets mathématiques dans les civilisations chinoises ou indiennes (Arsac, 1987). C'est ce que suggèrent du moins les documents antiques disponibles. Chez les Chinois, il semblerait qu'une exigence de validation existait, mais, malgré la complexité non-triviale de leur géométrie, les «monstrations» connues reposent crucialement sur l'évidence visuelle (Martzloff, 1990). Pourtant, il ne faut pas y voir qu'une collection structurée de résultats empiriques. Bien que les textes révèlent que le mathématicien doit «manipuler des pièces», Martzloff précise:

> [...] le concret visuel ne devrait pas être systématiquement et irréductiblement opposé à «l'abstrait» discursif car le système démonstratif chinois ne se limite pas au seul témoignage des yeux: il repose aussi sur tout un arsenal de procédés ingénieux centré autour de manipulations complexes d'aires et de volumes (p. 132).

Chez les Indiens, il semble que leur connaissance des choses passe aussi par les yeux, sans y associer des méthodes de déduction scientifique: ils n'offrent pas non plus de démonstration en géométrie, ni de règle ou de patron déductif, et, apparemment, ils n'avaient pas de scrupules logiques (Kline, 1972). Par ailleurs, les mathématiques babylonienne ou égyptienne revêtent un aspect essentiellement concret lié aux besoins de la vie pratique. Les tablettes cunéiformes sont surtout de nature économique et restent fondamentalement algébriques.[4] Certains problèmes sont accompagnés de dessins imprécis qui illustrent bien le côté rudimentaire de leur géométrie. Les papyrus quant à eux touchent au système social pharaonique.[5] Leur géométrie ressort en relation avec la fabrication et l'ornementation d'objets, de chambres funéraires, l'arpentage des champs – fréquent et indispensable à cause des crues du Nil –, le calcul d'aire et de volume des matériaux nécessaires à la construction d'habitations, de greniers, de pyramides et autres monuments (Aleksandrov, 1994; Dahan-Dalmedico & Peiffer, 1986). Rien n'insinue la disposition ou l'intention de franchir la barrière empirique.

---

4 Par exemple, pour les échanges de monnaie et de marchandises, les problèmes d'intérêt simple ou composé, les calculs de taxe et de répartition des récoltes.
5 Algébriquement, on s'intéresse à la comptabilité matérielle dans le contrôle de la production et de la répartition des ressources, des denrées alimentaires et des objets.

L'aboutissement de la géométrie grecque arrive avec les brillantes contributions d'Apollonius et d'Archimède. Par la suite, la recherche fondamentale stagne et décline rapidement en n'exploitant que les résultats et les procédures connus, orientés vers la pratique. Les Arabes assimilent les principaux ouvrages grecs à partir de traductions augmentées d'abondants commentaires et de résumés. Ils s'approprient la géométrie grecque, l'appliquent à leurs besoins techniques d'arpentage, d'architecture et d'artisanat, simplifient les méthodes de constructions à la règle et au compas sur le terrain, puis élargissent le champ des connaissances géométriques. On ne remet pas en cause la forme euclidienne des déductions à partir de points de départ posés avant la démonstration. C'est plutôt la rigueur de la construction des éléments qui commence à être contesté. Ils en viennent à essayer de démontrer le 5e axiome d'Euclide dans la lignée de Ptolémée qui, déjà, lui conférait un statut de théorème.

L'occident médiéval ignore presque totalement l'héritage grec et le développement arabe. Il existait malgré tout quelques fragments écrits disponibles en latin. Dahan-Dalmedico et Peiffer (1986) racontent que Boèce avait réuni et traduit quelques traités élémentaires, dont deux à cinq Livres des Eléments, amputés toutefois de leurs démonstrations. La diffusion de la géométrie, par le truchement des savants arabes et des érudits chassés de Byzance, a dû attendre jusqu'à la Renaissance. A cette époque, l'Europe occidentale vit une période de transformation et de renouvellement socioculturel qui réveille l'attrait pour le monde physique. On intègre le culte du Beau à la pensée chrétienne et on abandonne définitivement l'esthétique byzantine au profit du modelé et du réalisme. L'afflux des manuscrits grecs et la soif de connaître animent la volonté d'imiter et de reproduire la nature réelle: on voit dans les mathématiques l'essence même de la nature.

MULTIPLICATION DES GÉOMÉTRIES DEPUIS LA RENAISSANCE

Depuis la fin du Moyen-Age, on fonde la connaissance sur le commentaire d'Aristote par Saint Thomas d'Aquin qui invoque la connaissance par les causes. On considère alors que la démonstration établit une connaissance absolument certaine parce qu'elle exhibe l'ordre des causes qui est celui de l'enchaînement réel des choses. Rendre compte de la structure et du fonctionnement du réel protagonise l'application de la géométrie: dessiner ou peindre permet non seulement de représenter, dans le plan, les figures de l'espace, mais révèle aussi la nature réelle

comme si on regardait au travers d'une fenêtre. L'importance de l'observation visuelle se traduit par l'élaboration de règles de la perspective
chez les artistes. Profitant de cet acquis, Desargues cherche l'amélioration de la technique et formule les règles de la perspective en termes
mathématiques concis. Malgré l'enthousiasme relatif dans la réception
des idées de Desargues, Pascal comprend toute la portée des méthodes
projectives à partir desquelles il rédige un essai sur les coniques. Sur
cette lancée, de La Hire présente une synthèse presque complète des propriétés connues des sections coniques.

La fascination des méthodes infinitésimales et l'envoûtement pour la
géométrie des coordonnées relèguent aux oubliettes pendant près d'un
siècle les méthodes projectives, et ce, jusqu'à l'arrivé des travaux de Poncelet. Entre-temps, la géométrie analytique, avec l'étude des courbes et
des surfaces souvent motivée par des problèmes issus de la physique,
monopolise l'attention des mathématiciens. Une querelle idéologique
oppose Desargues à Descartes sur la manière d'unifier les méthodes
mathématiques. Le premier, peu enclin à la spéculation, croit à la puissance de la géométrie. Le second, mû par une ambition à la fois physique
et métaphysique, ne jure que par l'algèbre. Aucun des deux ne remet en
cause le dogme euclidien. Expérimentalement, c'est le modèle parfait de
l'espace physique; rationnellement, c'est la seule géométrie logiquement
consistante, jusqu'à preuve du contraire.[6] La conception déductive
qu'avaient les Anciens des mathématiques et de la connaissance s'en
trouve renforcée:

> [...] la pensée cartésienne qui ouvre l'époque moderne ne constitue pas pour
> autant une révolution dans la conception du savoir et les démarches de
> l'esprit qui y conduisent. Il s'agit toujours de découvrir, de voir ou de faire
> voir des vérités que l'esprit ne constitue pas, mais qui préexistent à son tra-
> vail [...] (Guichard, 1990, p. 47).

La pensée cartésienne dont il est question naît en substance d'une remarque de Descartes (1953, p. 138) dans lequel il explique que le raisonnement géométrique peut s'étendre à toutes les connaissances humaines:

> Ces longues chaînes de raisons, toutes simples et faciles, dont les géomètres
> ont coutume de se servir pour parvenir à leurs plus difficiles démonstrations,
> m'avaient donné occasion de m'imaginer que toutes les choses qui peuvent

---

6   On traitera de l'intérêt historique porté à la consistance de la géométrie eucli-
    dienne lors des développements autour du statut du postulat des parallèles.

tomber sous la connaissance des hommes s'entresuivent en même façon, et
que, pourvu seulement qu'on s'abstienne d'en recevoir aucune pour vraie qui
ne le soit, et qu'on garde toujours l'ordre qu'il faut pour les déduire les unes
des autres, il n'y en peut avoir de si éloignées auxquelles enfin on ne par-
vienne, ni de si cachées qu'on ne découvre.

La démonstration joue un rôle fondamental: facteur de rigueur dans la
nécessité des enchaînements et critère incontestable de vérité. S'il n'y a
pas de dissemblance conceptuelle dans le processus de la conformité
entre l'idée et l'objet préexistant, on admet toutefois une différence sur le
statut de la démonstration. Au XVIIe siècle, elle n'a plus comme unique
but de convaincre par un raisonnement sans faille, mais se doit aussi
d'éclairer sur les causes, d'en comprendre le pourquoi (Barbin, 1988). On
rehausse ainsi l'importance du travail d'analyse et l'on tente de faire
coïncider la démonstration avec les méthodes de découverte.

Cet état d'esprit accélère le développement géométrique. On assiste
d'abord à la naissance de la géométrie différentielle qui bénéficie du calcul infinitésimal et des procédés analytiques. Dans ses travaux en géométrie différentielle, Monge préconise l'étude de l'espace tant du point
de vue algébrique que géométrique, et fait figure de proue dans la géométrie descriptive. Ensuite, Poncelet publie un ouvrage de synthèse sur
les propriétés projectives des figures qui jette les fondements de la géométrie projective. Il renoue avec le travail de Desargues et, pour la première fois, l'accent est mis sur l'idée de transformation géométrique. La
géométrie projective se développe parallèlement aux géométries métri-
ques jusqu'à ce que Klein élucide leurs interrelations: il propose une
synthèse lors du programme d'Erlangen en rapprochant la notion de
transformation de celle de groupe; chaque géométrie se caractérise par
l'étude des propriétés qui demeurent invariantes dans une transformation (Brannan, Esplen & Gray, 1999). La classification apportée permet à Klein d'unifier définitivement les géométries projective et analytique. Le cadre fourni par Klein est débordé dès sa mise en place par les
vues plus profondes de Riemann qui s'intéresse à l'étude locale des phénomènes de l'espace et, pour réaliser ce projet, inclut des outils de la
géométrie différentielle. Sous l'influence de Riemann, Klein aborde finalement les questions de la continuité en géométrie et du maintien de
cette continuité dans les transformations. L'étude des invariants continus
amorce la topologie dont Riemann établit les fondements.

NAISSANCE DES GÉOMÉTRIES NON EUCLIDIENNES

Le 5e axiome d'Euclide est suspect depuis longtemps. Dès l'Antiquité, on ne l'accepte pas sans démonstration, surtout qu'il paraît particulièrement choquant qu'un énoncé dont la réciproque logique était démontrée dans les Eléments puisse être posé sans démonstration. La formule originelle du postulat des parallèles est la suivante: «Et que, si une droite tombant sur deux droites fait les angles intérieurs et du même côté plus petits que deux droits, les deux droites, indéfiniment prolongées, se rencontrent du côté où sont les angles plus petits que deux droits.»[7] Sa réciproque, non reconnue explicitement comme telle par Euclide, est la dix-septième proposition du Livre I: «Dans tout triangle, deux angles, pris ensemble de quelque façon que ce soit, sont plus petits que deux droits.» De plus, la forme du postulat des parallèles rappelle davantage l'énoncé d'un théorème que celle d'une évidence simple et immédiate. Les conjectures sur la motivation initiale de l'«étrange» formulation sont nombreuses. Une d'entre elles laisse entendre qu'Euclide voulait éviter de considérer l'infini, scrupule renforcé par sa manière de définir les droites qui n'existent pas en entier, mais qui consistent en segments qu'on peut prolonger à volonté.[8] Il faut attendre le point puis la droite à l'infini de Desargues et les raisonnements du calcul infinitésimal pour qu'on commence à banaliser l'infini. Malgré tout, la démonstration n'a pas cessé de procéder à l'établissement des rapports entre le réel, la géométrie et le savoir.

Entre-temps, et jusqu'au début du XIXe siècle environ, deux démarches tentent de clarifier le statut du postulat des parallèles. La première vise à substituer l'axiome par un autre de tournure plus simple et plus intuitive. La seconde tâche de le démontrer à partir des quatre premiers axiomes. Outre la méthode directe, plusieurs se lancent dans des raisonnements par l'absurde: les essais composent en considérant conjoin-

---

7   Nous tirons les énoncés d'origine de la traduction du texte de Heiberg publié entre 1883 et 1888 (Euclide d'Alexandrie, 1990).

8   Les quatre premières définitions du Livre I et le deuxième postulat illustrent parfaitement ce qu'il entend par une droite: définition 1: «Un point est ce dont il n'y a aucune partie»; définition 2: «Une ligne est une longueur sans largeur»; définition 3: «Les limites d'une ligne sont les points»; définition 4: «Une ligne droite est celle qui est placée de manière égale par rapport aux points qui sont sur elle»; demande 2: «Et de prolonger continûment en ligne droite une ligne droite limitée».

tement l'hypothèse et deux parties de sa négation. Si on considère comme équivalent du 5e axiome la propriété que la somme des angles d'un triangle vaut π, la première négation, dans une position trichotomique, s'appuie sur une somme inférieure à π; la deuxième, sur une somme supérieure. Un autre équivalent au postulat des parallèles, qu'on appelle généralement l'axiome de Playfair, dit qu'étant donné une droite et un point, il n'existe qu'une seule droite parallèle passant par le point. Dans la géométrie de Gauss-Bolyai-Lobatchevski (somme inférieure à π), l'unique parallèle devient une infinité de parallèles (non confondues). Chez Riemann (somme supérieure à π), il n'y a pas de telle parallèle.

En dépit de débuts chancelants, le travail engagé lors des démonstrations par l'absurde prépare, sans que l'on s'en rendre compte, les géométries non euclidiennes. Au tournant du XIXe siècle, un petit groupe de mathématiciens parvient à la conviction, sans démonstration, mais probablement par l'usure du temps, qu'il est possible de développer des géométries cohérentes qui nient le postulat des parallèles tout en conservant les quatre autres. A l'époque, la conception «cubique» de l'espace est renforcée par les thèses philosophiques de Kant qui fait, de l'espace euclidien, un a priori antérieur à toute expérience; des propositions mathématiques, une création de part en part, sans limites, de déterminations de sens, de ce que l'on peut faire et dire avec sens; de la démonstration, un chemin, et non un cheminement, qui crée un nouveau concept ou qui donne une nouvelle relation avec les résultats antérieurement construits, pour une éventuelle utilisation. A contre-courant, Gauss, Bolyai, Lobatchevski et Riemann entrevoient de nouvelles géométries qui conduisent à une nouvelle conception de l'espace.

Les travaux géodésiques de Gauss le conduisent à calculer la somme des angles formés à partir de trois sommets de montagnes qu'il compare avec π. Sa réponse diffère légèrement de π, mais malheureusement, entre dans la marge d'erreur. Riemann, son élève, s'interroge activement sur la nature de l'espace même, au point d'en faire l'essence de la géométrie. Sa pensée, tout comme celle de Gauss, se détache de la philosophie kantienne et renoue d'une façon originale avec la tradition grecque: les géométries non euclidiennes ont le droit de représenter le monde physique au même titre que la géométrie euclidienne. Il déduit qu'il y a interaction entre l'espace et les corps qui y sont plongés: l'espace serait donc courbe et la courbure varie suivant la répartition des corps, ce qui tranche radicalement avec la conception cubique et amor-

phe de l'espace. Environ un demi-siècle plus tard, la théorie générale de
la relativité d'Einstein donne raison à la conception de Riemann. Les
géométries non euclidiennes voient s'ouvrir devant elles un vaste champ
d'application dans l'infiniment petit comme dans l'infiniment grand,
notamment en physique nucléaire et en astronomie.

Paradoxalement, les géométries de Gauss-Bolyai-Lobatchevski et de
Riemann sont construites indépendamment de l'expérience: seule la
cohérence logique et la rigueur semblent importer. La forme démonstrative ne change toujours pas:

> Dans cet accroissement des exigences de rigueur qui vise à se donner des
> moyens adaptés [à la constitution des géométries non euclidiennes], ce qui
> est remis en question, ce n'est pas la démonstration, [...], ce n'est pas la né-
> cessité de démontrer, mais c'est ce que l'on va tenir pour une véritable dé-
> monstration qui est en cause, ainsi que le statut de la connaissance mathéma-
> tique (Guichard, 1990, p. 49).

On sait que l'idéal grec tend à justifier les résultats géométriques par une
interprétation physique. La prise en considération de géométries complètement spéculatives à leur début remet sérieusement en question les
rapports entre le monde réel et la géométrie.

> Avant les géométries non euclidiennes, on pouvait croire à l'existence d'une
> vérité géométrique «absolue», que l'esprit humain, par la seule force de son
> raisonnement, arrivait à maîtriser. Après, tout change. L'esprit humain ne fait
> plus que proposer des modèles mathématiques imparfaits pour une descrip-
> tion proprement humaine d'une réalité extérieure fuyante et insaisissable
> dans sa totalité (Lombardi, 1990, p. 243).

C'est le préambule d'une importante crise qui a secoué les fondements et
la place de toute la mathématique au tournant du XXe siècle. La conception dichotomique de la vérité, soit vrai, soit faux, en ressort bouleversée.
En géométrie, un peu à la manière d'une deuxième révolution anti-
euclidienne, Cantor et Peano commencent à douter de la notion même
de dimension, qui amène les notions de configuration et de dimension
fractales (Banchoff, 1996).

LA DÉMONSTRATION AU XXe SIÈCLE

On aime percevoir la mathématique comme la science objective par excellence. La naissance de la méthode axiomatique et la possibilité de produire des démonstrations algorithmiques servent aisément les tenants de

cette conception, encore existante de nos jours. Sans doute l'omni-présence du raisonnement déductif, existant prétendument en dehors de l'esprit, et la puissance éprouvée de la démonstration qui s'y base, en demeurent-ils les grands responsables.

Déjà, au début du siècle, d'aucuns ne juraient que par la puissance de la syntaxe mathématique et de ses structures. L'étude syntaxique s'est révélée avec le temps un remarquable moyen de développement cogni-tif. Elle est apparue féconde dans des domaines qui, traditionnellement, n'avait que peu à voir avec la mathématique, telle la linguistique, et a engendré un rejeton technologique d'importance universelle, l'ordi-nateur.

Du point de vue mathématique actuel, on a dû mettre un frein à l'idée de la production exclusivement syntaxique des connaissances et redevenir plus sage, ou simplement plus humain. Désormais, on connaît mieux les limites des théories formelles et de l'intelligence artificielle. La sémantique et l'aspect social des connaissances ont pu reprendre leurs lettres de noblesse en toute tranquillité.

EMERGENCE DU FORMALISME

La période contemporaine a été marquée par deux grands phénomènes: la réduction de la géométrie à l'algèbre et à l'analyse et l'apparition des géométries non euclidiennes. L'insuffisance des axiomes euclidiens et le retour à la rigueur accordent une place de choix à la démonstration, qui aboutit en définitive au formalisme et à la naissance des théories for-melles. Le développement de la logique mathématique est spectaculaire.

Pour la première fois dans l'histoire, plusieurs commencent à séparer la cohérence du monde mathématique de celle de l'univers physique. On veut que la géométrie fonctionne avec des objets en soi, voire imper-sonnels. Les points sont des points, sans aucune référence à une unité quelle qu'elle soit, comme des nombres, des courbes, des surfaces ou des fonctions.

> [...] les objets mathématiques définis par l'axiomatique n'ont pas d'existence objective mais ont simplement à satisfaire le principe de non-contradiction interne aux mathématiques (Arsac, 1988, p. 259).

L'intuition géométrique ne peut donc plus s'exercer sur des objets phy-siques, mais sur des objets plus généraux, définis par une suite de mots et de symboles; le langage de la géométrie classique, très suggestif, favorise cette intuition, mais ne la détermine plus. La possible nature d'évidence empirique des axiomes n'a plus aucune importance. L'intérêt penche plutôt sur les relations entre les objets; les axiomes forment les objets atomiques et les symboles, eux, les particules. Le niveau d'abstraction est à son comble. Sans doute favorisée par les apriorismes kantiens, une conception ludique des axiomatiques est en train de germer. Hilbert est le premier qui axiomatise ainsi la géométrie euclidienne.

ANALYSE DESCRIPTIVE DE LA MÉTHODE AXIOMATIQUE

De nos jours, on rencontre encore des gens qui conservent une conception ludique des axiomatiques. On pourra toujours consulter Fraïssé (1982) pour une distinction entre axiomatique et jeux, ou Mendelson (1979) pour une introduction à des axiomatiques élémentaires. Plus tard, on isolera, de la mathématique pratiquée par la grande majorité des mathématiciens actuels, la mathématique idéalisée par certaines conceptions privée. Mais pour saisir la dimension des nouvelles «règles du jeu», il nous apparaît nécessaire de relever les principales caractéristiques d'une théorie formelle, exposée en langage moderne.

L'abécédaire qui suit triche légèrement. La description est modelée sur la logique mathématique institutionnelle, ce qui veut dire qu'elle contient une version revue et corrigée par rapport à celle du début du siècle. Ainsi, Hilbert puis Herbrand utilisaient déjà dans la pratique l'idée de valeur de vérité. La distinction précise et générale entre les notions de satisfiabilité et de valeur de vérité a justement été introduite par Tarski en 1936, après la fameuse crise des fondements. Néanmoins, voici un inventaire des nouvelles «règles du jeu»:

- On se munit d'abord d'un ensemble dénombrable de *symboles*: une suite finie de ceux-ci permet d'écrire une *proposition*. Une *procédure effective*, ou *méthode mécanique*, détermine une *proposition bien formée*. Si on décide d'accorder un statut d'*axiome* à certaines propositions et que l'on puisse décider effectivement lorsqu'une proposition est un axiome, la *théorie* est *axiomatique*. Selon les besoins, on peut ajouter des *définitions* aux axiomes. Elles sont de simples abréviations, non nécessaires, mais considérablement utiles.
- Ensuite, on se donne un ensemble fini de *relations* entre propositions bien formées qui représentent les *règles de déduction*. En vertu d'une relation donnée, on unit ensemble les propositions; une procédure effective détermine si un nombre fini de premières proposi-

tions est en relation avec une deuxième qu'on appelle *conséquence directe* des premières.

- Une *démonstration* apparaît comme une suite finie de propositions bien formées telles que chacune d'entre elles est soit un axiome, soit une conséquence directe de propositions précédentes unies par les relations.

- Un *théorème* est une proposition bien formée telle qu'il existe une démonstration dont la dernière proposition est le théorème; cette démonstration s'appelle une *démonstration du théorème*. On peut voir les théorèmes comme des références susceptibles de raccourcir d'éventuelles démonstrations.

- La théorie est *relativement consistante* si aucune proposition bien formée et sa négation sont à la fois des théorèmes.

Dans le cas d'une théorie axiomatique, il se peut qu'il n'y ait pas de procédure effective qui puisse déterminer s'il existe une démonstration pour toutes les propositions bien formées. Si une telle procédure existe, la théorie est dite décidable, sinon elle est indécidable. L'activité jusqu'ici est purement syntaxique et peut être applicable à un ordinateur. Sous cet angle, la démonstration se présente comme un algorithme de décision.

Pour qu'une théorie formelle ait un certain intérêt en mathématique et non pas seulement du point de vue d'un système formel, la syntaxe doit être plongée dans une théorie mathématique appelée métathéorie ou théorie représentante. Celle-ci permet de donner un sens à la théorie représentée en développant une sémantique qui résulte de l'approfondissement de la syntaxe. Le domaine d'interprétation contient les éléments et leurs relations qui ont un sens dans la métathéorie; lorsque toutes les (aucune) suites d'éléments du domaine d'interprétation satisfont une proposition bien formée, on dit que la proposition est vraie (fausse) dans la métathéorie. Une métathéorie est un modèle d'un ensemble de propositions bien formées quand toutes les propositions de l'ensemble sont vraies dans la métathéorie. La syntaxe d'une métathéorie peut être absorbée à son tour par une deuxième métathéorie pour développer une sémantique plus générale, et ainsi de suite. Finalement, lorsqu'une théorie axiomatique engendre la métathéorie, on dit qu'il y a complétude, sinon c'est l'incomplétude. Si la théorie est incomplète, on peut l'étendre en ajoutant ou en remplaçant des axiomes; à chaque fois, il faut s'assurer, et c'est un travail délicat, de n'engendrer aucune contradiction. La complétude revient à dire que l'approche syntaxique est équivalente à l'approche sémantique.

LIMITATIONS INTRINSÈQUES DE LA MÉTHODE AXIOMATIQUE ET «FIN» DE LA GÉOMÉTRIE

Aux environs de 1895 et jusque vers 1930, le déploiement des systèmes formels trouble fortement un grand nombre de mathématiciens: les paradoxes et les difficultés fusent de tous les côtés. D'après le système d'axiomes proposé par Hilbert, Tarski montre en 1951 que la géométrie euclidienne en logique du premier ordre se manifeste comme une théorie complète et décidable: à l'aide d'un système de codage, un ordinateur peut démontrer si tel ou tel théorème appartient ou non à la géométrie élémentaire, au bout d'un temps parfois long, mais fini.

La «gentillesse» de la théorie précédente contraste cependant avec les limitations du champ d'application de la méthode axiomatique découvertes par Löwenhein, Skolem puis Gödel, face à d'autres théories usuelles[9]. Avec la géométrie, la théorie des nombres se perçoit comme une branche particulièrement intuitive des mathématiques: il n'est pas surprenant si les entreprises d'axiomatisation furent aussi nombreuses. Gödel montre en 1931 l'incomplétude entre les axiomes de Peano et la théorie des nombres en logique du premier ordre par un système de

---

9   La théorie des ensembles a fait aussi l'objet de préoccupations intenses étant donnée son importance fondamentale en mathématique. La théorie des ensembles de Cantor, ou théorie naïve des ensembles (Halmos, 1974), débouche sur des contradictions, surmontées en partie dans l'axiomatisation de Zemerlo-Skolem-Frænkel (ZSF) (Hrbacek & Jech, 1999). Cette dernière théorie est consistante et possède un algorithme d'énumération: on peut énumérer les axiomes, en nombre fini ou infini, puis les conséquences des axiomes, toujours en nombre infini. Toutefois, elle n'autorise pas d'algorithme de décision: on ne peut se prononcer sur l'appartenance ou non d'une proposition bien formée particulière. Les logiciens Löwenhein puis Skolem montrèrent un résultat tout aussi troublant pour l'époque: l'axiomatique ZSF admet en particulier des modèles dénombrables mais ne cesse de parler d'ensembles infinis non dénombrables; du point de vue de la métathéorie, ces mêmes ensembles sont tous dénombrables. Ce genre de limitations mènent la logique mathématique vers l'exploration d'axiomatiques plus larges, comme ZSF plus l'axiome du choix ou ses équivalents (l'axiome de multiplication, le principe du bon ordre, la trichotomie et le lemme de Zorn), l'axiome de régularité ou l'hypothèse du continu générale. Même si Gödel et Cohen réussirent à montrer qu'on ne peut démontrer ni l'hypothèse du continu, ni sa contradiction, la recherche de théorie des ensembles consistante encore plus générale suit son cours.

numérotation qui rappelle un codage informatique. Des preuves d'indécidabilité et d'impossibilité, la notion de valeur de vérité se partage maintenant en trois: une théorie axiomatique consistante peut produire des propositions bien formées vraies, fausses ou indécidables dans la métathéorie. En fait, il s'agit de la substitution de la logique bivalente (deux valeurs de vérité) pour une logique trivalente, déjà élaborée en 1921 par le logicien polonais J. Lukasiewicz. Plus tard, la théorie générale des systèmes de logique polyvalente (au moins trois valeurs de vérité) a été produite par E. L. Post. Ensuite, H. Reichenbach construit le calcul des probabilités comme une logique à une infinité de valeurs de vérité. De toute façon, la dissociation de la géométrie en plusieurs géométries se valide logiquement et seulement par des démonstrations de consistance relative (Fraïssé, 1982; Vitrac, 1990).

Ironie historique du sort, la géométrie euclidienne accouche de la démonstration, mais celle-ci la tue. On peut considérer la méthode de décision de Tarski en géométrie élémentaire comme une sentence capitale. Le détachement du réel pour l'abstraction totale signifie la fin de la géométrie comme branche autonome des mathématiques qui étudie les figures et les propriétés de l'espace. Heureusement, l'ingéniosité de ses procédés, le savoir-faire de ses techniques et les acquis de ses démarches d'investigation lui survivent et restent bien vivants, notamment en géométrie algorithmique[10]. Et pour l'apprentissage scolaire, elle s'allie avantageusement à la visualisation et au raisonnement graphique[11] qui, depuis peu, reviennent en force.

DÉMONSTRATION ALGORITHMIQUE
ET DÉBORDEMENTS EN LINGUISTIQUE

La démonstration n'est plus confinée à la philosophie et aux sciences mathématiques. L'informatique théorique et la linguistique bénéficient pleinement du développement considérable de la logique. La formalisation de systèmes symboliques, à la fois syntaxique et sémantique, prétend situer des éléments de la langue ou de langages en relation avec leur structure. Les notions d'alphabets, de grammaires, de langages réguliers, contextuels, hors contextes ou récursivement énumérables, de

---

10 Nous pouvons mentionner aussi la recherche en images de synthèse de même qu'en informatique géométrique et graphique.
11 Voir section *Aspects sémiotiques et pragmatiques*.

règles de réécriture, pour ne citer que celles-là, appartiennent à un domaine commun.

La calculabilité effective ou la démonstration purement syntaxique
qui valide en un laps de temps raisonnable sont au cœur de l'informatique théorique (Davis & Weyuker, 1983). En 1936, Turing propose déjà
une certaine classe de machines abstraites pouvant effectuer «mécani-
quement» des calculs, avant même la conception du premier ordinateur.
Les machines de Turing[12] tournent à partir d'opérations effectivement
calculables. La même année, Church énonce qu'une fonction est effectivement calculable si et seulement si elle est récursive, c'est-à-dire que la
récursivité correspondrait à l'effectivement décidable. Cette affirmation
plausible, vérifiée depuis près de 70 ans, est connue sous le nom de thèse
de Church. Rappelons qu'une fonction est récursive lorsqu'elle s'applique à un des éléments qui entrent dans sa définition. On a déjà mentionné que l'axiomatique de Tarski en géométrie élémentaire possède un
algorithme de décision: une machine de Turing peut donc valider, après
une durée finie arbitrairement longue, n'importe quelle propriété de
cette géométrie. En arithmétique, le crible d'Eratosthène représente un
algorithme de décision qui permet à une machine de Turing de déterminer si un entier donné est premier ou non. Par contre, on peut limiter la
production d'une suite d'entiers à l'aide d'un algorithme d'énumération
qui annonce l'appartenance du énième terme, sans se prononcer sur la
non-appartenance; dans le cas d'un nombre non annoncé, on ne peut
décider s'il appartient à la suite ou si la machine n'a pas encore eu le
temps de le calculer. Dans ce cas, on dit que la relation est récursivement
énumérable. C'est le propre de toute suite aléatoire d'entiers ou d'une
suite définie à partir d'une conjecture (encore non démontrée) sur les
naturels: l'énumération est possible, mais pas la décision.

Une question surgit: peut-on trouver un algorithme capable de savoir
si une machine de Turing, une fois mise en route, pourra finir son calcul?
Un verdict sur l'accomplissement apparaît comme rigoureusement insoluble: il n'existe pas de procédure effectivement calculable qui donne
une réponse positive. Ce genre de constatation conduit à classifier les
problèmes en fonction de leurs possibles démonstrations: au niveau le
plus élevé se trouvent les problèmes sans démonstration, comme le pro-

---

12 Les machines de Turing peuvent être déterministes ou non, suivant l'absence
    ou non de choix à effectuer, rendus à certains stades d'une opération, sur ce
    qui viendra par la suite.

blème de l'arrêt de la machine de Turing; au niveau immédiatement inférieur, les problèmes à démonstration difficile (Chaitin, 1974). Un problème est soluble s'il existe un algorithme ou une méthode générale permettant la résolution (avec une machine de Turing). Sinon, il est insoluble en «permanence», ce qui n'interdit pas néanmoins toute découverte imprévue, fruit de l'intuition, ou du hasard, ou de l'astuce qui procède en adjoignant des renseignements supplémentaires, toujours extérieurs à la machine.

Au problème de calculabilité d'une démonstration algorithmique se greffe la question de l'effectivité. On connaît bien l'avantage théorique des ordinateurs: ils ne se fatiguent pas et calculent à peu près à la vitesse de la lumière. Mais, contrairement au mathématicien, la machine n'a pas d'intuition, se perd dans les impasses et n'aperçoit pas les raccourcis. Aussi, dans une théorie axiomatique numérisée, le temps d'exécution devient-il souvent dissuasif: il croît de façon exponentielle suivant le nombre d'axiome utilisé.

Il convient ici d'établir une importante précision concernant la démonstration en relation avec le langage. La machine de Turing, tout comme l'ordinateur, tourne conformément à un seul niveau de langage. Si l'étude portait sur les caractéristiques de ce langage, on l'appellerait langage objet. L'homme, lui, fonctionne avec des métalangages hiérarchisés qui englobent tout type de langage objet; il peut les organiser, les décrire, les modifier, les réinventer, etc. Une démonstration par une machine de Turing rejoint la définition d'une démonstration dans une théorie formelle. Nonobstant, la démonstration sur l'impossibilité de trouver une procédure effective susceptible de déterminer l'arrêt de la machine de Turing est une métadémonstration, c'est-à-dire une démonstration qui sort du système formel, exprimée en métalangage. Si le système formel admet un modèle et si celui-ci s'exprime dans le métalangage, alors les métadémonstrations sont sémantiques.

On adopte aussi les systèmes formels pour trouver les invariants fondamentaux du langage (Desclés, 1980). On formule les concepts reliés entre eux dans un système de manière à vérifier la cohérence, quitte à modifier la théorie initiale dès qu'une contradiction surgit. Mais la linguistique demeure une science à base empirique qui traite de systèmes symboliques signifiants, détachables d'une réalité concrète et vécue (Desclés, 1982). La syntaxe et la sémantique formelle de langages artificiels n'a pas la compétence suffisante pour s'appliquer entièrement aux langues naturelles (Chomsky, 1968; Shaumyan, 1977). Comme preuve indirecte, on procède à une réduction substantielle, aussi bien en linguistique qu'en mathématique, lorsqu'on cherche constamment à engendrer toute métathéorie par un système formel, surtout qu'en général on ne sait rien a priori sur sa complétude. Ainsi:

- On sait depuis longtemps que le calcul des prédicats ou la théorie de la quantification ne sont pas des modèles du français.
- Lorsqu'on examine la structure syntaxique du français à la lumière de la grammaire générative transformationnelle, on peut certes porter des jugements de grammaticalité. Pourtant, on ne tient pas compte des convenances linguistiques (niveau de langage), des jugements esthétiques (style d'écriture) ou normatif (idéal socioculturel), ni des phrases mal formées du seul point de vue de la sémantique (Tellier, 1996).

Du reste, ce problème en rejoint un autre tout aussi fondamental qui s'attache à la «fidélité» du point de vue sémiotique. Aujourd'hui, on accepte généralement que tout système de représentation comporte à la fois des effets producteurs et réducteurs quant à ce qu'il représente.

MATHÉMATIQUE SIGNIFICATIVE, ASPECT SOCIAL
DE LA DÉMONSTRATION DANS LA PRATIQUE MATHÉMATIQUE
ET VALIDITÉ ÉPISTÉMOLOGIQUE

Si personne ne conteste la puissance des théories formelles ni l'apport de la démonstration, la logique n'est pas le «mode d'emploi» ni le «fondement» des mathématiques. Fraïssé (1982) appelle cette illusion le «complexe de Descartes». Déjà, lorsqu'il ne fait pas de logique, le mathématicien se place en logique du second ordre, cadre moins précis, mais plus intuitif.[13] Peut-être plus étroites, mais sûrement plus manipulables, les axiomatiques qui satisfont actuellement la presque totalité des mathématiciens sont les systèmes Zemerlo-Skolem-Frænkel (arrangé et formalisé), Neumann-Bernays-Gödel ou Morse-Kelly (Mendelson, 1979; Dieudonné, 1982). Il faut faire exception, bien sûr, pour les logiciens et aussi pour ceux dont l'attitude philosophique[14] empêche d'accepter les prémisses

---

13 Dans l'axiomatique de Peano en logique du second ordre, il n'y a pas de théorème de complétude comme celui de Gödel en logique du premier ordre.

14 Apéry (1982) distingue historiquement le platonisme mathématique (Bolzano, Frege, Cantor, Russell, Gödel), le formalisme (Hilbert, poussé à l'extrême par Bourbaki) et le constructivisme (intuitionnisme). D'aucuns arrivent

de ces systèmes, notamment dans les idéologies formaliste, intuitionniste et logiciste (Hanna, 1991).

La pratique mathématique n'a que très rarement recours à la démonstration formelle et exhaustive qui explicite tous les pas déductifs, sauf lorsqu'on cherche à se donner les moyens de condenser et d'enchaîner l'exposition des résultats. La démonstration formelle du simple théorème de Pythagore prend autour de 80 pages. De plus, une démonstration «trop exhaustive» dilue rapidement les passages clefs nécessaires à sa bonne compréhension et nuit considérablement au lecteur qui voudrait cerner les idées charnières qui auraient pu servir à son élaboration. On sait fort bien que la très grande majorité des démonstrations qu'on trouve dans les livres et les revues spécialisées semble provenir d'un compromis tacite entre l'excès de formalisme et l'approximatif. En autant que la profondeur des démonstrations est en adéquation avec les exigences de la situation, on ne doit pas mobiliser plus de rigueur logique qu'il n'en est nécessaire. Si rigueur et créativité ne se contredisent pas (Loi, 1982), une demande exagérée de rigueur est susceptible d'affaiblir considérablement la résolution de problème (Hanna, 1991; Villiers, 1993). Pour alléger le contenu et la rédaction des démonstrations ou pour mettre en relief les idées principales et favoriser ainsi un aspect explicatif, il est fréquent:

- De présenter auparavant certains lemmes dont la démonstration est plus technique et a comme fonction principale de s'assurer de la vérité;
- De motiver le développement théorique dans un texte qui aboutit, en guise de conclusion maintenant évidente, à l'énoncé d'un théorème.

La mathématique est d'abord et avant tout une activité sociale Hersh (1999). Elle fait partie d'un débat public continu et sa conception ne peut donc pas se restreindre à des «théories privées globalisantes» (formalisme, intuitionnisme, logicisme) que l'on pourrait interpréter comme des «mathématiques idéales». Ceci supprime toute revendication au titre de Grand Manitou qui autorise les démonstrations, même si on s'accorde

---

même à croire que les axiomes sont comme des lois physiques et qu'ils indiquent de façon purement symbolique comment est le monde de la théorie. A ces trois grands courants de pensée, Hersh (1999) ajoute une philosophie humaniste des mathématiques qui offre un point de vue socioculturel considéré dans l'histoire.

généralement sur le fait que l'aptitude à tirer des déductions ne se détériore pas, ni ne s'améliore. En même temps, on sait fort bien qu'il ne faut pas tomber dans le piège qui laisse croire que toutes les démonstrations reposent sur un chemin déductif qui mène à la conclusion. Certaines conjectures mathématiques sont considérées comme des théorèmes, garanties par un très fort degré de certitude ou cautionnées par l'intuition d'un groupe d'éminents mathématiciens, même si cela peut engendrer pour certains une inquiétude d'ordre philosophique[15], voire un rejet. Ce genre de consentement provisoire est fréquent en théorie des nombres, sans empêcher pour autant l'inclusion de telles propriétés dans la démonstration de nouveaux théorèmes. Par exemple, la recherche institutionnelle a supposé pendant longtemps que le dernier théorème de Fermat était vrai pour pouvoir continuer à développer la théorie des nombres, et ce, malgré l'absence de la démonstration de Wiles (1995). Et que dire de la démonstration de la célèbre conjecture du problème des quatre couleurs donné en 1976 par K. Appel et W. Haken? Son acceptation par la communauté mathématique fait pratiquement l'unanimité, même si la démonstration requiert un ordinateur; les calculs nécessaires à la démonstration sont beaucoup plus longs qu'il n'est habituellement admis. Ou encore, que penser des démonstrations effectuées par manipulation sur des chaînes d'ADN (Fallis, 1996)? Quoique embryonnaire dans ce dernier cas, à la validité de la procédure mathématique il faudrait ajouter celles des validités informatique et biologique.

Si on reprend une idée d'Hanna (1991), on identifie cinq facteurs d'acceptation d'un nouveau théorème qui agissent simultanément dans des proportions variables:

– Le théorème est compréhensible ainsi que les concepts sous-jacents présents, les antécédents logiques et leurs implications. Rien ne suggère qu'il ne soit pas vrai;
– Le théorème est assez significatif pour avoir des implications dans une ou plusieurs branches de la mathématique (et son utilisation

---

15 Guichard (1990, p. 40) en est un bel exemple: «La démonstration apparaît comme une démarche prépondérante en mathématiques, au point qu'elles peuvent apparaître comme la science démonstrative par excellence et que, tant qu'une proposition mathématique n'est pas démontrée, il reste un doute sur sa vérité, même si les mathématiciens sont convaincus de celle-ci. Elle reste une conjecture et non à proprement parler un théorème.»

est assez importante pour justifier une étude et une analyse détaillées);
- Le théorème est cohérent avec l'ensemble des résultats mathématiques acceptés;
- L'auteur a une réputation irréprochable et il est un expert dans le domaine du théorème;
- Il existe une argumentation mathématique convaincante (rigoureuse ou non) qui tient lieu de démonstration.

L'importance de la composante sociale qui entre dans l'acceptation d'une démonstration mène Balacheff (1987, pp. 147-148) à en donner une définition, sûrement moins précise qu'en logique mathématique, mais sans doute plus près du quotidien:

> Nous appelons explication un discours visant à rendre intelligible le caractère de vérité, acquis pour le locuteur, d'une proposition ou d'un résultat. Les raisons avancées peuvent être discutées, refusées ou acceptées.
> Nous appelons preuve une explication acceptée par une communauté donnée à un moment donné. Cette décision peut être l'objet d'un débat dont la signification est l'exigence de déterminer un système de validation commun aux interlocuteurs.

Il poursuit en justifiant que la démonstration consiste en une preuve pour la communauté mathématique, avec des exigences et une forme propres, de la même manière que les physiciens ou les chimistes possèdent leur système de preuves, adapté à leurs besoins. Selon Thurston (1994), pour la plupart des gens qui touchent à la mathématique, le flux d'idées et leur acceptation sociale a beaucoup plus d'autorité que les documents formels. Il est plus aisé de détecter les possibles faiblesses ou les fautes d'une démonstration que d'en vérifier l'exactitude formelle.

ASPECTS CURRICULAIRES

La tradition a souvent retenu dans l'enseignement de la géométrie une voie privilégiée en guise d'introduction au raisonnement déductif. Toutefois, on place encore trop souvent cette science mathématique en position d'infériorité dans la planification scolaire et force nous est de constater le manque de familiarité des enseignants avec sa nature et son développement. C'est une opinion déjà émise par Coxeter et Greitzer

(1967) pour singulariser notre siècle. Sur l'axe du temps, s'agit-il d'un glissement temporaire ou est-ce l'aube d'une institution pérenne?

Place de la mathématique dans le curriculum

Ces dernières années, en Catalogne, on a conçu un nouveau curriculum pour l'enseignement secondaire obligatoire (ESO) qui s'étend sur 4 ans (étape 12-16 ans).[16] Le cadre théorique s'inscrit dans une perspective constructiviste de l'apprentissage et du rôle éducatif des enseignants. On y reprend les derniers développements psychologiques et épistémologiques sur le terrain de la construction cognitive pour les projeter sur l'éducation (DEGC, 1993). La mise en application du curriculum repose sur trois niveaux de concrétisation qui doivent satisfaire aux objectifs généraux de l'étape:

- *Premier niveau.* Par matière, les autorités ont fixé et prescrivent les objectifs généraux, le contenu, les objectifs terminaux et les orientations didactiques pour l'enseignement-apprentissage et pour l'évaluation. Le contenu obéit à trois lignes directrices: 1) les procédures; 2) les faits, concepts et systèmes conceptuels; 3) les valeurs, normes et attitudes.
- *Deuxième niveau.* Il s'attache au développement et à la ventilation du contenu du premier niveau sous forme d'organisation modulaire. Cette initiative se fond dans le projet curriculaire de chaque école. On prétend assurer une cohésion entre les objectifs, les contenus, les critères méthodologiques, les critères d'évaluation et les ressources logistiques disponibles, propres à chaque établissement, en fonction de ses divers paliers de coordination (général, par discipline, par niveau ou par cycle, de l'action tutoriale, etc.).
- *Troisième niveau.* L'organisation modulaire programmée au deuxième niveau se réalise en classe par les enseignants.

Dans le but d'éviter un enseignement homogène et cimenté qui ne respecterait que difficilement les intérêts et les aptitudes individuelles des

---

16 Pour connaître les caractéristiques générales de l'enseignement des mathématiques en Espagne, tout en les situant dans le contexte européen, on pourra consulter la présentation nationale espagnole d'Alsina et Richard (2001) et l'ensemble des documents relatifs au projet *Niveaux de référence*, du Comité sur l'enseignement des mathématiques de la Société Mathématique européenne à http://www.emis.de/projects/Ref/index.html.

élèves, les cours s'offrent en deux volets: un premier, obligatoire (curriculum commun), et un second, optionnel (curriculum différentiel). La mathématique apparaît obligatoirement comme *crédits communs* de discipline et peut s'incorporer à des crédits communs pluridisciplinaires du premier niveau de concrétisation. On greffe aux crédits communs les *crédits variables* qui visent à consolider, orienter, renforcer ou élargir les capacités et les connaissances dans une discipline donnée, de sorte que chaque crédit variable représente une proposition éducative complète et indépendante du reste des crédits variables. Il est licite, en harmonie avec le projet curriculaire de l'école, d'offrir un choix de crédits variables relatifs à la mathématique, aux sciences expérimentales et à la technologie, jusqu'à concurrence de 50% des crédits variables. Durant sa scolarité, l'élève doit alors réussir 65% de crédits communs et 32% de crédits variables. Le 3% restant s'attribue aux *crédits de synthèse*: l'équipe professorale programme des activités qui mettent en interrelation toutes les disciplines du curriculum commun, de manière à provoquer des situations où l'élève utilise les connaissances et les habiletés acquises au bout d'une longue période d'apprentissage.

La responsabilité de la programmation du deuxième niveau de concrétisation rejaillit en majeure partie sur chaque établissement. En guise de référence, le Departament d'Ensenyament (DE) propose deux organisations modulaires indépendantes pour les crédits communs de mathématique (DEGC, 1993). Divisées en huit modules chacun (un module par crédit), les organisations modulaires représentent des exemples développés de concordance entre les divers éléments du premier niveau de concrétisation et ce, pour toute la durée de l'étape. En ce qui concerne les crédits variables, l'autonomie de programmation est beaucoup plus canalisée. Voulant s'assurer de la concordance avec les objectifs généraux de l'étape, le DE présente un choix de crédits variables dits typicités, avec les objectifs et le contenu déterminés. Dans son ensemble, chaque établissement doit offrir environ 60% de crédits variables typicités. Pour la mathématique, le DE a déjà prévu une quinzaine de ces crédits (DOGC, 1996). L'espace occupé par la mathématique dans l'ESO est donc multiple (tableau 2.1), ce qui signifie que la configuration curriculaire est susceptible de varier considérablement d'un établissement à l'autre.

Tableau 2.1

Répartition des crédits où apparaît la mathématique dans l'ESO

Cycle	Niveau	Age	Crédits communs	Crédits variables	Crédits de synthèse
1ᵉʳ	1ᵉʳ	12-13	2		
	2ᵉ	13-14	2	①	②
2ᵉ	1ᵉʳ	14-15	2		
	2ᵉ	15-16	2		

① Leur répartition dépend du projet curriculaire de l'école qui peut réserver pour la mathématique, les sciences expérimentales et la technologie au plus la moitié des 17 crédits variables disponibles. Environ 60% des crédits variables doivent être puisés à même les crédits variables typicités, donnés par le DE.
② Il y a un crédit de synthèse par niveau. La mathématique se fusionne aux autres disciplines du curriculum commun lors d'activités intégratives.

EGARD MITIGÉ AUX SITUATIONS DE VALIDATION ET AU RAISONNEMENT DÉDUCTIF

Malgré la disparité précédente, la lecture du curriculum montre une disposition favorable à la découverte et à l'exploration de concepts, de procédures et d'attitudes mathématiques pour l'application de modèles implicites, et peut-être même, en tout cas timidement, à leur établissement. Un examen rapide du matériel élaboré dans les principaux manuels scolaires confirme cette tendance. Toutefois, on n'envisage pas d'entraînement intégré au raisonnement déductif, ni à des procédures de preuve en mathématique. Aucun des manuels scolaires consultés ne prend position sur le sujet et la seule mention explicite qui s'y réfère se trouve dans un des 51 objectifs terminaux du premier niveau de concrétisation (DEGC, 1993, p. 44):

> [L'élève devra être capable de] prouver des relations ou des propriétés simples en les raisonnant de manière déductive à partir de prémisses établies ou en utilisant des méthodes inductives.

Déjà, la demande de «prouver en utilisant des méthodes inductives», sans autre spécification, est plutôt curieuse du point de vue de la mathématique, car elle semble contredire sa grande différence avec les sciences expérimentales. S'agit-il de méthodes allant des effets à la cause ou de raisonnements par récurrence? Doit-on y comprendre des méthodes qui prouvent à partir de cas particuliers pour se diriger vers les théorèmes qui les régissent, dans une espèce de phase exploratoire, préliminaire aux méthodes déductives? Pourtant, dans la première des organisations modulaires suggérées par le DE, cet objectif terminal brille par son absence et aucune des offres de crédits variables typicités ne s'en préoccupe. Remet-on à plus tard l'apprentissage du raisonnement déductif ou considère-t-on que l'élève possède ou détiendra avec le temps la capacité d'arriver seul à induire ce type de rationalité?

Cette mise en veilleuse entraîne plusieurs interrogations. N'éloigne-t-on pas trop l'élève de la mathématique institutionnelle ou des coutumes de la communauté mathématique? Dans le processus de conceptualisation, pourra-t-il assurer les liens et les correspondances que réclame l'apprentissage d'une mathématique théorique? A l'abord d'une définition ou d'une propriété mathématique, aura-t-il à l'esprit la nature inférentielle de celle-ci ou n'y verra-t-il qu'une présentation générale ou approximative telle qu'on peut la retrouver dans certains dictionnaires pour usage courant? Part-il handicapé dans des situations de formulation ou de validation par manque d'outils de réflexion? Peut-il contrôler effectivement la validité de ses explications? Arrivera-t-il à comprendre la continuité des mathématiques qu'on lui enseigne?

IMPORTANCE ÉPISTÉMOLOGIQUE ET COGNITIVE DU DISCOURS DÉDUCTIF

Enseigner la géométrie ne consiste pas à produire une version condensée, et digestible en temps de classe, de son histoire. De même, la mathématique scolaire possède une identité propre qui ne se restreint guère à une simplification ou à un sous-ensemble de la mathématique savante appliquée à l'enseignement pré-universitaire. Malgré tout, s'approprier la mathématique signifie aussi s'approprier ses outils, ses méthodes, son langage et ses coutumes. Du point de vue épistémologique, la mathématique est une science abstraite, à caractère essentiellement déductif, qui se construit socialement par le seul raisonnement. L'intuition, entendue comme une connaissance directe et immédiate, sans recours au raisonnement, participe certes à la formation de la discipline en permettant l'initiative et l'indépendance d'esprit. En aucun cas, la rigueur logique ne se substitue à l'exploration brouillonne d'objets précis que magnétise l'analogie. C'est surtout par le raisonnement déductif, plus que par le raisonnement argumentatif, qu'on fixe les repères institutionnels de la plupart des sphères de l'activité mathématique.

Paradoxalement, dans la résolution de problèmes et la démonstration, la seule omniprésence de déductions ne suffit pas à garantir la connaissance des principes du discours déductif. Outre la psychologie cognitive, qui n'apporte encore que des réponses partielles, on confère traditionnellement à la philosophie et à la logique mathématique le soin d'endosser l'étude systématique d'opérations discursives de la pensée, chacun avec des modèles exclusifs. Il faut comprendre que la capacité d'explication et de prédiction de chaque modèle se limite aux ordres de phénomènes qu'ils abordent, en ce sens qu'il n'est pas question de paradigmes permutables à l'intérieur d'une théorie globale du savoir humain.

On se rappellera que dans les années 60, on a prétendu refléter le caractère déductif de la mathématique depuis l'école primaire en installant systématiquement les bases de la théorie des ensembles, juxtaposées dans certains programmes à celles de la théorie de la quantification. Plusieurs supposaient, surtout chez les formalistes, que ce travail était nécessaire et peut-être même suffisant pour arriver à une compréhension du discours déductif et des fondements des «mathématiques modernes». Comme on le sait, les nombreuses et virulentes critiques didactiques de cette approche en ont entraîné l'abandon.

Les schémas de la théorie de la connaissance visant à rendre compte des processus ou des relations existant entre les divers éléments d'un système cognitif collent-ils aux procédures et aux attitudes réelles de la communauté mathématique? La logique joue-t-elle véritablement un rôle de premier plan dans le développement actuel de la mathématique? Sans entrer dans la polémique sur l'actualisation de la philosophie des mathématiques, on peut facilement constater que presque toutes les publications des mathématiciens professionnels valident leurs propriétés par l'articulation d'un raisonnement cohérent au lieu d'une démonstration formelle dans une théorie axiomatique. De nos jours, la confrontation des rapports de production, d'utilisation, de réflexion et de diffusion des mathématiques se débat non seulement avec les logiciens et les philosophes, mais aussi avec les physiciens, les linguistes et les informaticiens.

CARACTÉRISTIQUES DE LA GÉOMÉTRIE SCOLAIRE

En attendant, le curriculum de l'ESO escamote la perspective géométrique au détriment de l'algèbre, de l'analyse et de la statistique descriptive, aussi bien dans les crédits communs obligatoires que dans les propositions de crédits variables. Même si, au contenu du premier niveau de concrétisation les procédures mentionnent l'usage de modèles géométriques; les faits, les concepts et les systèmes conceptuels se réfèrent au plan et à l'espace. A cause de l'attention mitigée portée au raisonnement déductif et à la démonstration, il est facile de soutenir qu'on n'envisage pas d'étude organisée de modèles géométriques, que ce soit en géométrie métrique, projective ou analytique. Le mot d'ordre s'en tient davantage à l'application, la représentation et la description d'objets géométriques, concédant toutefois l'intégration de nouvelles technologies. A notre avis, on sous-estime l'apport des géométries dans le développement épistémologique, ainsi que les capacités cognitive et discursive de l'élève pour l'apprentissage.

Remplissant les exigences minimales du curriculum de l'ESO, mais en marge des habitudes reçues, nous avons conduit un enseignement de manière à intégrer les situations de validation dans l'apprentissage de la géométrie en insistant sur la démonstration. L'approche conjugue sens et syntaxe; elle a déjà fait l'objet d'une première étude didactique (Richard, 1995). Notre position épistémologique et les objectifs didactiques d'alors peuvent se résumer ainsi:

- Initier l'élève au raisonnement déductif;
- Fournir une syntaxe qui facilite la réflexion et la rédaction;
- Respecter le sens de la démonstration; appliquer autant que possible ses fonctions de vérification-conviction, d'explication, de découverte et de communication. Dans une moindre mesure, faire connaître son rôle de systématisation en mathématique savante;
- Favoriser l'adhésion à la pensée mathématique supérieure (Tall, 1991) et savourer celle-ci comme un instrument privilégié de la connaissance.

L'étude cerne plusieurs aspects essentiels du passage de l'étape 13-14 ans à celle de 14-15 ans. Depuis qu'il va à l'école, l'élève est baigné dans une mathématique élémentaire, fondamentalement pratique, où il est souvent conduit à assumer le rôle de protagoniste dans les situations traitées. Ceci, d'une certaine façon, est propice à créer une vision égocen-

trique de la mathématique. Or, celle-ci s'incline devant une mathématique qui requiert l'adhésion à une position théorique, obligeant ainsi une
adaptation multiple et profonde. D'activités pratiques à la théorie en
géométrie, comme du dessin vers l'étude de figures, on escompte, chez
l'élève, qu'une fonction de théoricien succède à une fonction de prati-
cien. La maîtrise d'un savoir-faire, liée à un besoin d'efficacité, se transforme en un désir de connaître, liée à un besoin de rigueur. Les situations de formulation et de validation sont d'abord tournées vers la description et la conviction pour être substituées par la définition et la démonstration. Le diagramme 2.2 résume ces observations. Il faut comprendre qu'il ne s'agit pas du délaissement d'un premier stade pour un
second, sinon de l'adoption d'une nouvelle perspective.

Pensée mathématique	Ordre des activités	Objectif des activités	Exemple d'activité	Fonction de l'élève	Besoin sous-jacent	Formulation habituelle	Validation habituelle
Elémentaire	Pratique	Maîtrise d'un savoir-faire	Dessins précis à la règle et au compas	Elève-praticien	Efficacité	Description	Conviction
↓	↓	↓	↓	↓	↓	↓	↓
Supérieure	Théorique	Connaître	Etude des figures	Elève-théoricien	Rigueur	Définition	Démonstration

Diagramme 2.2. Aspects essentiels en géométrie lors du passage des
étapes 13-14 à 14-15

Ceci étant dit, il n'est pas difficile d'établir des rapports de similitudes
entre le paysage géométrique de l'école secondaire et la genèse de la
démonstration. Mais, la plupart du temps, les contraintes didactiques
déterminent des façons de faire qui n'ont rien à voir avec l'origine historique d'une procédure. Est-il nécessaire de rappeler qu'enseigner ne
consiste pas à résumer en quelques heures des siècles de réflexion profonde, motivée par des raisons qui débordent généralement la seule
question d'un apprentissage?[17] Sans entrer dans le détail des rapports
heureux, nous reprenons plus loin l'analogie autour du problème
d'obstacle.

---

17 Cette idée rejoint certainement les travaux de Chevallard (1992) sur la trans-
    position didactique.

TUTORISATION ET PHÉNOMÈNE DE PROCEPTUALISATION

La transition d'une géométrie pratique vers une géométrie marquée par des exigences toutes théoriques représente un contrat d'envergure. Déjà, le discours engagé n'est pas dans la stricte continuité des autres évolutions. De plus, la démonstration doit se fonder sur une nouvelle conception des objets géométriques, des éléments du langage et des rapports sociaux. Pour orchestrer des changements aussi variés, la responsabilité tutrice de l'enseignant devient primordiale: instigateur de l'action et référence initiale pour l'orientation et la régularisation du phénomène de proceptualisation.

Processus et concepts

Le terme précédent renvoie aux procepts de Gray et Tall (1994), notion développée à l'origine par rapport à l'apprentissage du calcul, mais qui se laisse adapter au contexte géométrique (voir section *Aspects sémiotiques et pragmatique*). Selon ces auteurs, un *procept élémentaire* est l'assemblage d'un processus qui produit un objet mathématique, et d'un symbole qui est employé pour représenter le processus ou l'objet. Un *procept* se compose alors d'une collection de procepts élémentaires qui ont le même objet. Si un même objet peut se représenter symboliquement de différentes façons, les mêmes symboles peuvent aussi se voir de différentes façons. L'union nécessaire des processus et des objets mathématiques nous conduit à reprendre l'idée de complémentarité des approches *structurelles* et *opérationnelles* de Sfard (1991) avec la notion de procept. Au regard de l'interprétation et de la formation des signes, cela touche par exemple à l'intervention de processus comme:

- La récursivité, pour concevoir la signification de la figure F_n ou du fractal F_∞.
- Les limites de suites, pour signifier l'ensemble des nombres réels[18], ou la relation $i^2 = -1$, pour engendrer l'ensemble des nombres complexes.

---

18 Dans Viader *et al.* (2001) on constate qu'avec le même type de graphie (issue du registre algébrique), il est possible de construire les nombres réels avec une bonne quinzaine de modèles différents: fractions continues, produits de Cantor, séries de Lüroth, Sylvester, Engel et leurs variantes alternées, développements d'Oppenheim, etc. Cela, sans compter avec les systèmes purement arithmétiques des coupures de Dedekind ou des autres procédés des

- Le développement d'images visuelles, pour comprendre la généralité d'un triangle quelconque ou d'un triangle isocèle considéré sans mesures.

ou aux aspects statique et dynamique de l'interprétation des signes mathématiques:

- *Signification statique:* lorsque « $x_1 + x_2$ » représente une somme; lorsque « $f(x)$ » représente une image; lorsque le dessin d'un triangle représente un lieu de points; lorsque le symbole d'égalité dans « $a + b = c$ » représente une équivalence.
- *Signification dynamique:* lorsque « $x_1 + x_2$ » représente une addition; lorsque « $f(x)$ » représente la fonction f qui, à l'antécédent x, fait correspondre l'image $f(x)$; lorsque le dessin d'un triangle représente l'intersection de trois droites non concourantes; lorsque le symbole d'égalité dans « $a + b = c$ » représente à la fois une addition et une décomposition.

Champ proceptuel

La théorie des champs conceptuels de Vergnaud (1990) se fonde sur un principe d'élaboration pragmatique des connaissances qui considère le sens des situations et des symboles dans l'apprentissage des mathématiques. Un *concept* est un triplet constitué de trois ensembles: celui des situations qui donnent du sens au concept, celui des invariants sur lesquels repose l'opérationnalité des schèmes (organisation invariante de la conduite pour une classe de situations donnée) et celui des formes langagières et non langagières qui permettent de représenter symboliquement le concept, ses propriétés, les situations et les procédures de traitement. Même si Vergnaud envisage la multiplicité de la représentation symbolique par rapport à un même concept, il ne tient pas compte des différents processus qui renvoient au concept mobilisé dans le fonctionnement du signe – comme l'écriture « $\frac{3}{6}$ » peut renvoyer au nombre «un demi» par une réduction algébrique ou par une relation d'équivalence avec l'écriture « $\frac{1}{2}$ »; la double coche sur les tracés de seg-

---

Weierstrass, Méray et Cantor qui ont permis de définir formellement, pour la première fois au XIXe siècle, les nombres irrationnels.

ments peut renvoyer à leur «égalité» par une relation de congruence (au sens d'Euclide) ou par l'égalité de mesures.

L'aspect dynamique de l'interprétation des signes et la filiation réciproque entre un concept et ses procédures associées est particulièrement visible dans une étude de figures. En géométrie métrique par exemple, la conceptualisation d'une droite fait apparaître le déplacement pour visualiser le prolongement sans fin; celle du parallélogramme se lie par sa définition, ses propriétés caractéristiques et leurs démonstrations. Hormis en situation de contemplation, le concept ne coïncide pas avec une figure pétrifiée, figée dans un même état ou purement involutive, sans être conditionné par une demande ou sans découler de transformations. Par surcroît, si on amplifie le point de vue strictement euclidien, la conceptualisation dépend non seulement des nouveaux concepts propres à chaque géométrie, mais aussi de leurs procédures de validation, susceptibles d'introduire des méthodes analytiques ou infinitésimales. Si, pour Vergnaud, ce sont les invariants opératoires qui organisent la recherche de l'information pertinente en fonction du problème à résoudre ou du but à atteindre, et qui pilotent les inférences, nous devons compléter par les processus qui se dégagent des systèmes de représentation sémiotique mobilisés et qui s'attachent aux modèles mathématiques sous-jacents. Le champ proceptuel que nous concevons est donc un champ de procepts dans lequel les processus interviennent autant par rapport à un même concept (processus intrinsèque) qu'entre concepts différents (processus extrinsèque).

Apprentissage socialisé et cohérence proceptuelle

Le rôle tuteur de l'enseignant devient le moteur d'une approche didactique qui privilégie l'interaction sociale (Vygotsky, 1978). Dans cet esprit, les procepts s'établissent lors d'un débat continuel aussi bien intrapersonnel qu'interpersonnel (John-Steiner, 1993; Sierpinska, 1993; Taylor, 1993). Les échanges élève-élève, élève-professeur, avec éventuellement l'inclusion de tiers imaginés lorsqu'on simule un débat, se gouvernent par le professeur, dans le respect de la production d'énoncés non contradictoires qui met en relief l'aspect fonctionnel de la démonstration (Lakatos 1986; Balacheff 1987, 1988). Autrement dit, on se lance dans l'analyse d'une supposition ou d'une réalité, en relevant les contradictions de celle-ci tout en cherchant à les dépasser, dans un raisonnement rigoureux qui vise à emporter l'adhésion de l'interlocuteur. La chasse aux contre-exemples est destinée à consolider la cohérence proceptuelle:

chaque contre-exemple retombe sur la conjec-ture, la preuve, les connaissances, le type de raisonnement ou le contre-exemple lui-même, et peut
alors inciter à de possibles corrections, modifications, réformes, perfec-
tionnements ou rejets. Une telle poursuite est d'autant plus nécessaire
qu'elle comporte en soi un premier moyen de contrôle dont dispose
l'élève en l'absence du professeur, surtout si le débat se confine dans son
for intérieur.

OBSTACLES

Malgré l'extraordinaire efficacité des approches centrées sur l'interaction
sociale en situation d'enseignement, tout cadre didactique qui s'en contente se condamne à l'insuffisance du point de vue épistémologique et à
l'incomplétude du point de vue logique. D'abord, on a déjà vu, à la section *Aspects épistémologiques*, l'importance de la sémantique, autant dans
la formation de la géométrie que dans la pratique mathématique. Il ne
s'agit pas seulement d'arrêter la vérité de conjectures ou de convaincre
du bien fondé des concepts, mais encore, d'en expliquer le sens (Arsac
1987, 1988; Barbin 1988). Ensuite, si la logique du discours demeure toujours implicite, la proceptualisation ne peut être que partielle. Concrètement, toute intention d'accéder à une géométrie fondamentalement
théorique implique forcément une compétence sur la syntaxe du discours déductif (Duval 1991).

Le professeur connaît bien le fonctionnement des procédures de validation institutionnelles: il a l'habitude de les appliquer dans l'incertitude. Elles constituent à ses yeux un ensemble de moyens complètement
objectifs qui lui assure une autonomie de contrôle. Sans une connaissance minimale des principes de la démonstration, l'élève qui doute est
contraint à recourir au professeur, l'exhibition de contre-exemples ne
pouvant développer qu'un potentiel de validation. Les approches qui
considèrent également les apports issus de la logique, sur le fonctionnement des procédures de validation, et de l'épistémologie, sur le sens des
concepts, sont susceptibles d'éviter qu'il se creuse un écart entre le professeur et l'élève, au fil de son apprentissage en géométrie. Sinon, le risque est d'engendrer malencontreusement un obstacle didactique, aussi
bien au niveau des concepts que des procédures.

A la section *Aspects épistémologiques*, nous avons proposé une genèse
de la démonstration: on se rend compte que sa formation est le résultat
d'un long mûrissement. Parallèlement au traitement des Anciens, Ver-

gnaud (1981) montre que dans la psychogenèse de la géométrie euclidienne, la notion d'espace géométrique s'enracine dans l'espace physique. Il y a là des indices suffisamment importants qui laissent croire que
le couple géométrie-démonstration s'ancre sur un autre problème d'obstacle. Traditionnellement en didactique de la mathématique, la notion
d'obstacle épistémologique, due à Bachelard, se destine à des problèmes
de concepts. Or, de façon générale, il est possible d'élargir le champ des
obstacles pour les combiner avec les procédures. Ainsi, on entend l'obstacle épistémologique comme étant l'effet limitatif d'un système de
procepts sur le développement de la pensée. Ceci nous amène à proposer que le passage d'une géométrie pratique vers une géométrie théorique consiste inévitablement en un obstacle épistémologique.

Hors du contenu géométrique, détaché de l'acquisition même des
connaissances dans un cadre scolaire, Piaget s'est intéressé aux influences psychogénétiques dans le développement des instruments généraux
de la pensée. Brièvement, le passage vers une géométrie théorique ne
pourrait avoir lieu sans que l'élève accède finalement au stade formel et
à la logique propositionnelle, de manière à ce que l'abstraction à partir
des opérations abstraites sur les opérations concrètes soit en mesure de
s'accomplir. Vue sous cet angle, la démonstration évoque l'obstacle on-
togénétique.

L'apprentissage de procepts géométriques doit donc s'intégrer dans
un cadre qui jumelle des approches centrées sur l'interaction sociale, sur
l'épistémologie et sur la logique. L'emphase sur l'une ou l'autre des approches se place de concert avec les exigences du moment et de la situation. Par exemple, pour amorcer l'étude de la géométrie euclidienne
durant l'étape 14-15 ans, nous travaillons à partir d'unités didactiques
qui fixent les bases de la structure du raisonnement déductif (Richard,
1995). Les premières démonstrations s'apparentent davantage à des
exercices de logique mathématique qu'à une procédure de validation au
sens strict. L'intérêt porté à la syntaxe s'estompe peu à peu pour céder le
pas à la signification des connaissances abordées. Par la suite, en situation d'enseignement, la validation se réalise dans l'échange social, pouvant s'appuyer sur le sens des concepts et profiter maintenant de la discipline déductive.

NÉCESSITÉ D'UN DIAGNOSTIC SUR LES STRATÉGIES DE PREUVE

La proceptualisation en géométrie est un fait complexe: la seule prise en charge des obstacles constitue une difficulté de taille dans le développement d'ingénieries didactiques. Malheureusement, celles-ci n'accompagnent généralement pas les recherches consultées relatives à l'apprentissage de la démonstration ou aux phénomènes de validation, limitant de gré ou de force le tour d'horizon. On aborde souvent ces questions en termes globaux, détachés d'un contexte proprement didactique, peut-être à la recherche de paradigmes perdus ou par plaisir de la didactique fiction. Pour notre part, tenter de définir la structure hors contexte de processus universels de preuve, tout comme la nature précise des instruments généraux de la pensée, sont des entreprises perdues d'avance. Sans doute s'agit-il d'un rêve vieux comme le monde de dominer le fonctionnement du cerveau humain.[19]

Il devient alors difficile de reprendre les conclusions de ces recherches sans les confronter précisément lors de situations concrètes. A quelques exceptions près (v. g. ICME, 1994a), on préfère se limiter à borner théoriquement des éléments de proceptualisation au lieu de ren-seigner sur leur évaluation avec des élèves réels. Inévitablement, on maintient certains apriorismes qui n'ont rien d'inéluctable et dont les conséquences pour l'enseignement demeurent immédiates. Un de ceux-ci porte sur la nécessité de prouver.

Sens et besoin de preuve

Il est fort habituel de supposer implicitement qu'il existe un besoin de prouver antérieur à la proceptualisation. Cette position se défend intuitivement en appuyant sur le fait que, d'ordinaire, les enfants aiment jouer aux devinettes et se précipitent volontiers sur les énigmes, aussi bien pour les poser que pour y répondre. Ainsi, ils manifestent leur sagacité et échangent leurs astuces. Dieudonné (1982, p. 23) transpose même l'appel du mystère pour justifier la propension aux mathé-matiques pures en dehors des besoins pratiques: «C'est un fait universel

---

19 Un anti-somnifère expérimenté en classe: lancer un débat sur les possibilités réflexives du cerveau qui s'auto-examine pour le diriger sur la production des connaissances par un ordinateur versus par le cerveau. Finalement, proposer l'existence du Cerveau, somme intemporelle de tous les cerveaux, et demander quelles sont les possibilités réflexives du Cerveau qui s'auto-examine.

qu'on observe dans tous les pays et à toutes les époques: il y a une espèce de curiosité innée et naturelle de l'être humain à résoudre des devinettes.» A l'école, tout professeur a déjà eu des élèves qui détestent les exercices du cours, souvent par paresse ou par esprit de contra-diction, mais qui raffolent des énigmes, au point de les proposer en classe si elles semblent coïncider avec la matière. De plus, en situation d'apprentissage, il n'est pas rare que les élèves acceptent d'emblée de jouer le jeu de la validation et qu'ils en saisissent tout l'intérêt. Après tout, ils doivent fréquemment justifier leurs propos dans toute une kyrielle de situations qui débordent, ô combien, le seul cadre didactique élève-mathématique-professeur. L'idée de validation se trouve encore au cours de l'atteinte d'objectifs pédagogiques pour la collation d'un diplôme, lors de l'approbation des formes requises pour la présentation d'un devoir ou dans la reconnaissance sociale d'une affirmation.

Cependant, l'unanimité dans le besoin de prouver, ajouté à la question du sens qu'elle comporte, est loin d'être assurée avec une classe concrète. Outre les problèmes d'obstacles ou les empêchements personnels, comme le manque de bienveillance envers le professeur ou les centres d'intérêt portés ailleurs, sans doute la qualité d'une preuve dépend-elle de l'intensité dans son besoin et de l'étendue de sa signification. En classe, un élève trouve-t-il avantage à démontrer une conjecture sachant que celui qui la pose en connaît déjà une démonstration? Pourquoi ne pas tirer profit en attendant la preuve d'un autre et s'efforcer seulement à en comprendre les mécanismes pour une éventuelle application? On peut même se demander si le caractère artificiel de ce genre de situation, pourtant incontournable dans l'apprentissage, n'entraîne pas la perception voulant qu'une exigence élevée de validation ne soit qu'une histoire de professeurs. Il apparaît donc primordial d'en sonder le sens et le besoin avant toute introduction à quelque procédure de preuve que ce soit. Le questionnaire prévoit un mécanisme pour en amorcer l'analyse.

Validité didactique et outils de référence

Peu importe l'intensité dans le besoin de prouver, l'élève aborde l'étude de la géométrie avec une structure cognitive particulière et une capacité proceptuelle qui dépend, en plus des divers obstacles sous-jacents et des contraintes contextuelles, de ce qu'il a appris dans ses cours antérieurs. Au milieu de cette section, nous avons vu les limites de l'interaction sociale sans appuis exprès issus de l'épistémologie et de la logique. Mais, à cause de l'histoire des élèves, la seule validité mathématique n'assure aucunement la validité didactique. Comment rendre compte des stratégies de preuve développées à un âge donné sans scruter à la loupe la production de preuves concrètes?

Si l'étude du comportement en situation de validation ne peut se simplifier à une question d'adéquation épistémologique ou logique, il faut alors:

- Contrôler la spécificité des situations de validation dans lesquelles les preuves se produisent;
- Examiner les caractéristiques structurales des preuves;
- Etablir des critères précis, valides du point de vue didactique, qui autorisent une évaluation qualitative des preuves.

Au chapitre I, nous avons présenté un aperçu schématique du diagnostic qui localise d'abord l'influence du discours et du langage. C'est justement par le sens et la forme de leurs éléments que nous introduisons la classification puis la discrimination des preuves et de leurs composantes, jointe à la spécificité figurale de l'exercice en géométrie. Les sections suivantes préparent les référents particuliers à partir desquels s'organisent la méthode et l'analyse des données.

Une inférence discursive   *Une inférence sémantique*

Obélix, dans *La grande traversée*,
René Goscinny et Albert Uderzo

ASPECTS SÉMIOTIQUES ET PRAGMATIQUES

ANALYSE DU DISCOURS

Toute réflexion mathématique, même chez les professionnels, ne se contente guère du discours déductif. L'argumentation dont le sens prime la forme intervient lors de n'importe quel échange discursif, particulièrement en situation d'enseignement-apprentissage. Pour l'élève, la rationalité développée dans la pratique scientifique se confond avec celle de la vie quotidienne (Legrand, 1988). En conséquence, il n'y a rien d'étonnant à anticiper chez les sujets d'expérience du diagnostic un grand taux en faveur du discours argumentatif. Au point de se demander si, au cours d'une situation de validation, les élèves savent réellement appliquer autre chose que le discours argumentatif, hormis les habitudes reliées au langage algébrique et la réflexion proprement visuelle. La compréhension des règles du discours en classe intéresse autant la proceptualisation que les mécanismes de preuve.

La découpure en deux plans des formes du raisonnement qui se base sur des caractéristiques du langage s'inspire du mode selon lequel se combinent leurs composantes (Duval 1991, 1995). On peut aborder celles-ci en terme d'unités discursives qui appartiennent à chaque plan, et de leurs relations lors de la progression d'un raisonnement. Dans le discours argumentatif, les unités sont des arguments, qui s'ajoutent ou s'opposent les uns aux les autres. On peut y voir une déclaration de propriétés, organisées de façon rhétorique, dont la pertinence de la continuité thématique s'évalue selon la qualité des correspondances entre propriétés agréées. Dans un raisonnement du plan déductif, les unités deviennent des propositions, issues d'autres propositions déjà connues et acceptées, reliées entre elles selon des règles de déduction. Pour ce type de raisonnement, il est possible, à l'extrême, d'abstraire la continuité thématique pour se plier seulement à des protocoles de production syntaxique qui valident, du coup, l'enchaînement des propositions.

A peine faut-il rappeler que le discours accompagne, supporte et conditionne la preuve dans toutes ses étapes, de l'intention à la réalisation. A telle enseigne que si l'on s'enquiert des objectifs de la preuve et de ceux du raisonnement, on trouverait concurremment qu'il s'agit de tirer une conclusion en vue d'établir une vérité. Autrement dit, on vise d'abord un énoncé ou un groupe d'énoncés, pour procéder ensuite à son acceptation du fait de leurs liaisons avec d'autres énoncés antérieurement admis. Bien qu'un raisonnement ne soit pas une preuve, la validité ou la vraisemblance d'une preuve produite rencontrent forcément la validité ou le bien-fondé des raisonnements pratiqués. Ceci oblige à une connaissance approfondie de la structure des différentes formes du raisonnement de même qu'au fonctionnement du discours. Cette section vise davantage le développement d'outils requis pour l'évaluation de

preuves, étudiée à la section *Aspects relatifs à la démarche*, qu'à une introduction générale sur le raisonnement.

PLAN ARGUMENTATIF

Dans la vie de tous les jours, lorsqu'on cherche à convaincre de la pertinence d'une assertion ou à contredire des propos dépourvus de fondement, on se sert normalement de l'argumentation. Dans celle-ci, la connexité des unités discursives se lie toujours à la compréhension de la
langue naturelle et est susceptible de varier selon les circonstances ou le
milieu social. Même si l'agencement, la disposition et l'organisation des
unités discursives se doivent d'obéir localement à une compatibilité sémantique et globalement à une continuité thématique, on peut distinguer deux types de structure interne qui apparaissent dans la progression du raisonnement argumentatif: l'inférence sémantique et l'inférence
discursive.

L'inférence sémantique a lieu par association ou opposition de sens
entre unités discursives, laissant à l'intelligence de l'interlocuteur le soin
de comprendre la justification de l'inférence et, par conséquent, d'accepter cette dernière. Pour la progression du raisonnement, ceci réclame que
tous les interlocuteurs partagent le même réseau sémantique.

Dans la phrase suivante:

> On peut savoir que le triangle BOC est isocèle parce qu'on le voit sur le des-
> sin.

on identifie deux unités discursives:

> u_1: «on peut savoir que le triangle BOC est isocèle»;
> u_2: «parce qu'on le voit sur le dessin».

L'association de sens $(u_2; u_1)$ repose implicitement sur une justification
du genre:

> j: «ce qui se voit sur un dessin peut se savoir».

La compréhension et l'acceptation de l'inférence passe au moins par la
compréhension et l'acceptation de j, ou tout équivalent sémantique.
Dans cet exemple, on suppose que l'interlocuteur comprend qu'on voie
sur le dessin que le triangle BOC est isocèle. Ce peut être parce qu'il
convient d'une évidence visuelle tout en partageant la même idée de

triangle isocèle, ou parce que dans le corps du raisonnement d'où on aurait pu extraire la phrase, on lui avait déjà expliqué pourquoi on voit sur le dessin qu'il est isocèle.

D'une certaine façon, la structure de l'exemple précédent rappelle la déduction logique, s'appuyant sur une propriété qui invoque la connaissance visuelle. Toutefois, l'inférence sémantique ne se restreint guère à une question de déductions sémantiques qui collent plus ou moins à des règles logiques. Déjà, le plan argumentatif admet des négations multiples d'unités discursives pour signifier tantôt une négation simple, tantôt une affirmation. Ainsi, dans cette phrase:

> Le triangle *BOC* ne peut être isocèle parce qu'on ne voit rien sur le dessin.

si on ne voit rien, logiquement c'est qu'on voit quelque chose... Pourtant, on sait bien qu'il n'y a pas d'ambiguïté: tout lecteur de langue française aura déjà regroupé, probablement sans s'en rendre compte, le «ne» avec le «rien» pour comprendre une seule négation. Si on avait voulu signifier son contraire, on se serait attendu à quelque chose du genre «on ne voit pas ‹rien›», tournure gauche du point de vue littéraire, mais valable du point de vue grammatical; le «ne» se groupe au «pas» pour indiquer la première négation, tandis que le «rien», seul, donne la deuxième. Et s'il était écrit «on ne voit plus», «on ne voit plus rien» ou «on ne voit plus rien ‹pantoute›», même si on cumule les négations (une, deux et trois respectivement), on se retrouve dans le même cas d'une seule négation logique, les autres particules ne faisant que la renforcer.

Ensuite, parce que le sens des mots est élastique, l'inférence sémantique fait aussi intervenir la question du choix, de l'élargissement ou de l'attribution du sens, décidé par le contexte d'énonciation, qui sort à proprement parler de la seule structure logique. Dans la phrase suivante:

> Seuls les professeurs incohérents ne changent jamais d'avis.

on trouve à la première lecture un paradoxe apparent entre «ne jamais changer d'avis» et «être incohérent». Malgré tout, on résout la compréhension en acceptant l'idée qu'il vaut mieux, dans l'erreur, changer d'avis pour préserver la cohérence des propos du professeur.

Si dans l'inférence sémantique la justification reste latente, dans l'inférence discursive elle apparaît explicitement, telle une propriété, n'appartenant toutefois pas à un corpus théorique. La structure de l'inférence ressemble à celle d'une déduction, sauf que la justification établit un rapport sémantique, et non strictement syntaxique, entre la prémisse et la conclusion. L'interlocuteur accède directement à la justification, mais la contribution de celle-ci demeure sujette à interprétation.

Considérons le texte suivant:[20]

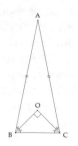

> On peut savoir que le triangle *BOC* est isocèle, premièrement, parce qu'on le voit sur le dessin mais, en plus, si on coupe le triangle *ABC* en deux par les points *A* et *O*, ça nous coïncide: ça coupe aussi par la moitié le triangle *BOC*. Alors, si le triangle *ABC* est isocèle, le triangle *BOC* est isocèle aussi.

Dans la dernière phrase, comment peut-on justifier l'apparente déduction

«*ABC* est isocèle» ⇒ «*BOC* est isocèle»?

En fait, après «en plus» de la première phrase, on construit d'abord une propriété empirique qui évoque le pliage dans une symétrie axiale, en décrivant la situation particulière. Puisque la prémisse «*ABC* est isocèle» est satisfaite, on justifie la conclusion «*BOC* est isocèle» selon la propriété par un rapport d'instanciation.

De façon générale, l'inférence discursive installe aussi une justification pour subsumer la prémisse, l'opposer, la restreindre, la particulariser, l'intensifier, etc. Ainsi:

> Le professeur a expliqué au dernier cours que le triangle *BOC* est isocèle. Or, le professeur n'a pas l'habitude de mentir. Si je ne dis pas qu'il est isocèle, je vais échouer l'examen.

il est évident que «le professeur ne ment jamais» n'atteste pas logiquement la conclusion «je vais échouer l'examen» étant donné qu'on sait initialement que le triangle est isocèle. On subsume la prémisse particulière «être véritablement isocèle» en considérant la situation plus vaste de l'examen, dans lequel on ne dit que des choses appropriées, sinon on va l'échouer.

---

20 Tiré de la solution d'un élève à la question 3. Le texte original est reproduit à la section *Contexture stratégique, schéma discursif* du chapitre IV.

PLAN DÉDUCTIF

Nous avons déjà mentionné que si le discours argumentatif répond surtout à des critères dialogiques, le discours déductif pour sa part se soumet fondamentalement à des principes logiques. On retient la plupart du temps deux types de structure qui interviennent dans la progression du raisonnement déductif: le syllogisme et la déduction.

Le syllogisme se distingue immédiatement par sa forme: deux propositions étant posées, la majeure et la mineure, on en tire une troisième, la conclusion, logiquement impliquée par les précédentes. Le sens des mots dans chaque proposition peut ne pas avoir d'importance, dans la mesure où chacun d'entre eux se réfère à une même définition.

Dans le texte suivant:

> Sur le dessin, on voit que le triangle *BOC* est isocèle.
> Or, tout ce qui se voit sur un dessin se sait.
> Donc, on sait que le triangle *BOC* est isocèle.

la structure rappelle la forme syllogistique. Même s'il n'est pas disposé sous une forme canonique, il appert que si $v(x)$ représente le prédicat « x se voit» et $s(x)$ « x se sait», on décèle le syllogisme:

$$\frac{\forall(x)\big(v(x) \supset s(x)\big)}{s\big(BOC \ \text{est isocèle}\big)} \quad v\big(BOC \ \text{est isocèle}\big)$$

Le fait d'accepter au départ $\forall(x)\big(v(x) \supset s(x)\big)$, $v\big(BOC \ \text{est isocèle}\big)$ entraîne à coup sûr $s\big(BOC \ \text{est isocèle}\big)$.[21]

La déduction incarne de loin l'instrument discursif par excellence entre l'homme et toute la mathématique. La production d'une nouvelle proposition, le conséquent, se modèle à partir de propositions existantes, les antécédents, autour d'une justification calquée sur le *modus ponens*. L'outillage des règles de déduction consiste en l'ensemble des défini-

---

21 Tous les syllogismes se résument en cette même structure, sauf qu'on envisage aussi: une version contraposée où la prémisse «$v(BOC$ est isocèle)» se remplace par «$\neg s(BOC$ est isocèle)» et la conclusion «$s(BOC$ est isocèle)» par «$\neg v(BOC$ est isocèle)»; la substitution du quantificateur universel par le quantificateur existentiel (certains) ou sa négation (aucun).

tions et des propriétés caractéristiques d'une théorie, qui peut être en particulier une théorie formelle. Il n'y a qu'une norme à suivre: il faut que les antécédents coïncident avec les conditions d'entrée de la règle de déduction pour qu'alors, conforme à la condition de sortie, la déduction produise un conséquent (diagramme 2.3).

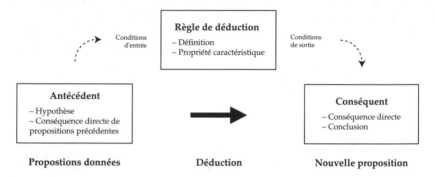

Diagramme 2.3. Fonctionnement d'une déduction

Dans la phrase suivante:

> Comme les angles $\angle CBO$ et $\angle OCB$ ont la même mesure, alors, selon une propriété caractéristique du triangle isocèle, le triangle BOC est isocèle.

la règle de déduction est la propriété caractéristique suivante, ou tout équivalent syntaxique, issue de la géométrie euclidienne élémentaire:

> P: «si les angles à la base d'un triangle ont la même mesure, alors le triangle est isocèle».

Pour pouvoir invoquer P, il faut préalablement deux angles de même mesure, condition d'entrée, ce qui permet, en accord avec la condition de sortie, de déduire qu'un triangle donné est isocèle.

RAISONNEMENT PAR L'ABSURDE

Il advient, pour aller au fond des choses, qu'on se mette à jouer l'avocat du diable en soulevant des objections. On tente de la sorte d'éviter toute possible incompatibilité entre arguments qui se nient mutuellement. Lors d'une telle entreprise, on recourt quelquefois au raisonnement par l'absurde: on suppose le contraire de l'éventuelle conclusion pour parvenir à une absurdité, une contradiction de la supposition initiale, d'une hypothèse ou d'une propriété déjà établie. Ce type de raisonnement fonctionne en respectant le principe du tiers exclu, selon lequel d'un argument et de sa négation, l'un au moins est vrai, ou en invoquant le principe de non-contradiction entre propositions, qui s'appuie sur des divisions logiques comme la dichotomie ou la trichotomie.

Dans la phrase suivante:

> On voit que le triangle *BOC* peut se plier dans le milieu pour que chaque moitié se superpose: il est isocèle, sinon les côtés ne pourraient se superposer.

il s'agit davantage qu'une simple opposition sémantique: on simule l'effet de contredire «est isocèle» en continuant par «sinon», ce qui permet de rejeter le caractère non isocèle du triangle par «les côtés ne pourraient se superposer». Le principe du tiers exclus intervient effectivement: être ou ne pas être un triangle isocèle; s'il ne peut pas ne pas être isocèle, il ne peut qu'être isocèle.

Dans le texte suivant:

> Si le triangle *BOC* admet un axe de symétrie, alors il est isocèle. En effet, supposons qu'il n'est pas isocèle. Selon la défintion du triangle isocèle, *O* ne peut être équidistant de *B* et de *C*. Or, comme *BOC* admet un axe de symétrie, alors, selon la propriété caractéristique de la conservation des distances dans une symétrie axiale, *BO* = *OC*, ce qui contredit la non équidistance.

on assiste à une suite de déductions. Dès le départ, on pose la proposition contraire «n'est pas isocèle» pour déduire que «*O* ne peut être équidistant de *B* et de *C*». De l'hypothèse «*BOC* admet un axe de symétrie», on déduit justement l'équidistance «*BO* = *OC*». Par conséquent, selon le principe de non-contradiction, il est impossible qu'une proposition et son contraire soient valides en même temps. Ceci oblige à rejeter la supposition et à accepter le caractère isocèle.

VALEUR, VALIDITÉ ET PERTINENCE D'UN RAISONNEMENT

Il serait tentant d'évaluer un raisonnement uniquement par le degré d'adéquation avec un équivalent dans le plan déductif. Il faut dire qu'il est confortable pour un professeur de savoir qu'il peut recourir à une telle référence lorsqu'il se «perd» dans le feu de l'action d'un cours axé sur la participation. Cependant, si on reconnaît qu'en classe de géométrie on conserve l'assurance qu'il existe toujours un tel raisonnement, encore faut-il rappeler:

- L'importance de l'argumentation dans les rapports sociaux;
- La présence de contraintes didactiques comme le besoin d'économie de temps, d'efficacité dans les moyens, de considérer l'histoire de la classe, la force pédagogique de l'analogie, etc.

La validité d'un raisonnement déductif s'établit objectivement en relation avec sa structure. Celui-ci se pratique dans un contexte théorique particulier, comme en géométrie euclidienne. Les propositions liminaires du raisonnement peuvent avoir un statut théorique d'hypothèse, de définition, de propriété caractéristique (axiome, lemme, théorème, corollaire), de conjecture, etc. Lorsqu'on opère une déduction à partir de ces dernières, leur statut fonctionnel change: elles deviennent antécédent, règle de déduction ou conséquent. La validité du raisonnement se réalise en examinant l'enchaînement des propositions. Il faut d'abord vérifier que chaque conséquence directe est effectivement conforme à la règle de déduction invoquée. Ensuite, il faut contrôler la récupération de toutes les conséquences directes dans les déductions ultérieures, sauf la dernière qui devient de fait la conclusion. Chacune se perçoit en deux moments: un premier, dynamique, au cours duquel elle résulte d'une déduction; un deuxième, statique, pendant lequel elle est considérée comme un objet, gagnant le potentiel de servir de futur antécédent.

Dans une logique trivalente, lorsque la valeur de vérité de toutes les propositions liminaires d'un raisonnement valide est le vrai, la conclusion ne peut prendre comme valeur de vérité que le vrai ou l'indécidable. Et, en mathématique, si le raisonnement réussit à établir un chemin déductif entre un ensemble de propositions vraies et une autre proposition dont on ne connaissait pas la valeur de vérité, la conjecture ainsi formée a priori change de valeur théorique. Elle devient une propriété caractéristique qui, suivant l'importance concédée par la communauté mathématique, peut bénéficier du statut de théorème.

Le contexte du diagnostic n'est pas du tout propice à la réalisation de syllogismes, encore faut-il supposer que l'élève sache en produire. Néanmoins, selon Duval (1995), les inférences du plan déductif se distinguent non seulement par leur forme, mais aussi par le statut opératoire des propositions qui y interviennent. Le syllogisme aristotélicien, contrairement à la déduction mathématique, ne comporte pas d'énoncé-tiers pour justifier le *pas de raisonnement*. Pour que ce pas de raisonnement soit possible, les prémisses doivent montrer leur interdépendance en ayant un terme commun. Bien que le fonctionnement du syllogisme se rapproche de l'inférence sémantique, sa validité n'exige des propositions qu'une obéissance à des caractéristiques structurales et non pas une subordination au sens qu'elles véhiculent.

Si tous les mathématiciens adhèrent d'emblée aux principes de la logique propositionnelle et à ceux de la logique des prédicats, il n'en est pas de même pour les raisonnements par l'absurde. Le mathématicien classique accepte sans problème le principe du tiers exclu tandis que le mathématicien constructif le rejette.[22] Néanmoins, quand le raisonnement circule dans le plan déductif, sa validité cède à la validité du chemin déductif. Seules les questions relatives à la valeur de vérité et à la valeur théorique sont susceptibles d'alimenter la controverse qui s'applique, en définitive, à la mathématique universitaire. Par contre, le raisonnement par l'absurde connait une valeur didactique incontestable, surtout s'il s'agit d'établir l'incohérence entre certaines propositions soumises en classe. De plus, il n'est pas rare que les professeurs se servent de la preuve coutumière sur l'irrationalité de $\sqrt{2}$, ou recourent à des raisonnements évocateurs du genre:

> Pourquoi la tangente à un cercle est-elle perpendiculaire au rayon? Et bien, si ce n'était pas le cas, elle couperait le cercle en un autre point, ce qui contredirait la définition de la tangente.

> Pourquoi l'ensemble vide est-il un sous-ensemble de n'importe quel ensemble? S'il y avait un ensemble A pour lequel $\varnothing \not\subset A$, cela voudrait dire qu'il existe un élément dans $\varnothing$ qui n'est pas dans A, réfutant de fait la définition de l'ensemble vide.

Dans le plan argumentatif, s'exprimer en terme de validité d'un raisonnement paraît boiteux. Si certaines règles élémentaires se doivent d'être respectées, il n'existe pas de communauté qui détient l'autorité universelle de sanctionner tel ou tel raisonnement. Suivant le contexte d'énonciation, ce sont les interlocuteurs qui décident de sa pertinence. Dans les cas extrêmes, on attache au raisonnement une valeur sématique d'évident, de nécessaire, ou d'absurde, d'impossible. Entre les deux, le raisonnement peut paraître plausible, neutre, contingent, invraisemblable, et ainsi de suite, comptant sur toutes les connotations intermédiaires per-

---

22 Pour les adeptes du platonisme mathématique, le principe du tiers exclu apparaît comme un corollaire dans une logique bivalente.

mises par la langue naturelle et les jugements de valeur reconnus. Lorsque le contexte d'énonciation est théorique ou partagé par une communauté, la péroraison peut acquérir une valeur de vérité similaire à celle
qu'on trouve en logique. Il s'agit cependant d'un consentement théorique ou social, ce qui n'a rien à voir avec la syntaxe logique.[23] En fonction
de celui-ci, la valeur théorique de la péroraison atteint l'important,
l'utile, le durable, l'attendu, etc.

Il reste à effectuer un commentaire sur le raisonnement inductif, entendu comme une généralisation établie à partir de cas singuliers.
L'induction procède en inférant un énoncé d'un autre, allant des effets à
la cause ou des faits aux principes qui les régissent. Contrairement aux
quatre formes de raisonnement précédentes, un raisonnement inductif
ne dépend pas que de caractéristiques propres au langage:

> La connaissance du domaine d'objets sur lequel porte le raisonnement, ou,
> plus précisément une certaine familiarité avec les objets indépendamment du
> registre sémiotique dans lequel on les représente, est une condition néces-
> saire pour un raisonnement inductif (Duval, 1995, p. 212).

Dans les preuves du diagnostic, puisque les propriétés susceptibles
d'être induites tirent leur origine du domaine géométrique, elles se sou-
mettent alors à ses particularités. Ainsi, surtout dans un contexte scolaire, le raisonnement inductif peut s'appuyer autant sur des objets théoriques que sur leur représentation physique. Si l'induction se restreint à
un sous-ensemble d'objets mathématiques auxquels on applique l'inférence, on dit qu'il s'agit d'une induction naïve. Sinon, l'induction est un
raisonnement par récurrence et la validité de sa structure relève strictement du discours déductif.

ARGUMENT ET DISCURSIVITÉ

Notre expérience dans l'enseignement nous a permis de découvrir que
plusieurs élèves ont l'habitude de simuler une interaction sociale dans la

---

23 En guise de compromis entre les plans du discours et souvent pour des raisons d'efficacité didactique, nous avons l'habitude d'exploiter en classe une
logique informelle, sujette à l'approbation de l'auditoire, en ajoutant à la logique classique le *généralement vrai* et le *généralement faux*. Ainsi, la proposition «dans l'espace, l'intersection de trois plans est une droite» est «généralement fausse», alors que «dans l'espace, l'intersection de trois plans est un
point» est «généralement vraie».

production d'une preuve écrite. Dans le jeu de la rédaction-relecture, on tente par moments de convaincre un destinataire imaginaire – le plus souvent le professeur – pour assurer la validité de la procédure. Il s'agit davantage de résoudre la question «sera-t-il convaincu» plus que «est-ce convaincant», notamment si la preuve se réalise lors d'une interrogation notée en l'occurrence par le professeur. De plus, lors de cours-laboratoire[24], la rédaction de plusieurs preuves s'accomplit en s'efforçant de fixer les moments significatifs d'un mini-débat qui a eu lieu auparavant et durant lequel on avait su mettre à jour les propriétés mathématiques charnières. Qui plus est, ces dernières s'attachent plus souvent qu'autrement à l'évocation d'arguments qu'à l'invocation de propriétés caractéristiques. La médiation de l'interaction sociale simulée ou effective en situation de validation renvoie à coup sûr aux démarches d'argumentations en général, ce qui procure au contexte du problème ou aux interlocuteurs un rôle de premier plan.

Dans le cadre des preuves du diagnostic, les unités discursives qui se raccorderaient entre-elles, non plus dans un rapport de dérivation (structuré et constitutif d'une inférence) mais bien dans un rapport de justification (fonctionnel et constitutif d'un argument), formeraient selon Duval (1999) une argumentation heuristique. Ici, ce qui détermine le choix des arguments, ce sont les contraintes de la situation-problème (contexte de production): c'est dans celles-ci qu'il faut chercher les raisons qui sous-tendent l'argumentation. Duval oppose ce type d'argumentation à l'argumentation rhétorique qui, cette fois, tient compte avant tout des convictions de l'interlocuteur. Qu'advient-il lorsque l'interlocuteur est imaginaire? Cette question n'est pas simple à résoudre puisqu'elle touche à la capacité de simuler une interaction sociale tournée vers la conviction. Toutefois, comparativement à une tâche d'évaluation, l'enjeu du passage du questionnaire reste modéré pour la plupart des élèves. Nous considérons en conséquence que la motivation principale du recours aux

---

24 Cours dans lesquels chaque élève doit résoudre pour lui-même une liste de problèmes – saupoudrée de situations de validation – tout en pouvant solliciter au besoin l'aide de camarades ou de l'enseignant, et dont les solutions écrites figurent dans un dossier personnel (tel un rapport de laboratoire). Ces dossiers, un par chapitre du cours, s'accumulent tout au long de l'année scolaire et peuvent être examinés à tout moment par l'enseignant, sans cependant être notés. Pour la grande majorité des élèves, la demande de preuve dans ces circonstances constitue un niveau d'exigence nettement inférieur à celui qui tient lors des interrogations écrites.

arguments réside dans le contexte des situations-problèmes. D'autant plus que leur structure et leur contenu (voir chapitre III et annexe A) ont été conçus pour atténuer, tromper ou empêcher l'évidence visuelle, de même que pour déséquilibrer progressivement l'intuition et la production immédiate d'arguments qui paraissent inévitables aux yeux de l'élève.

Dans toute argumentation, chaque inférence ou chaque argument, vus en opérations qui mobilisent un système sémiotique – comme la langue naturelle ou les registres mathématiques –, se trouve forcément en relation avec leurs semblables. Qu'il s'agisse de la composition d'un texte ou d'un débat oral, les premières propositions des opérations liminaires se livrent soit en thèse (dans un rapport de justification), soit en prémisse ou en hypothèse (dans un rapport de dérivation). Quant aux premières propositions suivantes, le caractère séquentiel des opérations[25] et la continuité temporelle inhérente à l'argumentation engendrent la notion de discursivité. Pour Duval, cette notion incarne la dimension dans laquelle les arguments ou les inférences se suivent dans le but de convaincre de la justesse d'un énoncé ou de prouver une conjecture. Néanmoins, une argumentation peut ne pas s'appuyer sur un raisonnement. Cela arrive lorsque le développement discursif procède en décrivant le fonctionnement d'un système et en montrant la place qu'y occupe l'énoncé à justifier, ou en décrivant des caractéristiques d'un système qui concerne l'énoncé à justifier. Ainsi, au sujet des preuves du diagnostic, il faut envisager le cas des élèves qui décident:

- De «prouver» une conjecture en expliquant sa signification dans le contexte de la situation-problème (situer l'énoncé-conjecture dans le système des signifiés) ou en vérifiant sa pertinence à partir de l'étude de cas particuliers (positionner l'énoncé-conjecture dans le système des cas développés);
- De décrire des connaissances qui se rapportent à la conjecture (système de concepts) ou des arguments connus qui semblent coller à la conjecture (système d'arguments), sans nécessairement se référer aux conditions particulières du contexte de production.

---

25 Dans le cas d'une rédaction, il y a deux séquences: le processus de composition et le parcours du texte achevé. La discursivité engagée peut parfaitement différer suivant l'angle sous lequel la rédaction est considérée.

RAPPORT DE L'ARGUMENTATION DANS LE PROCESSUS DE PREUVE

A la section *Aspects épistémologiques*, le point de vue développé regardait davantage la démonstration comme une procédure achevée plutôt qu'un processus en pleine élaboration. Joint à l'éventualité de l'argumentation non raisonnée, cela pourrait laisser entendre que la production d'arguments joue un rôle externe au processus de preuve en mathématique ou que leur intervention constitue un obstacle pour l'apprentissage de la démonstration à l'école. Peut-être faut-il rappeler que la réalisation d'une preuve consiste en une activité humaine dont une des fonctions aspire à la communication de la conviction et que, selon Hanna (1991), un des facteurs d'acceptation d'un nouveau théorème réside dans l'existence d'une argumentation mathématique convaincante, rigoureuse ou non, qui tien lieu de démonstration. Peut-on réellement parler d'obstacles si l'expert dispose de tout l'arsenal discursif possible dans l'invention d'un théorème?

De façon plus fine, Boero (1999) retrace l'usage d'arguments dans le processus de preuve en plantant six jalons qui s'étendent de la formulation d'une conjecture à l'apparition d'une démonstration formelle. S'exprimant en termes de phases non nécessairement successives, il considère que l'argumentation y est omniprésente[26], distinguant l'usage que sait en faire le mathématicien de celui que peut en faire l'élève:

> [...] les mathématiciens sont capables de jouer non seulement un jeu argumentatif riche et libre (spécialement dans les phases I et III[27]), mais encore un jeu argumentatif sous la contrainte croissante de règles strictes inhérentes à

---

26 Implicitement, il exclut la phase de la démonstration formelle, dont il juge qu'elle ne s'impose pas inévitablement pour l'acceptation d'un théorème, spécifiant que la production d'une preuve complètement formelle est vide de sens pour le travail quotidien du mathématicien professionnel. Nous avons déjà soulevé cette question à la section *Aspects épistémologiques*.

27 Phase I: production d'une conjecture (incluant: exploration de la situation-problème, identification des «régularités», identification des conditions sous lesquelles ces régularités sont placées, identification des arguments en faveur de la plausibilité de la conjecture produite, etc.). Phase III: exploration du contenu (et des limites de validité) de la conjecture; élaboration heuristique, sémantique (ou même formelle) des liens entre hypothèses et thèse; identification des arguments appropriés, liés à la théorie de référence, pour la validation et considération des liens qui pourraient les associer.

l'acceptabilité du produit final (spécialement dans les phases II et V[28]); par contraste, les élèves font face à de sérieuses difficultés d'apprentissage des règles de ce dernier jeu de même que pour passer d'un jeu à l'autre (mais nous devons reconnaître qu'ils vivent aussi des difficultés dans l'argumentation libre en mathématiques!) (Boero, 1999).

Ceci débouche sur deux questions qui se révèlent primordiales pour l'apprentissage de la démonstration: il faut évaluer la nature des arguments pris en considération par l'élève et qui lui semble fiable pour la validation, ainsi que la nature précise du raisonnement avec lequel il sait opérer.

Sans prétendre à l'exhaustivité, un des propos de notre recherche ambitionne la compréhension des habitudes argumentativo-discursives de l'élève en vue d'une introduction légitime de la démonstration en géométrie. Dans ce sens, la reconnaissance de comportements types apparaît comme le point culminant à partir duquel l'enseignant peut orienter sa programmation. Une telle entreprise ne peut qu'exiger le montage d'une méthode d'analyse et d'évaluation qui respectent le point de vue de l'élève, mais dont les points de repère et de comparaison autorisent la mesure d'un rapprochement à la démonstration. Les chapitres III et IV montrent le développement et l'application de notre méthode selon les conditions particulières de chaque situation-problème, tandis qu'au chapitre V, nous discutons de la contribution méthodologique dans une perspective plus large qui consisterait à rendre compte, après enseignement, d'une évolution qui se destine à la réalisation de preuves authentiques, explorant au passage les variations de contenu mathématique.

DESSIN, FIGURE, LANGAGES

L'univers sensible a toujours été une source majeure et un puissant catalyseur pour la production d'idées géométriques informelles, voire artistiques. Il faut dire que la nature offre généralement des formes irrégulières ou fractales. Mais l'harmonie dégagée de l'uniformité d'un lac aux eaux tranquilles, de la rectitude d'un arbre bien planté ou de l'aspect sphéroïdal d'une goutte d'eau n'ont cessé d'inspirer l'homme et de le maintenir dans sa constance à manufacturer des milliers d'objets aux

---

28 Phase II: formulation de l'énoncé en suivant des conventions textuelles partagées. Phase V: organisation et enchaînement des arguments en une preuve qui soit acceptable selon les standards mathématiques en vigueur.

bords droits, aux formes rondes, symétriques, etc. De la substance palpable à la matière grise, on étrenne les propriétés de l'espace.

A la section *Aspects épistémologiques*, on a vu la volonté des Anciens de représenter et d'interpréter leur environnement dans une géométrie peu à peu formelle, qui déboucha au tournant du siècle sur l'axiomatique d'Hilbert-Tarski. On en est arrivé avec le temps à tirer conjointement d'un même être géométrique un objet abstrait et une représentation concrète qui établissent des relations biunivoques entre le monde réel, les représentations physiques et les opérations mentales (ICME, 1994b). Du point de vue didactique, on considère ces relations en rapport avec la représentation d'objets matériels et d'idées (Alsina, Burgués & Fortuny, 1989), de même qu'avec leur interprétation théorique ou contextuelle.

En résolution de problème et en situation de validation, les processus de matérialisation, d'interprétation et le raisonnement s'interpénètrent à tel point qu'il devient difficile d'identifier quand et comment ils interviennent. On sait bien que le raisonnement en géométrie ne porte pas seulement sur des mots ni sur des symboles, mais aussi sur des dessins et des images visuelles, appelées aussi images mentales. Si, auparavant, nous avons déjà marqué le fonctionnement du discours, il faut maintenant regarder le raisonnement graphique, entendu comme étant l'expression non verbale de la pensée qui se fonde sur les registres graphiques, c'est-à-dire les registres de représentation sémiotique non linguistiques en mathématique. Lorsque le raisonnement graphique procède à partir de la représentation des figures géométriques planes (registre figural), il se comporte presque comme une langue (Richard & Sierpinska, à paraître). Mais il y a plus: les dessins et les images mentales peuvent agir comme des faits, encourageant la confusion entre l'idéal et sa représentation. Le raisonnement graphique prend part assurément à la stratégie de preuve lors des moments de conjecture et nous verrons, à partir du chapitre IV, comment ce raisonnement intervient dans la rédaction des preuves.

MODÉLISATION, SIGNIFIANCE ET REPRÉSENTATION

A la production, au fonctionnement et à la réception des différents systèmes de signes de communication entre adeptes de la mathématique s'attache toujours le problème de leur interprétation. Dans n'importe laquelle de ses preuves, l'expert sait attribuer une signification à chacun des signes ou des systèmes de signes qu'il manipule et connaît leurs liens avec les concepts ou les procédures théoriques sous-jacents. Néanmoins, la position de l'élève est beaucoup plus fragile: non seulement pour l'apprentissage se pose la question de la quête du sens, mais aussi du point de vue opératoire s'interpose le sens des mots, symboles, dessins et autres représentations visuelles soumises à son attention. Qu'évoquent-ils pour lui?

Prenons la notion de droite. Contrairement à ce que l'on pourrait croire chez les Anciens, l'élève est complètement entouré de lignes droites depuis son enfance, encore plus s'il est citadin. Déjà, il n'est pas sûr qu'il partage le même scrupule qu'Euclide de considérer la droite dans toute son infinitude. Si on le confronte à l'exemple des sempiternelles rails de chemin de fer pour affirmer que deux droites parallèles se coupent à l'infini, il rétorque aussitôt: «comment peuvent-elles se couper si justement elles sont ‹infiniment› parallèles?» Paradoxalement, si on lui demande par écrit à partir du dessin suivant si les droites (AB) et (CD) sont perpendiculaires:

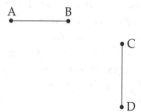

il peut répondre par la négative, même si dans l'énoncé on souligne le mot droite. Autrement dit, suivant la situation ou l'exigence du moment, le dessin l'emporte sur le concept. Par analogie au triangle sémiotique, les tracés apparaissent-ils en support du signifié qui contient une signification en référence au denotatum appelé figure? Qu'est-ce qui unit le dessin, son sens et les renvois au concept géométrique?

Selon Duval (1995, p. 63), les figures sont des «formes représentées» qui se caractérisent par une structure triadique, c'est-à-dire que les figures subordonnent la relation de référence à celle de la signification entre le signifiant et le signifié. Même si, pour cet auteur, toute représentation est cognitivement partielle par rapport à ce qu'elle représente, il suppose implicitement que les figures respectent un modèle dans lequel les propriétés spatiales des formes représentées conviennent aux propriétés géométriques de l'idéal. Ainsi, dans la figure suivante:

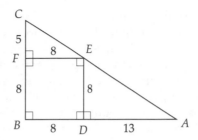

on peut voir que les droites (BF) et (DE) sont parallèles parce que le dessin est «bien fait». Ce serait les contraintes physiques liées au registre figural qui gênerait pour constater que les droites (CE) et (EA) ne sont pas, malgré l'apparence, parallèles. Toutefois, les figures ne s'utilisent pas seulement pour la découverte ou l'invention en résolution de problèmes. On s'en sert aussi pour soutenir un raisonnement, qui peut s'accomplir dans la réalisation ou dans la rédaction d'une preuve, en appuyant plutôt sur la relation de représentation du registre figural. L'esquisse suivante paraît sans doute plus loin de l'idéal géométrique que la figure précédente

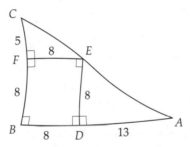

mais grâce aux symboles conventionnels qui permettent de représenter les propriétés qui nous intéresse, comme la perpendicularité ou les mesures, elle nous à oblige à contrôler quelles sont les propriétés qui sont effectivement représentées. Ce contrôle est possible dans la coordination entre la figure et le discours. L'entrée de chaque situation-problème du questionnaire repose sur cette particularité essentielle de l'exercice en géométrie.

Si «un même objet mathématique peut être représenté par des unités figurales différentes» (Duval, 1995, p. 179), «un même support peut être utilisé pour différents modèles» (Laborde, 1994, p. 50). Puisque, pour Laborde, c'est la théorie qui donne un sens au modèle, le rapprochement

de ces idées manifeste bien la multiplicité des processus de représentation et de signification. Cependant, il s'agit d'un effet de style de notre
part. Laborde n'approche pas la question des figures géométriques du
point de vue sémiotique, mais dans une perspective de modélisation. De
quel processus s'agit-il dans un cadre géométrique? Citons à titre
d'exemples: chez les Egyptiens, la morphologie des objets pouvait être
modélisée simplement par des croquis (Caveing, 1990); chez le mathématicien classique, le plan euclidien se modélise autant en géométrie
analytique qu'en géométrie projective; chez le logicien, les axiomes
d'Hilbert-Tarski modélisent la géométrie euclidienne et vice-versa. La
première illustration renvoie à une «représentation simplifiée», la deuxième aux «modèles mathématiques» et, la troisième, à la notion de modèle dans une théorie formelle, comme nous l'avons déjà introduite au
chapitre II, à la section *Aspects épistémologiques*. En fait, pour Laborde
(1994):

> La figure est l'objet mathématique du *modèle* euclidien pris comme domaine
> de réalité, tandis que le dessin est une matérialisation de la figure sur le pa-
> pier, le sable ou l'écran de l'ordinateur, un *modèle* tout comme le dessin du
> métro de Montréal, un modèle de la figure (pp. 57-58; c'est nous qui utilisons
> l'italique).

Dans cette citation, le sens de «modèle» change peut-être, mais il engage
le fait que le dessin est un modèle de la figure. Même si nous ne pouvons
pas conclure, à partir du texte de Laborde, si ce changement d'acception
était volontaire, il manifeste une autonomie de l'ordre symbolique constitué par le dessin de celui du signifié, au sens développé dans l'œuvre
de Lacan.

Outre la complexité des rapports entre le modèle et l'objet du modèle,
de même que du rôle subtil des registres sémiotiques dans la construction de ces rapports, nous considérons que le domaine de réalité des
représentations figurales se forme sur deux entités:

– La *réalité concrète*, formée par les tracés du dessin;
– La *réalité mentale*, formée par des images iconographiques.

La perception visuelle n'implique pas nécessairement l'abstraction du
domaine de réalité, c'est-à-dire qu'elle ne retient pas toujours un certain
ensemble d'objets et de relations qui sont représentés dans le modèle.
Elle mobilise un capteur (l'œil) et un traitement cognitif ou sémiotique
orienté par une finalité. Des auteurs, comme Bishop (1996), distingue à

juste titre la procédure visuelle de l'interprétation de l'information figurale. Nous abordons plus spécifiquement les aspects cognitifs sousjacents dans la prochaine section. Du point de vue sémiotique, les contraintes de l'environnement qui supporte le signe ne permettent pas toujours la représentation de certains faits, alors que le registre, lui, le peut. Ceci est particulièrement visible en géométrie lorsqu'il s'agit de produire le mouvement. Dans la situation suivante, pour démontrer que les triangles *AFD* et *ABE* ont la même aire, sachant que le quadrilatère *ABCD* est un parallélogramme et que $(BD) \, // \, (EF)$:

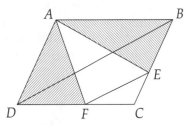

on peut générer, en fermant les yeux[29], le mouvement sur une même image mentale à partir du registre figural, comme dans illustration ci-dessous:

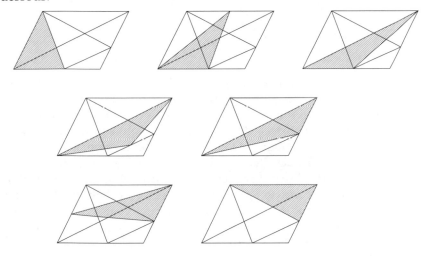

---

29 L'idée de «fermer les yeux» n'est pas un artifice: il correspond à ce que Jackson (2002) appelle «l'œil de la pensée» (en anglais «mind's eye») que l'on accorde aux mathématiciens aveugles comme Bernard Morin.

Bien qu'il s'agisse d'un traitement figural dans un processus démonstratif, ce qui suppose un contrôle à la fois cognitif et sémiotique sur l'image
mentale qui bouge, on peut imaginer des allers-retours du sommet «*A*»
du triangle «*AFD*» sur le segment [*AB*], seulement dans une démarche
exploratoire, voire ludique. En fait, notre bande dessinée fixe des «moments significatifs». A la lecture de cette séquence, même si le mouvement est assuré par le développement d'images mentales intermédiaires,
ce n'est pas tant les rapports du signifiant au signifié qui apparaissent au
premier plan, contrairement aux «moments significatifs», mais bien le
contrôle de la représentation de ces images mentales par le raisonnement. Si nous avions dû démontrer visuellement cette situation à la manière des *preuves sans mots* (Nelsen, 1993, 2001), nous aurions pu limiter
la preuve aux moments significatifs suivants, en utilisant l'idée d'une
suite de translations:

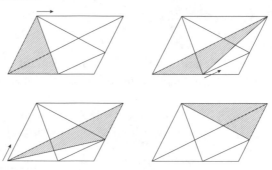

Par rapport aux situations-problèmes du questionnaire, l'élève risque
d'accorder aux dessins et aux images mentales un statut de modèle ou
de domaine de réalité, même dans la coordination entre le discours, la
figure ou les autres registres de représentation qu'il a déjà éprouvés.
Dans le cas du dessin, Laborde (1994) lui attache: un domaine de fonctionnement qui consiste en l'ensemble des propriétés géométriques représentées par certaines propriétés spatiales du dessin; un domaine
d'interprétation qui consiste en l'ensemble des propriétés spatiales du
dessin qui peuvent être interprétées comme renvoyant à des propriétés
de l'objet. Cela nous conduit à retenir que dans une situation donnée,
l'élève pourrait travailler sur deux «domaines de réalité»: i) le plan euclidien abstrait, dans lequel les droites sont infinies; ii) le plan euclidien
concret, dans lequel elles sont segmentaires. Et trois «modèles»: i) la
géométrie euclidienne comme théorie représentante; ii) le modèle implicite basé sur ses connaissances géométriques personnelles; iii) le modèle

implicite formé par son savoir-faire dans les constructions géométriques. Lorsque la signification provient expressément d'une théorie représentante, nous parlons d'une interprétation théorique:

> Un dessin renvoie aux objets théoriques de la géométrie dans la mesure où celui qui le lit décide de le faire, l'interprétation est évidemment dépendante de la théorie avec laquelle le lecteur choisit de lire le dessin ainsi que des connaissances de ce lecteur. Le contexte joue un rôle fondamental dans le choix du type d'interprétation (Laborde & Capponi, 1994, p. 169).

Sinon, nous considérons qu'il s'agit d'une interprétation libre d'un modèle implicite, sujette au contexte ou résultant d'une conjoncture, mais qui peut se rapporter par hasard à un corpus théorique – comme les situations où un dessin «bien fait» représente «fidèlement» l'idéal et permet d'en tirer des propriétés issues du modèle euclidien (diagramme 2.4).

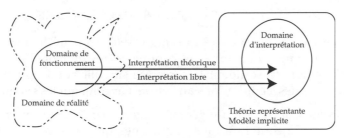

Diagramme 2.4. Passage du domaine de réalité au modèle

Nous avons vu, au chapitre I, que la cinquième situation-problème permet la représentation graphique à l'écran du Cabri-géomètre et on verra, à la section *Aspects relatifs à la démarche*, les caractéristiques de ce logiciel, dont le mouvement qui est contrôlé implicitement par la géométrie euclidienne. Le «cabri-dessin» appartient à un domaine de fonctionnement plus grand que son homologue qui se base dans le seul environnement papier-crayon, et il rend plus apparentes les limites du domaine d'interprétation (Laborde & Capponi, 1994). Mais l'usage du Cabri-géomètre est aussi susceptible d'exercer le développement d'images mentales dynamiques et de leurs relations. On aurait pu penser à la situation précédente (parallélogramme *ABCD*) qui aurait été posée à partir d'un «cabri-dessin». En construisant lui-même ce dessin, l'élève diminue le traitement cognitif géré par le logiciel et il augmente le contrôle sémiotique dans la formation du dessin ou des images mentales, du moins en puis-

sance. Pour notre analyse et notre évaluation des preuves, nous catalo-
guons la formation d'images mentales suivant les types détectés par
Presmeg (1986) dans l'activité des élèves:

- Images visuelles concrètes, picturales (dessins dans l'esprit);
- Images visuelles de modèles (relations pures représentées par un
  schéma vidéo-spatial);
- Images mnémoniques de formules;
- Images visuelles cinétiques (en relation avec l'activité musculaire,
  comme celles qui bougent);
- Images visuelles dynamiques (qui s'animent).

Le «cabri-dessin» a toutes les chances de diminuer la rigidité picturale et
d'inciter à la formation d'images visuelles cinétiques ou dynamiques au
sens de Presmeg.

CONCEPT FIGURAL ET FIGURE GÉOMÉTRIQUE OPÉRATOIRE

Des conceptions historiques de Caveing (1990), on peut déduire que les
êtres géométriques sont apparus comme le résultat ou la condition
d'opérations qui transcendent le caractère singulier de la situation qui
les sollicitent et des significations attribuées par celui qui les évoque:

- *Ecole des Ioniens:* la figure géométrique est considérée comme le pa-
  radigme de configurations empiriques qui lui sont morphologi-
  quement semblables à une autre échelle. On établit des relations
  entre les figures grâce aux constructions.
- *Hilbert:* il existe des points en nombre suffisant (quatre points non
  coplanaires dans l'espace, trois points non alignés dans le plan)
  pour disposer d'un «réservoir» d'objets géométriques.
- *Algèbre moderne:* à partir de points (éléments d'un espace affine), on
  caractérise certains sous-ensembles et l'on étudie leur transformations.

C'est que la figure géométrique est une entité mentale construite par le
raisonnement mathématique en géométrie, que Fischbein (1993) appelle
le *concept figural*, qu'il distingue de sa *définition formelle* et de son *image*
– appuyée par la perception sensorielle d'une représentation donnée
d'un objet ou d'un phénomène, comme l'image visuelle du percept
qu'est le dessin. Cependant, la «nécessité» épistémologique qui a fait
naître, à une époque ou à une autre, la notion de figure, n'est pas la

même que la «logique» qui donne au concept figural sa signification.[30] Selon Laborde et Capponi (1994), ce sont les rapports du dessin à son référent, construit par le lecteur ou le producteur du dessin dans un contexte donné, qui constituent le signifié de la figure géométrique associé pour ce sujet. Selon ces auteurs:

> La figure géométrique consiste en l'appariement d'un référent donné à tous ses dessins, elle est alors définie comme l'ensemble des couples formés de deux termes, le premier terme étant le référent, le deuxième étant un des dessins qui le représente; le deuxième terme est pris dans l'univers de tous les dessins possibles du référent (p. 168).

Sur la base de cette approche et dans la structure triadique de la signifiance, nous appelons *imagerie matérielle représentée*, respectivement *imagerie mentale représentée*, l'ensemble des couples (référent; dessins), respectivement (référent; images mentales), qui permettent de donner un sens au référent.

En séparant la définition formelle du concept et le processus cognitif par lequel il se conçoit, Tall et Vinner (1981) résument ainsi les possibilités du manque de cohérence globale attaché à un concept:

> The concept image consists of all the cognitive structure in the individual's mind that is associated with a given concept. This may not be globally coherent and may have aspects which are quite different from the formal concept definition (p. 151).

Dans un cadre géométrique, la difficulté dans la formation cohérente d'un concept figural est déjà visible par la multiplicité des «domaines de réalité» ou des «modèles», par l'autonomie de l'ordre symbolique de celui des signifiés, par l'effet réducteur (mais aussi producteur) des registres de représentation et par la pluralité des processus de renvoi au concept (voir paragraphe *Champ proceptuel*). Ainsi, lorsque l'élève représente des figures, effectue sur celles-ci des constructions, les transforme, les interprète, les communique, les rapproche de son «monde» imaginaire ou les oppose à une situation nouvelle, son activité s'organise dans le voisinage des procepts géométriques sous-jacents. En comparaison à la notion de champ proceptuel, le terme «voisinage» peut paraître un peu flou. Pourtant, il tient compte non seulement des problèmes de co-

---

30 Dans un contexte de transposition didactique (Chevallard, 1992), exprimée en termes de dépersonnalisation, décontextualisation, re-personnalisation et re-contextualisation, cette affirmation devient une évidence.

hérence que nous venons de soulever, mais aussi d'un paradoxe inhérent à la proceptualisation. Parce que si, selon Vergnaud (1990), un concept se compose particulièrement de l'ensemble des situations qui lui donne un sens, la (nouvelle) situation dans laquelle le concept serait invoqué est aussi une situation qui lui donne un sens. Ce qui veut dire que la formation d'un concept n'est jamais achevée et que sa signification (d'origine situationnelle) doit se considérer réciproquement. Nous définissons alors la *figure géométrique opératoire* qui se constitue à partir d'actes (matériels ou intellectuels) qui supposent la réflexion et la combinaison de moyens relatifs au procept sous-jacent en vue d'obtenir un résultat sémiotique, cognitif et situationnel déterminés (diagramme 2.5). En situation de validation par exemple, le raisonnement par rapport à la figure géométrique opératoire permet à la fois un contrôle de la production sémiotique, de la gestion cognitive et de la réalisation de la preuve.

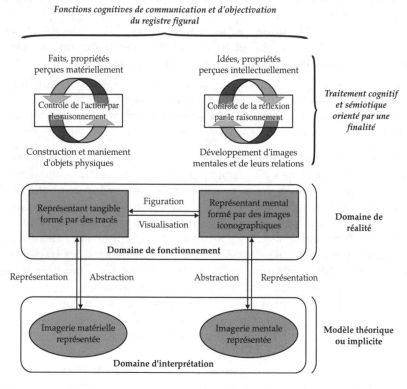

Diagramme 2.5. Figure géométrique opératoire.

LANGAGE SYMBOLIQUE ET LANGUE NATURELLE

On admet généralement que les processus de formation et d'intégration de langage sont consubstantiels à la proceptualisation. Avant de s'attaquer aux situations-problèmes, l'élève a déjà une conception sur toute une panoplie de procepts, il connaît à l'usage un grand nombre de mots du lexique mathématique, et il sait interpréter plusieurs systèmes de représentation. On a déjà soulevé au chapitre I le fait que les caractéristiques langagières et sémiotiques conditionnent la stratégie de preuve dans tous ses aspects, de sa virtualité à son actualité. Si dans la section précédente on s'intéressait à la notion de figure géométrique, on regarde maintenant quelques rapports de la langue naturelle aux registres de représentation symboliques, aux styles d'écriture et aux niveaux de langage en situation de validation.

Unité sémantique et acception

La langue naturelle est un système de signes d'une richesse inouïe qui exige, comme on le sait, une étude à part. Du point de vue linguistique, on lui attache trois traits fondamentaux: i) sa double articulation qui permet de produire, à partir d'éléments creux, les sons et les lettres, un nombre pratiquement illimité de mots qui remplissent une fonction significative; ii) sa syntaxe qui autorise à dire la même chose de façons différentes; iii) sa créativité qui consiste en la capacité humaine de comprendre et de produire une infinité de nouvelles phrases, jamais entendues auparavant. Cependant, même si l'organisation sémantique des mots de la langue française demeure encore un terrain inconnu (v. g. Thom, 1982), il est encore possible de catégoriser le sens des phrases simples, perçues comme unités sémantiques. Ainsi, on est en mesure d'identifier le lexique des preuves et de constater lorsqu'il y a ambiguïté d'usage avec le lexique mathématique. Nous considérons cinq rubriques de langue dans lesquelles les assemblages de mots qui se rapportent à un objet sont susceptibles d'être placés. Chaque rubrique est illustrée d'un exemple relativement aux acceptions du mot surface:

- *Sens courant*, celui qu'on entend d'ordinaire, au quotidien. «La *surface* du globe terrestre est la partie extérieure, visible, qui constitue la limite de l'espace qu'il occupe»;
- *Sens familier*, qui ressemble au sens courant sauf qu'il peut être ressenti comme incongru en relation avec le style habituel du contexte

d'énonciation, comme celui d'une preuve en géométrie. «La *face* du triangle mesure dix-sept centimètres carrés» pris pour surface;
– *Sens figuré*, dont le sens est détourné du sens propre ou littéral. «Depuis quelques années, les fractales refont *surface*»;
– *Sens didactique*, qui s'utilise en situation d'enseignement-apprentissage et qui peut paraître court ou imprécis aux scrupules mathématiques. «La *surface* sous la courbe ln x» pour signifier la surface – ou les deux régions – délimitée par la courbe et l'axe des abscisses;
– *Sens mathématique*, qui appartient à un modèle mathématique. «Une *surface* est un ensemble de points de l'espace dont les coordonnées x, y et z sont reliées par une équation de la forme $f(x, y, z) = 0$».

Symboles conventionnels et styles d'écriture

Si on demandait à une personne choisie au hasard de caractériser la mathématique, il est presque certain qu'elle en viendrait à sa marque symbolique. Contrairement aux unités sémantiques de la langue naturelle qui conservent un sens sans contexte d'énonciation, les symboles mathématiques utilisés sans référence à un modèle, même implicite, sont vides.[31] Si on atomise les symboles en unités symboliques, on peut grouper ces dernières selon leur forme.[32] Chaque théorie mathématique classique observe des règles d'écriture pour la composition cohérente, efficace et rigoureuse des unités symboliques, éprouvées à l'usage et approuvées par consentement social. Mais contrairement à ce qu'on trouve ailleurs, notamment dans les théories formelles, les langages informatiques ou le SI, elles ne sont généralement pas assujetties à une grammaire ni à une normalisation institutionnelle. On retient toutefois

---

31 Il faudrait exclure les signes de structure triadique (Duval, 1995), comme les systèmes de désignation des nombres.

32 A ce sujet, Pimm (1990) divise les unités symboliques en quatre classes: i) les *logogrammes*, symboles spéciaux qui se substituent aux mots, comme «+» pour représenter «additionner»; ii) les *pictogrammes*, images figuratives de l'objet dont il est question, particulièrement évocateur en géométrie, comme «∠» pour représenter un angle; iii) les *symboles de ponctuation*, copies conformes des signes de ponctuation mais appartenant la plupart du temps à un symbole composé, comme «;» pour séparer les deux entrées d'un couple; iv) les *symboles alphabétiques*, provenant des alphabets latin, grec, cyrillique, hébraïque, etc., comme «*P*» pour représenter un point.

que la syntaxe mathématique se décrit par le respect de la couleur, du grain, de l'ordre, de la position, de la grandeur relative, de l'orientation et de la répétition des unités symboliques.

La reconnaissance de symboles dans une stratégie de preuve est essentielle pour en identifier le style s'écriture. A part les manipulations strictement algébriques, les symboles se montrent habillés par la langue naturelle et s'y fusionnent structurellement en *syntagmes linguistico-symboliques*. D'un point de vue fonctionnel, il s'agit de syntagmes nominaux complément du nom:

- *Syntagme descriptif*, comme dans «le triangle formé par les sommets A, B et C» ou «la translation qui transforme le point M en M'»;
- *Syntagme symbolique*, comme dans «le triangle ABC» ou «la translation de vecteur $\vec{u}$»;
- *Syntagme redondant*, comme dans «le triangle $\triangle ABC$» ou «la translation de vecteur $t_{\vec{u}}$».

En fait, nous considérons que l'allusion à un procept géométrique ou sa dénotation appartient à un langage objet, tandis que les éléments de présentation pour faciliter la communication tiennent du métalangage. Nous reconnaissons alors trois styles d'écriture susceptibles de se retrouver partiellement dans chaque stratégie élémentaire:

- *Style essentiellement verbal*, dont le traitement des procepts se manifeste uniquement avec des mots ou des abréviations de la langue naturelle;
- *Style combiné*, qui désigne les procepts par des syntagmes linguistico-symboliques;
- *Style essentiellement symbolique*, dont les procepts se traduisent en symboles, la langue naturelle n'intervenant qu'en métalangage.

Au début de cette section, nous avons traité le problème de la signification relativement à la figure. Un phénomène similaire se produit avec les symboles conventionnels: l'élève risque la confusion entre le symbole et l'objet qu'il est censé représenter (Orton, 1990). De plus, il peut employer certains symboles en tant qu'abréviation d'une unité sémantique issue de la langue naturelle, sans référence au procept. Les questions d'acception et de style ne renseignent que trop partiellement, ce qui oblige à s'occuper aussi des niveaux de langage.

Niveau de langage

Si le style d'écriture indique la manière de s'exprimer, le niveau de langage rend compte du vouloir dire en fonction de la situation et des locuteurs. Par exemple: la démonstration enracine dans la communication entre experts le lexique mathématique; le vulgarisateur joue dans ses publications avec les sens courant, figuré ou mathématique, pour accommoder les abstractions complexes au grand public; l'élève justifie à son camarade que deux droites sont parallèles en expliquant qu'elles ont le même «sens». Dans le questionnaire, parce que la situation de validation détermine les conditions du milieu et que, dans la production écrite, l'interlocuteur n'existe qu'en puissance, il faut affiner les niveaux de langage en conséquence. Nous définissons alors des niveaux de langage hiérarchisés en fonction de la portée interprétative des unités sémantiques ou des symboles mobilisés, et du degré de compréhension pour le lecteur familier avec la géométrie:

- *Niveau indéterminé*, sans possibilité de compréhension objective autre que la spéculation et dont l'interprétation actuelle se confine dans l'esprit du créateur, comme dans «on considère les triangles pareils»;
- *Niveau inextensible*, où la compréhension est soumise aux conditions précises de la situation-problème, l'interprétation n'est possible qu'en relation avec le contexte d'énonciation en ce qu'il a de particulier, comme dans «on considère les triangles de gauche et de droite»;
- *Niveau extensible*, dans lequel la compréhension est applicable à une situation géométriquement analogue et où l'interprétation peut être indépendante du contexte d'énonciation, comme dans «on considère les triangles de longueur contiguë»;
- *Niveau expert*, dont la compréhension se rapporte aux procepts géométriques et permet l'interprétation théorique, comme dans «on considère les triangles *HBA* et *HAC*».

Au chapitre I, nous avons laissé entendre qu'à partir des caractéristiques langagières et sémiotiques d'une preuve on consolidait l'examen du besoin de validation. Toutefois, il est possible que la structure cognitive de l'élève permette le raisonnement, mais qu'une faible capacité d'expression verbale ou symbolique empêche la composition d'une preuve écrite. Il devient alors indispensable: i) de prévoir la production d'une preuve sans recours à la rédaction verbale ou symbolique; ii) de comparer l'acception des mots avec le niveau de langage, pour passer en revue le réseau sémantique d'après lequel la preuve est construite ou pour s'assurer de l'existence de déductions; iii) de vérifier dans quelle mesure le style et le niveau de langage déterminent la stratégie de preuve employée et la qualité de la procédure réalisée; iv) de constater effectivement s'il y a adéquation entre les niveaux de langage, la nécessité de prouver et les niveaux de validation-conviction.

ASPECTS RELATIFS À LA DÉMARCHE

LES STRATÉGIES DE PREUVE

Auparavant, nous avons mentionné l'attribution minimale des fonctions de vérification-conviction, d'explication, de systématisation, de découverte et de communication pour la démonstration. Celles-ci se laissent transposer sans difficulté pour les autres types de preuves en mathématique. De plus, la finalité d'un processus de preuve peut se décrire en relation avec la situation dans laquelle il se manifeste, qu'il s'agisse d'une création, d'un apprentissage ou d'une reproduction. Dans un discours, en résolution de problème ou pendant la formulation d'une conjecture, le processus consiste à éviter les contradictions sémantiques ou formelles, et, en particulier, les paradoxes. Par contre, dans la production des connaissances et en validation, le processus apparaît comme une méthode de construction et une procédure qui montre que si certaines affirmations sont supposées vraies avant, d'autres deviennent vraies après.

Outre les aspects de la finalité puis celle des fonctions, nous distinguons la stratégie de la procédure de preuve. Nous avons déjà annoncé l'identification d'une procédure de preuve suivant l'organisation discursive développée. C'est principalement dans la proportion d'usage des deux plans du discours que nous étalons chaque catégorie de procédure. Quant à la stratégie de preuve, elle repose sur l'ensemble des méthodes disponibles et jugées nécessaires, ainsi que sur les décisions prises en fonction des hypothèses et des exigences de la situation traitée. Par exemple, on peut préalablement choisir de morceler un problème pour le prouver par parties: une première s'aborderait par l'établissement de la conclusion en bricolant à partir des hypothèses, tandis qu'une deuxième procéderait en raisonnant par l'absurde. De même, développer un lemme en plein milieu d'une preuve par besoin de vérification-conviction, ou reproduire le raisonnement qui a permis de formuler une conjecture, relèvent d'une question tactique, même si le besoin arrive par la force des choses ou parce qu'on se trouve à court d'idées.

CATÉGORIES DE PROCÉDURE DE PREUVE

En classe, les situations de validation sont nombreuses et il n'est pas toujours aisé de les identifier comme telles. L'éphémère contrôle de la validité d'une connaissance ponctuelle pendant la formulation d'une conjecture ou en résolution de problème entre-t-elle dans cette catégorie? Au chapitre I, nous définissions les moments de conjecture et les moments de preuve pour résoudre cette épineuse difficulté. Les procédures de preuve apparaissent donc lorsque le savoir mis en œuvre a pour fonction d'établir une preuve.

Nous reconnaissons cinq catégories de procédure de preuve placées sur un axe du continuum de la validation, qui se distinguent structurellement par la nature des raisonnements mis en œuvre (diagramme 2.6). Pour chacune des catégories, nous commençons par détailler une définition de la procédure. Ensuite, nous illustrons la définition à l'aide d'une preuve didactique du théorème de Pythagore, intégrée dans un commentaire.

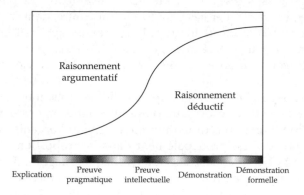

Diagramme 2.6. Catégories de procédure de preuve

L'explication

Il ne s'agit pas d'une preuve au sens strict, mais d'un développement destiné à faire comprendre quelque chose, à en éclaircir le sens; il est souvent composé ou assorti de dessins, de symboles, de schémas, de diagrammes, etc. Si un raisonnement est tangible, il se confine chez l'individu et sa portée ne dépasse pas la conviction personnelle. Sinon, l'explication se trouve plus proche de la description que du raisonnement; dans un cas extrême, on considère qu'il y a dégénérescence du raisonnement – comme l'argumentation non raisonnée abordée à la section *Aspects sémiotiques et pragmatiques*.

La preuve pragmatique

Ce type de preuve, tout comme la preuve intellectuelle, consiste en un raisonnement affecté à l'établissement de la pertinence d'une assertion. L'origine de ces types vient de Balacheff (1987), lequel identifie deux catégories générales de preuves dans l'activité des élèves.[33] Néanmoins, nous ne pouvons récupérer telle quelle la distinction de cet auteur car elle rend compte d'une évolution des processus de preuve, alors que notre étude porte sur l'état d'habitudes acquises. De plus, il nous semble que chaque catégorie de Balacheff s'attache à la capacité en relation avec la situation particulière, sans tenir compte de la complaisance de l'élève qui s'inspire «de la manière du professeur», pensée directement en adaptant une méthode puisée dans l'histoire même de la classe, mais qui ne pourrait coller qu'en surface à la logique interne de la situation. Encore, s'il dissocie la preuve de l'explication, ce n'est qu'en fonction de la conséquence sociale, sans référence au contexte didactique, ni à des caractéristiques discursives. C'est pourquoi nous devons inclure, dans la caractérisation de notre emprunt des preuves pragmatiques, les procédures didactiques qui, pour des raisons opérationnelles en situation d'enseignement, prouvent en vérifiant la plausibilité d'une propriété par l'expérimentation sur un ou des cas particuliers, tout en s'assurant d'une confrontation de la concordance propriété-expérimentation par confirmation, ou renforcement en cas de doute. La validation proprement dite demeure implicite, et le raisonnement, au contraire tangible, circule nettement dans le plan argumentatif.

---

33 La *preuve pragmatique* (mise à exécution d'une décision ou réalisation du contenu d'une affirmation) se différencie de la *preuve intellectuelle* (lorsque l'accès à la réalisation n'est pas possible) en fonction de la nature des connaissances qui interviennent – connaissance pratique (savoir-faire) versus connaissance comme objet (savoir) –, de même que du langage – entre l'ostentation et le langage de la familiarité versus entre le langage de la familiarité et langage fonctionnel.

La part implicite d'une preuve pragmatique se trouve au niveau de la justification des inférences. Celle-ci se fonde sur des théorèmes-en-acte, concept défini par Vergnaud (1981), qui désigne des propriétés des relations saisies et utilisées par l'élève en situation de résolution de problème, sans qu'il soit forcément capable de les expliciter ou de les justifier, mais pouvant toutefois se décrire par des propriétés institutionnelles. Nous en accroissons le sens, jugeant que le théorème-en-acte peut tout à fait s'appliquer en situation de validation, dans la mesure où leur intervention durant un moment de preuve est volontaire. Nous considérons que dans une preuve pragmatique, même si les théorèmes-en-acte sont effectifs, leur identification demeure hypothétique, au contraire d'une preuve intellectuelle.

La preuve intellectuelle

Fondamentalement, nous identifions la preuve intellectuelle lorsque le mécanisme de preuve s'éloigne d'une réalisation particulière, traitant avec des objets ou des représentants d'objet considérés comme des idéaux. Malgré le caractère abstrait de la validation qui, cette fois-ci, se laisse entrevoir, la preuve intellectuelle n'enchaîne pas systématiquement des propositions, contrairement à la démonstration. Elle s'articule dans un développement discursif qui contient des parts comparables de raisonnement argumentatif / raisonnement déductif. Si le raisonnement argumentatif prime, c'est parce que certains arguments peuvent se laisser substituer facilement par un équivalent déductif qui découle de l'usage manifeste de théorèmes-en-acte. Cette catégorie de preuve demeure efficace en situation d'enseignement puisqu'elle permet une validation qui ne mobilise pas trop de logique, ni un excès de définitions ou de propriétés caractéristiques.

La démonstration

En qualité de preuve pour la communauté mathématique, la démonstration se compose d'un raisonnement qui vise à établir la vérité d'une conclusion. Même si la proportion du raisonnement déductif est clairement supérieure, la démonstration conserve une part de raisonnement argumentatif, soutenu par des raisons dialectiques propres à la pensée et au discours humains, voire à l'heuristique. Contrairement à la démonstration formelle qui fait figure de démonstration «tricotée serrée», la démonstration classique accepte des raccourcis inférentiels de type *macropropriété* ou *transhypothèse* (Richard, 1995). La macropropriété intervient lorsqu'une suite de déductions semble évidente dans un contexte donné, ou que l'on doit la répéter à plus d'une reprise, en se permettant de passer directement à des propositions, qui jouent le rôle d'antécédents, à d'autres qui jouent le rôle de conséquents, sans prendre la peine d'exhiber de chemin déductif. Si son application donne l'impression d'être consciente et a l'air de correspondre à une préoccupation, il est question d'un lemme; sinon, c'est un saut déductif non déterminé. Quant à la transhypothèse, il s'agit de conséquents déduits à partir d'hypothèses suivant une macropropriété, mais qui conserve un statut d'hypothèse à cause d'un fort degré de conviction attachée à sa véracité.

La démonstration formelle

A la section *Aspects épistémologiques*, nous avons défini la démonstration formelle d'une théorie axiomatique, comme la géométrie euclidienne formalisée par Tarski en logique du premier ordre, en signalant son caractère algorithmique et décidable. Dans ce cas, on considère que, pour les démonstrations formelles, il y a une sorte d'«abâtardissement» du raisonnement comme activité propre à l'être humain: une machine peut toujours se charger de vérifier la valeur de vérité d'un énoncé, en autant que l'exigence temporelle soit arbitraire. Il en est de même si la démonstration formelle provient d'une communauté formaliste du genre Bourbaki: le raisonnement se limite au texte écrit, la pensée du mathématicien apparaissant comme un phénomène secondaire. Le raisonnement déductif tourne en exclusivité.

Nous considérons alors la classification des preuves selon un système de catégories qui englobe les preuves qui participent au travail de l'élève et à l'intention d'enseignement, que ce soit par compétence ou par stratégie. Non seulement l'appartenance à l'une ou l'autre catégorie s'examine en fonction de la nature des inférences actuelles ou virtuelles dans la progression discursive, mais aussi suivant le caractère latent de la validation qui, sans nécessairement être exprimée formellement, peut se dégager de ce qui est exprimé. De cette façon, les procédures didactiques s'unissent aux procédures institutionnelles.

STRATÉGIES ÉLÉMENTAIRES DE PREUVE

Au début de cette section, nous avons signalé la relation qui existe entre la finalité d'un processus de preuve et la situation durant laquelle intervient une procédure concrète. De plus, au chapitre I nous expliquions que le diagnostic se base sur cinq situations-problèmes dans lesquelles la formulation de la conjecture se réduit de manière à insister sur le processus de validation, soit par un choix parmi une liste, soit par action-rétroaction depuis l'interface d'un dispositif informatique. Dans ces conditions, les stratégies de preuve abordées sont celles qui sont susceptibles d'apparaître a priori dans les solutions écrites relatives au questionnaire.

Si l'appartenance d'une preuve donnée à l'une des catégories de procédure de preuve relève d'une classification qui tient compte du processus de validation dans sa totalité, la stratégie quant à elle est à même de varier considérablement d'une situation à l'autre, selon l'exigence des moments de validation. Ceci implique que la stratégie peut comprendre des décisions locales qui touchent à des sous-stratégies. L'analyse d'une preuve revient alors à déterminer la nature de toutes les stratégies élémentaires qui se joignent par concaténation, chevauchement ou traitement simultané. Cet assemblage de stratégies élémentaires forme la *contexture stratégique*.

Dans cette optique, il faut distinguer la conjecture globale initiale de possibles refontes, de même que des sous-conjectures locales qui se posent dans la procédure de preuve ou qui sont issues par fragmentation de la conjecture. Nous considérons qu'une conjecture ou une sous-conjecture est naïve, si elle apparaît antérieurement à tout moment de preuve. Le style du questionnaire favorise, mais sans forcer, une conjecture initiale naïve avant d'entamer la preuve. Une *stratégie élémentaire de preuve* suit toujours une conjecture ou une sous-conjecture, mais la réciproque n'est pas nécessairement vraie: certaines d'entre elles peuvent être, en cours de route, abandonnées totalement ou par-tiellement, exclues du contexte, mises de côté temporairement, invalidées, ajustées, améliorées, ou acceptées directement à cause d'un fort degré de conviction qui les accompagne ou de leur trivialité apparente. Une fois démontrée, la conjecture engendre une propriété[34]; la sous-conjecture, un lemme.

Nous proposons des stratégies élémentaires de preuve organisées en quatre groupes. Ils s'appliquent, dans l'ensemble, à toutes les catégories

---

34 Si l'objectif d'une activité consiste à prouver une propriété caractéristique ou institutionnelle, on accorde à celle-ci un statut de conjecture opérationnelle, ce qui la place, dans l'intention, au début de la procédure de preuve.

de procédure de preuve. Dans ce qui suit, le mot conjecture représente indistinctement conjecture ou sous-conjecture, sauf mention contraire.

Vérification par expérimentation, généralisation

Pour chaque éventualité de ce groupe, la certitude se fonde sur l'expérimentation de l'effet de la conjecture ou de l'impossibilité de sa négation par l'exemple, suivi d'une généralisation de la méthode ou d'un processus inférentiel qui rappelle l'induction naïve:

- Vérification par un ou des cas particuliers;
- Vérification par un ou des cas particuliers choisis d'une façon aussi quelconque que possible;
- Vérification par un ou des représentants de cas particuliers;
- Vérification par une ou des classes d'objets;
- Vérification par un ou des procepts.

Soulignons que l'expérience consiste en une vérification dont l'objectif est de prouver, contrairement à l'observation de régularités, de constats perceptifs ou d'anticipations théoriques en vue de formuler une conjecture.

Analyse descriptive, étalement proceptuel

Dans ce groupe, il s'agit de représenter, de dépeindre ou de détailler des caractéristiques:

- De la conjecture;
- D'une procédure de preuve qui semble coller à la conjecture;
- De connaissances qui gardent un rapport avec les procepts relatifs à la conjecture;

sans référence explicite aux conditions précises de la situation-problème. Le développement discursif s'exprime en termes descriptifs de surface et se situe au-dessus du contexte particulier. Il peut ne pas y avoir de raisonnement.

Chemin dans un champ proceptuel

Le champ proceptuel comporte des sommets (les procepts) et des relations entre ceux-ci (les processus extrinsèques). Les sommets sont des propositions, et les relations, des définitions, des propriétés caractéristiques, des macropropriétés ou des théorèmes-en-acte manifestes.

Pour appartenir à ce groupe, la stratégie consiste à choisir un chemin dans un champ proceptuel qui concerne la situation-problème:

- En construisant la conclusion à partir des hypothèses de la conjecture ou de transhypothèses;
- En procédant par contraposition logique;
- En procédant par réduction à l'absurde;
- En supposant le problème résolu pour remonter aux hypothèses ou à des transhypothèses – à la manière d'un détective –, jouant sur les équivalences logiques;
- En raisonnant par récurrence sur un ensemble dénombrable ordonné d'objets x, où x' représente le successeur de x, calquée sur le schème propositionnel: pour la conjecture $C(x)$,

$$C(0) \supset \left[\forall x \big(C(x) \supset C(x') \big) \supset \forall x C(x) \right].$$

Les calculs algébriques appartiennent à ce groupe.

Entreprise d'une dialectique du contre-exemple

Ce groupe reprend le patron heuristique de Lakatos (1986) sur la découverte mathématique et le développement des théories mathématiques classiques. Les quatre stades suivants constituent le noyau de la dialectique du contre-exemple:

a) Conjecture primitive;
b) Expérience mentale de type preuve, formée d'arguments approximatifs, qui décompose la conjecture primitive en sous-conjectures acceptées comme vraies;
c) Survenue de contre-exemples globaux de la conjecture primitive;
d) Réexamen de la preuve et recherche locale de la faille, étant donné que cette dernière, pourtant admise jusque là, provient sans doute d'une sous-conjecture mal identifiée ou restée cachée. Après son explicitation, la sous-conjecture s'incorpore comme condition à la conjecture primitive de manière à produire une nouvelle propriété.

Les stades c) et d) sont permutables selon les circonstances. Nous adaptons cette dialectique du contre-exemple pour une situation-problème d'ordre didactique, en fonction de l'effet du contre-exemple, suivant qu'il rejaillisse sur la conjecture, la preuve, les connaissances, le discours, ou sur lui-même:

- Invalidation de la conjecture, globale ou locale (sous-conjecture);
- Invalidation et reconstruction de la preuve par changement de stratégie élémentaire, par approfondissement de la procédure ou par développement d'un lemme;
- Invalidation et reconstruction des connaissances par redéfinition, réduction ou extension de procepts, ou par augmentation du contenu;
- Invalidation et réorganisation du discours par rejet d'arguments heuristiques, par accroissement de la rigueur logique, ou par délaissement, intégration ou amplification du langage fonctionnel;
- Invalidation du contre-exemple par exclusion ou ajustement, ou par traitement comme un cas pathologique.

Chaque groupe fait état de stratégies élémentaires accessibles, mais n'entre pas dans une critique des procédures de preuve. On sait bien que vérifier l'effet d'une conjecture par un exemple et décider que celui-ci est suffisant pour garantir la conviction – inférence de type inductif – se trouve à un niveau de validation inférieur à celui du cas où la vérification serait suivie d'une généralisation qui inclurait un chemin dans un champ proceptuel. Mais cette ultime procédure va peut-être trop loin pour les besoins d'une situation d'enseignement concrète. C'est pourquoi l'évaluation d'une procédure de preuve se réalise au moins en relation avec certaines de ses qualités discursives, prises dans le contexte d'évaluation. A la fin de cette section, nous abordons la question de la qualité des procédures.

PREUVES DANS UN EIAO

La preuve de la cinquième situation-problème du questionnaire se déroule uniquement dans l'environnement papier-crayon, mais nous envisageons des moments de preuve à l'interface d'un dispositif informatique. Cette particularité impose l'annexion de l'EIAO au champ d'application des catégories de procédure de preuve, conformément aux critères déjà établis. Pour assurer la cohésion théorique dans chaque catégorie, nous considérons deux types de logiciel éducatif: le système tuteur

Geometry Proof Tutor[35] et le micromonde Cabri-Géomètre II. Ils animent un même ordinateur domestique, chacun à leur façon. Le premier procure un support physique à des activités préconçues: le «tuteur» guide au besoin l'action de l'usager par des rétroactions sous forme de messages directifs, surtout en cas d'erreur, et limite l'initiative. Le deuxième, à l'inverse, laisse une bonne marge de manœuvre à l'usager en créant un milieu propice à l'exploration et à la découverte.

Le *Geometry Proof Tutor* permet de produire des démonstrations en géométrie métrique, assez proches de démonstrations formelles, sous forme de graphes propositionnels orientés. Au début d'une session d'étude, la fenêtre de travail montre des hypothèses en bas, la conclusion en haut et un dessin dans le coin supérieur gauche (illustration 2.7). Certaines hypothèses, non données au départ, peuvent être tirées du dessin, ce qui évoque les transhypothèses. Chaque étape obéit au même protocole: après sélection des antécédents, l'usager choisit d'abord une règle de déduction parmi une liste de règles autorisées, pour construire ensuite le conséquent dans une zone de dialogue qui se trouve à en déterminer l'écriture. Il est possible d'appeler à l'aide en toute autonomie et à n'importe quel instant, de manière à être orienté dans la démarche; en cas d'erreur, le système tuteur empêche l'action illicite et renvoie un message explicatif pour donner une piste ou commander la prochaine action (Anderson, Boyle & Yost, 1985). La syntaxe des démonstrations se base sur une théorie axiomatique implicite mais fonctionnelle, ce qui contraint à l'acceptation du système de règles, de la nomenclature et de la symbolisation du logiciel. Toute excursion dans des activités qui n'auraient pas été programmées par les auteurs est impossible: la classe de problèmes à résoudre fournit la tolérance du logiciel. D'ailleurs, selon Guin (1996, p. 82):

> Les logiciels d'aide à la démonstration en géométrie existant actuellement[36] ont été élaborés à partir d'une modélisation du comportement humain en fonction du système informatique disponible. C'est une attitude naturelle et conseillée si l'on veut aboutir assez rapidement à des réalisations concrètes. Encore faut-il que ces réalisations soient des aides efficaces à l'apprentissage. A long terme, il est sûrement préférable de modéliser d'abord le comportement humain, et de concevoir un dispositif informatique prenant en compte cette modélisation. L'efficacité des logiciels s'en ressentira.

---

35 *Advanced Computer Tutoring, Inc.* (1989); 4516 Henry Street; Pittsburg, PA 15213; version 1.1.

36 D'après l'auteur, cela comprend le *Geometry Proof Tutor*.

Illustration 2.7
Démonstration dans le Geometry Proof Tutor

En ouvrant une activité, le logiciel place à l'écran des hypothèses, la conclusion et un dessin à l'intérieur d'une fenêtre.

Après avoir sélectionné le dessin, l'usager peut appeler une propriété (Reflexive) pour obtenir une autre hypothèse. Si on est bloqué, même au début, et qu'on demande de l'aide, le système tuteur retourne une piste.

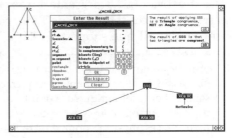

En cas d'erreur, le système tuteur dirige l'action. Ici nous voulions déduire que les angles $\angle ACX$ et $\angle BCX$ sont congrus selon la propriété côté-côté-côté (SSS). Le système tuteur répond que la déduction n'est pas conforme. Après que nous ayons insisté dans l'erreur, il nous fait connaître le conséquent attendu.

Les flèches du graphe se placent automatiquement à l'écran. Même chose pour le nom de la propriété et le conséquent, mais après que l'usager l'ait écrit dans une zone de dialogue. Lorsqu'un conséquent coïncide avec la conclusion, la démonstration est terminée.

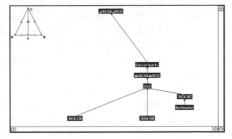

La rigidité du *Geometry Proof Tutor* contraste avec la souplesse du Cabri-géomètre II. Celui-ci se présente comme un cahier de brouillon interactif: à partir d'objets géométriques unitaires (point, segment, droite, triangle, etc.) et de primitives de construction qui évoquent les constructions à la règle et au compas, il est possible de construire des dessins complexes en couleur, de les faire bouger totalement ou partiellement sous le contrôle implicite de principes de la géométrie euclidienne (Baulac, 1990; Baulac & Giorgiutti, 1991; Balacheff, 1994; Laborde & Capponi, 1994).[37]

Si le *Geometry Proof Tutor* pose la conjecture et soutient la démonstration dans le seul EIAO, le Cabri-géomètre II ne peut accomplir la même tâche sans y juxtaposer l'environnement papier-crayon à un moment ou à un autre, au risque d'en amoindrir promptement le champ d'application. Dans cet environnement plus vaste, on distingue la validation passive de la validation active. Le premier type de validation survient lorsque c'est le dispositif informatique qui réalise la procédure de preuve, comme la vérification empirique implantée dans le Cabri-géomètre II ou dans un éventuel module qui procèderait d'après une axiomatique similaire à celle d'Hilbert-Tarski. Dans le second type, l'usager participe à la production de la preuve, ce qui est manifeste dans le *Geometry Proof Tutor*.

L'illustration 2.8 présente un exemple d'explication ou de preuve pragmatique du théorème de Pythagore, assistée par l'interface du Cabri-géomètre II que supporte la TI-92[38]. La procédure serait une explica-

---

37 Spécifiquement, le logiciel permet: i) de manipuler directement des parties du dessin ou d'animer automatiquement leur déplacement montrant, au besoin, le lieu géométrique des points, ou même, donnant des mesures d'angle, de longueur ou d'aire correspondantes, ce qui implique la possibilité de reprendre ces mesures pour effectuer des calculs; ii) d'introduire un repère dans le plan euclidien qui associe des coordonnées aux points et des équations à certains objets, de manière à convertir un dessin au point de vue analytique; iii) de définir des macroconstructions pour construire plusieurs fois un même objet ou pour éviter la construction répétitive; iv) de rendre temporairement invisible à l'écran certaines parties du dessin pour maintenir seulement celles qui méritent l'attention, ou pour délivrer le dessin de tracés servant uniquement à des étapes intermédiaires de construction; v) de vérifier empiriquement certaines propriétés déjà programmées, telles l'alignement de points, l'appartenance à un objet, le parallélisme, la perpendicularité et l'équidistance, mais sans fournir de procédure de preuve.

38 Dispositif électronique de calcul appartenant à la lignée des toutes dernières calculatrices graphiques.

tion en l'absence de raisonnement, ou si elle était engendrée uniquement par une suite d'actions sans complément discursif. Cependant, si on réalisait la procédure en équipe ou si on notait à propos ce à quoi correspondent les actions clefs, on se trouverait face à une preuve pragmatique. A toutes fins utiles, la stratégie élémentaire qui se dessine est susceptible d'être placée sous l'étiquette d'une vérification de la conjecture (première et quatrième fenêtres) et de l'impossibilité de sa négation (deuxième et troisième fenêtres) par des cas particuliers choisis d'une façon aussi quelconque que possible. Dans le cas exprès où l'usager ne connaît pas préalablement la valeur de vérité du théorème de Pythagore, on peut aussi concevoir la stratégie élémentaire dans une dialectique du contre-exemple qui invalide celui-ci en éliminant les triangles non rectangles. Le tableau de la cinquième fenêtre résume les mesures sauvegardées et jugées pertinentes. La validation demeure implicite, mais active: l'usager produit des configurations et choisit celles qui comportent un intérêt, même si c'est le logiciel qui avance les mesures ou qui effectue les calculs.

Illustration 2.8

Explication ou preuve pragmatique avec le Cabri-géomètre II

Dans une fenêtre vide, l'usager dessine un triangle comme objet unitaire, en plaçant deux côtés pour qu'il paraisse rectangle. On demande la mesure des côtés, de l'angle opposé au côté le plus long et le calcul de chaque membre de l'égalité de Pythagore.

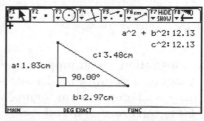

D'après la précision fixée, le théorème se trouve vérifié. Mais, en variant le sommet du haut pour obtenir un triangle obtusangle, l'égalité se réfute. Lors du déplacement, les mesures et les calculs s'ajustent automatiquement.

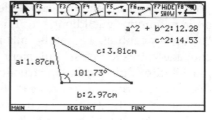

On observe un phénomène similaire en formant un triangle acutangle. Si la stratégie visait à former précisément les triangles précédents, on pourrait l'identifier comme une vérification de sous-conjectures obtenues par fragmentation de la conjecture et de sa négation.

Le raisonnement de la preuve montre si telle ou telle vérification sur la conjecture détient un statut de confirmation ou de renforcement, ou s'il s'agit d'une simple vérification d'une sous-conjecture.

Le dispositif permet de dresser une table de cas retenus:
– Ligne 1: triangle rectangle
– Ligne 2: triangle obtusangle
– Ligne 3: triangle acutangle
– Ligne 4: presque rectangle
– Ligne 5: autre triangle rectangle
– Ligne 6: fortement obtusangle
– Ligne 7: fortement acutangle.

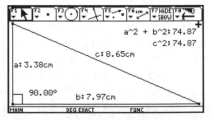

A l'illustration 2.9 on propose une preuve intellectuelle du théorème de Pythagore, impraticable dans le seul environnement papier-crayon, à l'aide du Cabri-géomètre II implémenté dans un ordinateur domestique. Dans la construction du cabri-dessin, il faut faire appel au raisonnement pour s'assurer qu'en bougeant le dessin, le logiciel respecte les principes de la géométrie euclidienne, ce qui suggère d'abord le chemin dans un champ proceptuel. Toutefois, aucun raisonnement ne certifie que le découpage est exact: c'est seulement par le mouvement qu'on observe sa plausibilité. Puisque la construction fait partie de la preuve et que le découpage forme des représentants, il faut ajouter, à la contexture stratégique, la vérification de la conjecture par des représentants de cas particuliers. De plus, si on vérifiait l'exactitude du découpage à l'aide des primitives de validation, cette dernière serait passive.

Illustration 2.9
Preuve intellectuelle avec le Cabri-géomètre II

A partir de primitives de construction (droites perpendiculaires, segments de même longueur, etc.), on crée un triangle rectangle et, sur chaque côté, un carré, de manière à représenter «fidèlement» les idéaux. Pour éviter de surcharger inutilement le dessin, on masque les étapes intermédiaires.

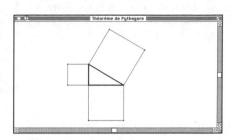

La construction se poursuit de façon similaire, toujours en s'assurant d'une production «fidèle». Ici, on plie le carré du bas en utilisant la primitive de symétrie axiale; on conserve l'image mais on cache l'antécédent.

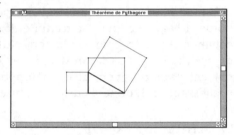

On ajoute les tracés ci-contre en prolongeant des segments existants ou en utilisant la primitive de translation de vecteur. Ainsi, on est en mesure de jumeler trois paires de triangles rectangles et une paire de trapèzes rectangles apparemment congrus.

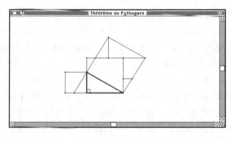

La preuve procède par comparaison d'aires: le découpage du dessin permet d'encastrer dans le carré de l'hypoténuse les quatre morceaux des carrés des côtés qui manquent. Si on déplace un sommet du triangle rectangle, le reste du dessin bouge en respectant la logique de la construction.

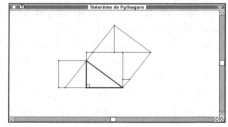

L'observation du dessin lors du mouvement donne plus de crédit au jumelage: la
congruence se trouve encore plus apparente. Le déplacement facilite un traitement des cas limites, comme celui du
triangle rectangle isocèle.

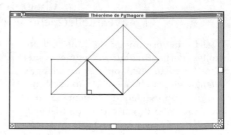

L'outil informatique risque d'influencer la stratégie de preuve. Déjà,
dans certains logiciels, la possibilité de mouvement conçu et contrôlé par
une théorie géométrique élargit le spectre possible des évidences (Laborde, 1994). Ceci peut se traduire dans une contexture stratégique qui
commence par fragmenter la conjecture en fonction de la tolérance du
dispositif. La préparation d'activités qui fusionne l'EIAO à l'environnement papier-crayon, aussi bien pour un diagnostic que pour un apprentissage, doit donc s'ajuster en conséquence.

QUALITÉ D'UNE PREUVE

Evaluer une preuve à brûle-pourpoint n'est pas une tâche commode. La
remarquable diversité des contenus mathématiques et de leurs processus
associés, les multiples fonctions et la finalité double des preuves entraînent l'analyse de chacune d'entre elles en relation avec ses caractéristiques intrinsèques et contextuelles. En principe, s'il faut présenter une
preuve dans une revue spécialisée pour communiquer un nouveau théorème à la communauté mathématique, en obéissant aux canons démonstratifs on se prémunit contre les objections potentielles d'un expert.
Mais une telle revendication est à cent lieues du cadre didactique, qui
pose des situations de validation d'exigences variées et de répercussions
beaucoup plus modestes.

Dans le cas singulier du diagnostic qui nous intéresse, la production
d'une preuve succède toujours à une question similaire à «on veut que
vous expliquiez votre choix de conjecture», ce qui détermine la situation
de validation à partir de laquelle nous amorçons l'analyse. Mais une
seule demande de preuve demeure insuffisante pour garantir un niveau
de validation: l'imposition spécifique d'un niveau donné, la nature particulière de la situation-problème, la préparation orale préalable au passage du questionnaire et le style de celui-ci représentent les autres élé-

ments contextuels qui influencent la qualité des preuves. De plus, l'évaluation d'une preuve implique une discrimination à la hauteur de la cohérence externe. En termes absolus, cela signifie qu'il faut vérifier le degré de ressemblance avec des méthodes de référence ou de l'accomplissement à des objectifs convenus d'avance. En termes relatifs, puisque entre l'intention et le résultat, il risque de subsister une marge difficile à prévoir et ce, malgré les précautions d'usage, la comparaison horizontale des preuves entre elles protège la connexité pour l'analyse. L'adoption d'indicateurs de qualité doit donc au moins refléter la marque du:

- suffisamment précis pour rendre compte de l'état d'une preuve, de sa justesse vis-à-vis de la conjecture ou d'un processus de validation, de son aptitude à convaincre et de son rapport avec les coutumes mathématiques;
- convenablement souple pour pouvoir respecter les différents niveaux de validation, les impondérables contextuels et la cohérence externe relative.

Parce que le discours argumentatif nous apparaît a priori comme le terrain privilégié où vont circuler les preuves, il faut bien sûr lui consacrer une attention particulière et envisager l'inclusion de critères qui minimisent l'interprétation. Cependant, à cause d'une forte proportion de la composante sémantique, il semble nécessaire de faire entrer dans l'évaluation une certaine subjectivité qui invoque le caractère de vraisemblance entre arguments. Pour contourner cet inconvénient, nous montrons au chapitre IV certaines solutions prototypiques qui permettent d'illustrer les critères de collecte des données, de discrimination et de classification. Dans la même veine, si nous nous attendions à de très rares excursions dans le plan déductif, nous avons tout de même pris celui-là en compte pour deux raisons autres que la cohérence dialectique. Tout d'abord, il fallait convenir d'une référence pour la reconnaissance d'indices de déduction dans les procédures. Ensuite, nous avons voulu maintenir des critères récupérables lors d'une éventuelle étude permettant ainsi d'évaluer une progression vers la démonstration et le discours déductif, après enseignement.

Comme toile de fond, toutes les raisons précédentes nous ont poussé à retenir au moins les cinq indicateurs de qualité annoncés au chapitre I: la cohérence, la stabilité, la clarté, l'intérêt et l'authenticité. Dans ce qui suit, nous justifions et décrivons chaque indicateur et, au tableau 2.10,

nous précisons les critères opérationnels pour l'évaluation des trois premiers indicateurs, divisés en fonction du plan du discours.

Tableau 2.10
Indicateurs de qualité d'une preuve

Plan argumentatif	*Plan déductif*
Cohérence	
• Pour chaque inférence sémantique, de même que pour chaque inférence discursive, on regarde le degré de compatibilité sémantique entre leurs unités discursives. Celui-ci se trouve être déterminé par le réseau sémantique de l'élève. On considère que le réseau émane de la procédure de preuve, de la situation-problème, du lexique mathématique, du contexte scolaire ou de la langue naturelle.	• Dans chacune des déductions, on repasse les antécédents et le conséquent produit par une propriété d'origine institutionnelle ou didactique. Cette dernière peut s'omettre ou rester cachée, dans la mesure où l'on reconnaît certainement les antécédents indispensables et le conséquent attendu. On accepte les justifications qui reposent sur une macropropriété, et les manipulations algébriques.
Stabilité	
• Pour chaque inférence et chaque stratégie élémentaire, on regarde: – leur connexité dans l'intention d'unir les hypothèses à la conjecture; – l'obéissance de la continuité thématique développée à la conjecture attendue. Quant aux inférences, on regarde aussi leur adéquation à la prétention de la stratégie élémentaire.	• Puisque la validité d'un raisonnement déductif s'établit en relation avec sa structure, alors, sans référence au contenu, on s'assure de la récupération de tous les conséquents comme antécédents de nouvelles déductions, sauf ceux qui forment la conclusion. Les antécédents «points de départ» de la preuve sont tous des hypothèses ou des transhypothèses.
Clarté	
• On regarde si la preuve est facile à comprendre, transparente, sans équivoque; si elle fait ressortir les idées principales; si elle se montre précise, sans considérations superflues; si elle se trouve articulée de telle manière qu'une personne étrangère à la résolution, mais familière avec le sujet d'étude, puisse l'accepter sans deviner.	• Une preuve est claire lorsque la vérité de l'ensemble des déductions est assurée sans pour autant en noyer la compréhension dans un excès de déductions accessoires ou évidentes dans le contexte d'énonciation. Les déductions clefs peuvent être mises en évidence par l'introduction de macropropriétés.

La cohérence

Les conjectures et les sous-conjectures jalonnent le processus de preuve. Si on dissèque le corps d'une procédure de preuve à partir de ces points de repère, on est capable d'identifier chaque stratégie élémentaire déployée. Dans celles-ci interviennent indubitablement le raisonnement, constitué par une progression d'unités discursives. Leur cohérence structurale indique alors celle de la preuve. En ce sens, la cohérence apparaît comme une mesure interne et locale de l'harmonie, de la liaison nécessaire entre toutes les unités discursives.

Pour vérifier la cohérence, on se lance dans la construction d'un schéma discursif. Celui-là doit contenir l'enchaînement de toutes les unités discursives de la preuve, agencées suivant les structures inférentielles possibles. A partir du schéma, on contrôle la validité ou la pertinence de chaque inférence: on obtient ainsi une mesure de la cohérence partielle (voir section *Evaluation des preuves* au chapitre IV). La cohérence totale de la procédure de preuve résulte de l'attribution d'une moyenne à la somme des cohérences partielles. Nous traitons la question des inférences de type inductif à l'échelle de la stabilité.

La stabilité

L'énonciation d'un problème en mathématique se conçoit communément sur le modèle:

Etant donné «les hypothèses de la situation», établir «la conjecture»

qui colle également lorsque se présente une sous-conjecture. Si les hypothèses de la situation alimentent le dessein d'atteindre l'énoncé de la conjecture, l'intention se matérialise dans le raisonnement et la contexture stratégique. La stabilité de la procédure de preuve s'adresse à la constance de l'intention-réalisation dans les stratégies élémentaires, à la continuité de la contexture stratégique et à l'affinité entre les inférences. La stabilité se dévoile alors comme une mesure interne, mais globale, de la «suite dans les idées».

Pour vérifier la stabilité, on forme d'abord le canevas de la contexture stratégique, dans lequel on place les conjectures, les sous-conjectures et les stratégies élémentaires susceptibles de les suivre, que l'on raccorde ensuite au schéma discursif (chapitre II, section *Contexture stratégique, schéma discursif*). Au sein de chaque stratégie élémentaire, on scrute la validité de l'enchaînement des inférences, de même que la tendance à établir la sous-conjecture. Dans la contexture stratégique, on examine le rapprochement entre la conjecture définitive et les hypothèses de la situation. Quant aux opérations par induction naïve ou en raisonnant par récurrence, puisque nous les considérons comme des stratégies élémentaires, leur rapport dans la preuve s'évalue telles qu'elles.

La clarté

Une procédure donnée peut s'avérer raisonnablement cohérente, convenablement stable, tout en demeurant nébuleuse. Si les deux premiers indicateurs marquent une valeur rattachée à la structure, la clarté se montre en qualité stylistique. Idéalement, la preuve doit être succincte, claire et précise, de façon à ne laisser planer aucun doute sur son interprétation, au regard du contexte d'énonciation et du destinataire de la preuve. En ce sens, une preuve est claire si elle convainc facilement du bien fondé de la conjecture ou de sa vérité.

Parce que la clarté d'une preuve invoque une manière d'utiliser les moyens d'expression du raisonnement propre à l'élève, son évaluation paraît à première vue complètement subjective. Toutefois, le caractère dialogique du plan argumentatif permet de simuler la facilité d'entendement pour autrui. La clarté dépasse, de la sorte, la certitude tout individuelle pour l'appliquer à un destinataire, voire à une communauté. Quant au plan déductif, il nous semble que la clarté ne peut pas s'exprimer exclusivement sur la base de critères logiques. Les raccourcis inférentiels, qui respectent les principes de ce plan du discours et qui soulignent les étapes jugées essentielles à la bonne compréhension de la preuve, relèvent aussi de la clarté.

L'intérêt

Si les trois premiers indicateurs embrassent amplement l'évaluation d'une preuve, ils ne peuvent rendre compte à eux seuls des preuves qui apparaissent en poncifs, courtes ou plates. En guise de référence absolue, une preuve intéressante est celle qui est digne d'attention, importante, originale, qui répond à une forte attente, qui engendre des implications dans d'autres domaines, qui s'inscrit dans une dialectique de la systématisation, qui satisfait des considérations d'ordre esthétique ou qui revêt une certaine élégance. Mais les situations de validation provoquées pour le diagnostic n'incitent pas à l'émergence de telles preuves. C'est pourquoi nous considérons l'intérêt comme une mesure de l'importance relative des conséquences didactiques de la procédure ou de la conteture stratégique. Ceci signifie qu'une preuve est intéressante, si elle fournit une méthode applicable à d'autres preuves ou réutilisable en résolution de problèmes et si elle fait remarquer un aspect explicatif qui permet d'en comprendre le pourquoi, qui touche du doigt l'essence même de la conjecture, qui assure profondément la conviction.

L'authenticité

Les habitudes didactiques ne rencontrent pas toujours les coutumes mathématiques. Néanmoins, retrouve-t-on, dans les preuves, des éléments de convergence? A notre avis, l'authenticité s'évalue tant par la forme que par le contenu. Au plan sémantique, on peut s'attendre à une preuve dont la véracité, la vérité ou l'exactitude ne peuvent être contestées par l'expert; au plan syntaxique, à une preuve qui émane de la nature profonde des mathématiques ou qui obéit aux canons démonstratifs. Encore une fois, cette exigence semble trop élevée pour les preuves du diagnostic. D'autant plus que, comme nous l'expliquions au chapitre I, aucun élève n'a reçu d'enseignement spécifique sur des procédures de preuve mathématiques reconnues. Nous disons qu'une preuve est authentique si elle contient les idées clefs du processus de validation, et si la contexture stratégique s'apparente à une procédure de preuve institutionnelle.

NIVEAU DE VALIDATION-CONVICTION

D'une part, il est possible de concevoir un milieu adidactique pour amener les élèves à évoluer, à réviser leur opinion, voire à remplacer leur conception fausse par une idée vraie. Cette évolution peut prendre un aspect dialectique, même si le dialogue avec l'«opposant» reste intérieur (voir section *Aspects sémiotiques et pragmatiques*). D'autre part, l'élève n'a pas nécessairement conscience, contrairement à l'expert, de la façon dont il applique ses connaissances dans l'établissement d'une conjecture et la mesure dans laquelle il peut utiliser cette conscience pour se guider ou se contrôler (Schœnfeld, 1987). Malgré tout, si on reprend l'esprit de la réflexion métacognitive pour la production d'une preuve, l'élève est-il capable de juger la profondeur de sa procédure? Sait-il lui accorder un degré d'assurance? En conçoit-il la portée?

Pour répondre à cela, nous avons déterminé des niveaux de validation-conviction. Ceux-ci proviennent du réarrangement d'une idée de Tall (1991), voulant que le processus de vérification diffère selon qu'on veuille se convaincre soi-même, qu'on veuille convaincre un ami ou qu'on veuille convaincre un ennemi. Une autre idée de Popper (1978), dans laquelle cet auteur montre que la validation est suscitée par les exigences propres à la situation, nous a guidée. Notre hiérarchie se compose de quatre niveaux:

- *Premier niveau:* la preuve convainc l'élève-auteur;
- *Deuxième niveau:* la preuve convainc un camarade de classe étranger à la production;
- *Troisième niveau:* la preuve convainc le professeur;
- *Quatrième niveau:* la preuve convainc une personne qui n'est pas nécessairement familière avec ce genre de problème.

En fait, il s'agit à proprement parler d'un niveau: de validation, s'il est imposé dès le départ dans l'énoncé de la situation-problème; de conviction, s'il est sollicité après la production de la preuve.

Au chapitre I, nous expliquions comment interviennent les niveaux de validation-conviction pour soupeser empiriquement le sens et le besoin de prouver. A la section *Aspects curriculaires*, nous insistions sur l'importance de pouvoir y répondre avant toute intention d'enseignement relative à des procédures de preuve concrètes. Nous comparons alors le choix d'un niveau de conviction avec l'évaluation de la qualité de la preuve. Ainsi, suivant le degré d'adéquation entre ces derniers, nous sommes en mesure de porter un jugement sur notre questionnement initial – les savoirs exprimés dans la preuve indiquent les interactions explicites de l'élève relativement à la validité de ses déclarations. De plus, après que l'élève a été soumis une première fois à la demande d'associer un niveau de conviction à sa preuve, il est probable que s'opère une prise de conscience d'une relation entre celle-ci et un destinataire éventuel. L'inclusion d'un niveau de validation dans les situations-problèmes subséquentes n'est peut-être pas un gage de considération, mais, dans l'affirmative, cela pourrait avoir un effet positif par rapport à la qualité de la preuve – par exemple, l'élève pourrait s'efforcer davantage puisqu'il doit réussir à convaincre un «ennemi».

Chapitre III

Sur la méthodologie

Si le chapitre I offre un panorama à vol d'oiseau, le chapitre II fournit le cadre d'étude qui délimite la partie expérimentale du diagnostic. Nous avons annoncé à plusieurs occasions que celui-ci se base sur la production écrite de preuves provoquées par des situations-problèmes. Dans un questionnaire traditionnel, que ce soit pour une mesure d'apprentissage ou pour l'évaluation de l'état de connaissances, on pose un problème pour en examiner l'effet du processus de résolution. Ce mode de fonctionnement demeure habituel pour l'élève et conserve l'avantage de l'enchaînement nécessaire d'une conjecture envers sa preuve. Toutefois, la complexité des attributs d'une situation de validation en géométrie oblige: i) au travail consciencieux pour l'approbation de situations-problèmes jugées favorables au diagnostic; ii) à la préparation d'un questionnaire qui surpasse en forme et en style le questionnaire traditionnel pour éviter d'amoindrir la prise du diagnostic et les moyens d'analyse.

Nous conduisons le diagnostic sur une trame double, suivant le développement d'une systémique qui décompose les éléments constitutifs signifiants des preuves produites. Ce chapitre commence par une justification générale du questionnaire. Elle débouche sur la reproduction conforme de ce dernier lors d'une présentation des particularités de chaque question. Nous motivons leurs différences fonctionnelles tout en détaillant l'aménagement de l'évaluation autour de fiches de collecte. Celles-ci contiennent les marques de référence qui amorcent un regroupement méthodique ultérieur.

MOTIVATION STRUCTURALE DU QUESTIONNAIRE ET ANALYSE A PRIORI

Lorsqu'on place l'élève devant un questionnaire, on assiste à une asymétrie d'intention avec le créateur. Tout d'abord, le pouvoir d'anticipation du premier demeure beaucoup plus limité: un écart cognitif empêche l'exposition des motifs précis du deuxième. Ensuite, il existe un décalage entre les objectifs a priori et les résultats a posteriori, sous peine d'achever la recherche ou de confiner l'expérimentation à une simple vérification. Et encore, parce que le questionnaire réunit les conditions du milieu, un temps d'accommodation perdure durant l'exercice et, simultanément, il est fort probable que, par moments, l'élève se trouve en situation d'apprentissage adidactique. C'est pourquoi l'organisation d'un questionnaire demande une minutie qui vise l'atténuation de cette asymétrie pourtant incontournable.

Le questionnaire proposé aux élèves[1] se modèle sur le protocole suivant:

a) installation d'une situation, d'un dessin ou d'un problème;
b) demande fondée sur a) pour le choix de la conjecture parmi une liste de possibilités, ou pour la formulation de celle-ci à l'aide d'un dispositif informatique (Q5);
c) établissement d'une preuve de b) de façon dirigée (Q1) ou non, qui peut inclure (Q3, Q4) ou être suivie (Q2) de la demande d'un niveau de validation-conviction.

En a), les trois premières questions disloquent l'exposition de la situation proprement dite du dessin (Q1, Q3), ou de ce dernier avec sa description (Q2), de façon à mettre en relief le statut des composantes initiales de la situation-problème. Les deux dernières questions posent un problème d'un seul trait, mais Q5 s'énonce oralement, sans démarcation spéciale. La question stricte n'apparaît qu'en b), où la manifestation du vouloir, tel un objectif général, précède la commande de l'action, tel un objectif spécifique. On ajuste le même patron en c), sauf pour Q5 qui n'admet pas de distinction apparente entre la question stricte et la demande de preuve, mais qui cherche plutôt l'assurance d'une certitude sur la conjecture. Au chapitre I, nous avons déjà expliqué le pourquoi de la séparation entre les moments de la conjecture et de la preuve, et de son intérêt

---

1   Pour faciliter la lecture du chapitre, nous reproduisons des parties du questionnaire dans ce chapitre. Le questionnaire, dans sa forme originelle, se trouve à l'Annexe A.

pour la situation de référence adidactique. Il reste que pour minimiser la résistance à l'adaptation, nous avons décidé de graduer les questions en difficulté progressive et de préméditer une introduction orale qui prélude au passage du questionnaire.

Caractéristiques structurales des situations-problèmes

	Environnement	Forme initiale de la situation-problème	Spécificité du dessin	Mode de détermination de la conjecture	Type de production lors de la situation de validation stricte	Niveau de validation-conviction
Q1	Papier-crayon	Situation écrite, dessin	Représentation «fidèle» de la figure	Choix parmi une liste de possibilités	Graphe propositionnel orienté	Aucun
Q2	Papier-crayon	Dessin, description écrite	Illusion optico-géométrique	Choix parmi une liste de possibilités	Rédaction	Niveau de conviction sollicité après la preuve
Q3	Papier-crayon	Situation écrite, dessin	S'attache à une figure impossible	Choix parmi une liste de possibilités	Rédaction	Niveau de validation sollicité dans la situation stricte
Q4	Papier-crayon	Situation écrite, esquisse	Esquisse approximative	Choix parmi une liste de possibilités	Rédaction	Niveau de validation sollicité dans la situation stricte
Q5	EIAO	Description orale et gestuelle	Cabri-dessin	A formuler	Rédaction	Niveau de conviction sollicité après la preuve

Si, dans les paragraphes suivants, nous examinons les interactions avec le contenu de chaque situation-problème et la forme des connaissances susceptibles d'intervenir, il est avantageux de situer d'abord les interactions attendues selon la structure des questions. De fait, après la saisie de l'information en a) et en b), ce n'est qu'à partir du choix de la conjecture où l'élève agit sur le milieu. Pourtant, on retrouve des situations d'action, de formulation et de validation tout au long du processus de résolution: les échanges de jugement suivent l'interaction avec l'information dégagée après une action sur le questionnaire[2] ou une décision anticipée. Il n'y a donc pas de caractère implicatif d'une situation à l'autre (action → formulation → validation), puisque les rapports qu'elles entretiennent avec le milieu adidactique risquent de varier considérablement d'un élève à l'autre, au gré des besoins locaux. C'est pourquoi, nous résumons les particularités structurales de chaque situation-problème, dans le tableau ci-dessus, avant de développer l'analyse par question.

---

2   Ou à l'interface du dispositif informatique.

Question 1

La variation la plus visible entre les questions se trouve au sein de la relation entre le dessin et la figure. Ici, l'interprétation du dessin ou des images visuelles ne devrait pas causer de problème particulier étant donné la convenance des propriétés spatiales du dessin avec les propriétés géométriques de la figure (texte 3.1a). D'autant plus que l'annonce de la situation verbale précède la désignation du dessin, ce qui suppose dès le départ une confrontation de leur correspondance. D'ailleurs, lors du moment de la conjecture (texte 3.1b), nous avons prévu un choix de réponses pouvant manifester une objection («aucune des réponses précédentes»), suivi d'un espace réservé pour son explication. Néanmoins, cette éventualité est demeurée vaine dans les réponses des élèves. Tout compte fait, la conjecture est susceptible de se déterminer par rapport à une évidence visuelle.

Situation-problème et choix de la conjecture dans Q1

Voici une **situation**:

«Soit un cercle de diamètre [BC], d la médiatrice du segment [BC] et A un point d'intersection du cercle et de d»

Voici un **dessin**:

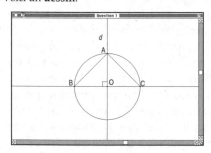

On veut déterminer la nature du triangle ABC.

Choisissez la ou les bonnes réponses en cochant dans la ou les cases appropriées:

❑ Avec ce qui est donné dans la situation il est impossible de construire un tel triangle.
❑ Triangle isocèle.
❑ Triangle équilatéral.
❑ Triangle rectangle.
❑ Aucune des réponses précédentes.

Texte 3.1a   **Texte 3.1b**

Mis à part le fait de rendre plus patent le statut de référence de la conjecture et d'en faciliter la consultation lors de la preuve, nous avons opté pour sa prescription par une liste. Cela, afin d'éviter les blancs de mémoire quant au nom des triangles, de faire ressortir la possibilité d'une conjecture multiple et de permettre d'attaquer la preuve avec un acquis, raisonné discursivement ou constaté graphiquement. Après la décision

d'une conjecture primitive, on amène l'élève à construire un graphe propositionnel orienté en fixant des relations par rapport à une liste de propositions données, vraies ou fausses au regard de la situation (texte 3.1c).
Parmi celles-ci se trouvent les hypothèses, la conclusion et toutes les
propositions qui sont nécessaires à l'établissement d'un raisonnement de
type déductif. En réalité, nous fournissons une toile de fond pour que
l'élève puisse prendre un chemin dans un graphe proceptuel, sorte de
champ proceptuel délimité. Puisque nous ne prévoyons pas d'obstacle
inhérent pour trouver la conjecture appropriée, cette pratique donne
l'occasion: i) d'identifier aisément le plan du discours employé; ii) de
relever la présence irréfragable de déductions ou simplement leurs traces; iii) de savoir si les points de départ sont des hypothèses incluses
dans la situation ou issues d'une constatation empirique; iv) de soupeser
l'impact du raisonnement graphique sur la qualité de la preuve.

Demande de preuve dans Q1

Si vous avez choisi «triangle isocèle», «triangle équilatéral» ou «triangle rectangle», on veut que vous expliquiez votre ou vos choix.

Avec des flèches, **liez** les arguments dans l'ordre qui vous apparaît le plus logique pour expliquer. Vous pouvez les utiliser tous ou seulement certains d'entre eux.

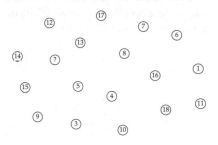

1: C'est évident: ça se voit à l'œil.
2: d est la médiatrice de [BC].
3: d est la bissectrice de l'angle ∠A.
4: d est la hauteur issue de A.
5: d est un axe de symétrie.
6: Le point A appartient à la médiatrice de [BC].
7: Le point A appartient au cercle de diamètre [BC].
8: BA = AC.
9: BO = OC.
10: Les angles ∠B et ∠C ont même mesure.
11: Les angles ∠B et ∠C mesurent 60°.
12: Les angles ∠BAO et ∠OAC mesurent 45°.
13: L'angle ∠A mesure 90°.
14: L'angle en ∠O mesure 90°.
15: Les points B et C sont symétriques par rapport à d.
16: ABC est isocèle en A.
17: ABC est rectangle en A.
18: ABC est équilatéral

Texte 3.1c

De ses cours antérieurs, l'élève connaît la tournure du langage qui concerne les procepts géométriques de la situation-problème, c'est-à-dire le langage scolaire traditionnel. La situation, la question stricte et les propositions attachées au graphe, sauf pour la première, cela va sans dire, s'expriment au niveau expert dans un style combiné qui n'invoque que le sens mathématique des termes. Ceci apparaît essentiel pour avantager, tout au moins en puissance, l'emploi du discours déductif. En même temps, l'acception des mots dans la demande d'explication se veut prise au sens courant, ce qui n'oblige aucunement à l'utilisation de quelque plan du discours que ce soit, ni même au raisonnement verbal.

En fait, il est assez facile d'automatiser l'évaluation de la qualité dans le plan déductif en procédant par comparaison avec une démonstration qui s'y rapporte. A l'item B de la fiche 3.2, on note le pourcentage couvert par la somme des déductions du graphe de l'élève par rapport à la somme des déductions du graphe démonstratif qui colle le plus. Mais parce que les flèches représentent des déductions potentielles, elles doivent toutefois se suivre en nombre suffisamment éloquent pour ne pas laisser croire à un accident lié au style de la question. De plus, selon l'échelle ternaire de l'item C, on compte: i) combien d'arêtes de départ partent d'hypothèses de la situation stricte, acceptant les transhypothèses, en autant qu'on trouve des indices raisonnables qui les suggèrent; ii) sinon, combien il y a d'hypothèses empiriques, c'est-à-dire toute autre proposition initiale vraie dans le contexte; iii) combien d'arêtes d'arrivée touchent à la conclusion, en fonction de la conjecture enregistrée à l'item A. Ceci permet d'établir en toute objectivité une partie de la stabilité.

Fiche 3.2
Items recueillis dans Q1

A. Conjecture:
B. Pourcentage couvert par les déductions:
C. Arêtes de départ, d'arrivée
   1. Hypothèses strictes: ❏ toutes   ❏ aucune   ❏ certaines
   2. Hypothèses empiriques: ❏ toutes   ❏ aucune   ❏ certaines
   3. Conclusion: ❏ toutes   ❏ aucune   ❏ certaines
D. Qualité de la preuve
   1. Cohérence: ❏ très faible   ❏ faible   ❏ moyen   ❏ bon
   2. Stabilité: ❏ très faible   ❏ faible   ❏ moyen   ❏ bon
   3. Clarté: ❏ très faible   ❏ faible   ❏ moyen   ❏ bon
   4. Intérêt: ❏ très faible   ❏ faible   ❏ moyen   ❏ bon
   5. Authenticité: ❏ très faible   ❏ faible   ❏ moyen   ❏ bon

Par contre, du point de vue argumentatif, seul le caractère de vraisemblance relatif à l'ordre de sélection dans l'enchaînement des propositions sert de règle d'acceptation, étant donnée l'absence de métalangage habillant la preuve pour guider l'interprétation. Bien qu'il ne s'agisse pas d'une caractéristique primordiale pour les objectifs du diagnostic, nous signalons au passage qu'il est pleinement soutenable que, dans un moment d'apprentissage adidactique, certains élèves affleurent la conscience de l'existence d'un langage objet et que cette conscience puisse donner le ton pour la rédaction des preuves à venir. Peu importe, la qualité de la preuve se détermine sur l'échelle quaternaire de l'item D, respectant la facture des indicateurs de qualité décrits à la section *Aspects sémiotiques et pragmatiques* (chapitre II). Pour illustrer l'application des critères d'évaluation dans toutes les questions, nous avons dégagé des preuves prototypiques, reproduites à la section *Contexture stratégique, schéma discursif* puis examinées à la section *Evaluation des preuves* (chapitre IV).

Situation-problème et choix de la conjecture dans Q2

Voici un **dessin** et sa **description**:

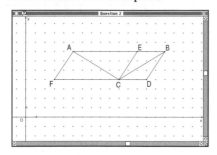

- AECF et EBDC sont des parallélo-
  grammes.
- Les axes (Ox) et (Oy) sont perpendi-
  culaires.
- Chaque division sur les axes (Ox) et
  (Oy) vaut 1.

Texte 3.3a

On veut déterminer la nature du triangle ABC.

Choisissez la ou les bonnes réponses en cochant dans la ou les cases appropriées:

❑ Avec cette description il est impos-
    sible de construire un tel triangle.
❑ Triangle isocèle.
❑ Triangle équilatéral.
❑ Triangle rectangle.
❑ Aucune des réponses précédentes.

Texte 3.3b

QUESTION 2

Le préambule de Q2 se différencie à première vue de Q1 par la forme et par la perspective géométrique (texte 3.3a). Le couple situation-dessin devient un couple dessin-description, accordant au dessin une place d'avant-scène. On introduit un repère orthonormé dans le plan euclidien et des nœuds d'un quadrillage unitaire qui permettent d'associer aux objets des mesures. Mais la caractéristique fondamentale se trouve dans l'allure du dessin qui engendre une perception erronée de certaines propriétés de la figure au niveau des dimensions. En effet, la position relative des côtés des parallélogrammes crée une illusion optico-géométrique quant à la mesure des côtés $[AC]$ et $[BC]$ du triangle ABC, qui gêne dans la pratique du raisonnement graphique pour assurer la conjecture (texte 3.3b). Notons que les élèves ne connaissent pas de formule leur donnant la distance entre deux points étant données leurs coordonnées. Cependant, ils sont familiers avec le théorème de Pythagore et ils peuvent l'appliquer en considérant des figures intermédiaires appropriées, comme les triangles formés à partir des projections orthogonales des points A et B sur la droite (FD).

Demande de preuve et niveaux de conviction dans Q2

On veut que vous expliquiez votre ou vos réponses.

Expliquez votre choix de réponse(s).

On veut que vous évaluiez jusqu'à quel point votre explication précédente est convaincante.

Cochez la ou les phrases qui indiquent ce que vous pensez le mieux:

- ❑ Mon explication me convainc.
- ❑ Mon explication pourrait convaincre mon voisin de table.
- ❑ Mon explication pourrait convaincre le professeur.
- ❑ Mon explication pourrait convaincre une personne qui n'est pas nécessairement familière avec ce genre de problèmes.
- ❑ Aucune des possibilités précédentes.

Texte 3.3c　　　　　　　　**Texte 3.3d**

L'allure du dessin incite alors à la coordination entre le registre figural (dessins, images mentales) et le discours (description). Le choix de la conjecture est susceptible de passer d'un état d'équilibre à un autre par un déséquilibre transitionnel au cours duquel les relations retenues pour la conjecture primitive engendrent une contradiction. Celle-ci surgirait en considérant des relations nouvelles ou en essayant un réarrangement visuel pour préserver la cohérence de la situation. Cette étape de conflit se résoudrait après que le réarrangement se rend effectif et aboutit à une nouvelle conjecture. Ainsi, lors de la situation de validation stricte (texte 3.3c): i) nous favorisons en quelque sorte l'entreprise d'une dialectique du contre-exemple dans la contexture stratégique, surtout à la hauteur de la représentation des connaissances et dans leurs relations avec la figure géométrique; ii) par contre, nous n'imposons pas directement de groupe de stratégie élémentaire de preuve, contrairement à la formule utilisée dans Q1; iii) nous ouvrons davantage l'éventail des preuves possibles, ce qui autorise un élargissement de leur discrimination et devient de son propre fait un moyen plus élastique pour le diagnostic.

Fiche 3.4a
Items recueillis dans Q2

A. Conjecture
   1. Conjecture primitive:
   2. Conjecture définitive:

B. Stratégies de preuve
   1. Vérification par expérimentation, généralisation:
      ❑ cas particuliers
      ❑ cas quelconques
      ❑ représentants
      ❑ classe d'objets
      ❑ procepts
   2. Analyse descriptive, étalement proceptuel:
      ❑ de la conjecture
      ❑ d'une procédure de preuve
      ❑ de connaissances
   3. Chemin dans un champ proceptuel:
      ❑ hypothèses vers conclusion
      ❑ contraposition logique
      ❑ réduction à l'absurde
      ❑ détective
      ❑ récurrence
   4. Entreprise d'une dialectique du contre-exemple:
      ❑ invalidation de la conjecture
      ❑ invalidation et reconstruction de la preuve
      ❑ invalidation et reconstruction des connaissances
      ❑ invalidation et réorganisation du discours
      ❑ invalidation du contre-exemple

Pour la preuve, on enjoint son auto-évaluation par la sélection d'un choix de réponses qui reprend la hiérarchie des niveaux de validation-conviction de la section *Aspects relatifs à la démarche* du chapitre II (texte 3.3d). La liste ordonne les quatre niveaux, qui vont de la conviction personnelle à ce qu'on pourrait assimiler à une prétention de l'ordre de la vulgarisation scientifique. Nous avons considéré une cinquième possibilité, le choix «aucune des possibilités précédentes», pour signifier un niveau de conviction suffisamment faible qui suppose que l'élève n'est pas du tout sûr de son explication, même pas pour lui-même.

Fiche 3.4b

C. Raisonnement
1. Types de structure:
   ❑ inférence sémantique
   ❑ inférence discursive
   ❑ déduction
   ❑ manipulations algébriques
2. Raisonnement graphique:
   ❑ aucun indice ❑ possible ❑ sûr
D. Catégorie de preuve
   ❑ explication
   ❑ preuve pragmatique
   ❑ preuve intellectuelle
   ❑ démonstration
E. Qualité de la preuve
1. Cohérence: ❑ très faible ❑ faible ❑ moyen ❑ bon
2. Stabilité: ❑ très faible ❑ faible ❑ moyen ❑ bon
3. Clarté: ❑ très faible ❑ faible ❑ moyen ❑ bon
4. Intérêt: ❑ très faible ❑ faible ❑ moyen ❑ bon
5. Authenticité: ❑ très faible ❑ faible ❑ moyen ❑ bon
F. Niveau de validation-conviction
1. Adéquation avec la conjecture définitive:
   ❑ très faible ❑ faible ❑ moyen ❑ bon
2. Adéquation avec la qualité de la preuve:
   ❑ très faible ❑ faible ❑ moyen ❑ bon

Hormis l'aspect contextuel, l'absence de contraintes dans la demande de preuve donne l'occasion de traiter de nombreux items à la fois (fiche 3.4a, b, c):

Fiche 3.4c

G. Dessins, images visuelles
 1. Représentation:
  ❏ illustration d'un procept ❏ participation au raisonnement
 2. Interprétation type:
  ❏ picturale ❏ de modèle ❏ cinétique ❏ dynamique
H. Traits du langage
 1. Acceptions des mots:
  ❏ courant ❏ familier ❏ figuré ❏ didactique
  ❏ mathématique
 2. Styles d'écriture:
  ❏ verbal ❏ combiné ❏ symbolique
 3. Niveaux de langage:
  ❏ indéterminé ❏ inextensible ❏ extensible ❏ expert

– Item A, dans lequel on recueille la conjecture primitive et la conjecture définitive;
– Item B, où l'on identifie les stratégies élémentaires de preuve d'après le canevas de la contexture stratégique;
– Item C, qui reconnaît les structures inférentielles du schéma discursif. On distingue la déduction des manipulations algébriques, et on relève la présence du raisonnement graphique sur une échelle ternaire;
– Item D, où l'on assigne la catégorie de preuve;
– Item E, dans lequel on évalue la qualité de la preuve sur la même échelle quaternaire des critères d'évaluation de Q1;
– Item F, où l'on compare le choix des niveaux de validation-conviction avec la conjecture définitive puis la qualité de la preuve. Le degré de ces adéquations se mesure sur une échelle quaternaire similaire à celle de l'item E;
– Item G, dans lequel on relève, premièrement, si l'inclusion de dessins dans la preuve sert à illustrer un procept ou s'il participe au raisonnement, et, deuxièmement, quelle est l'interprétation type qu'on attribue généralement à de tels dessins;
– Item H, qui permet de noter globalement l'acception des mots, les styles d'écriture et les niveaux de langage qui interviennent dans la preuve.

Situation-problème et choix de la conjecture dans Q3

Voici une **situation**:

«Dans un triangle ABC isocèle en A on considère les bissectrices des angles à la base qui se coupent à angle droit en O.»

Voici un **dessin**:

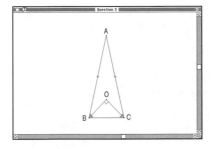

Texte 3.5a

On veut déterminer la nature du triangle BOC.

Choisissez la ou les bonnes réponses en cochant dans la ou les cases appropriées:

❑ Avec ce qui est donné dans la situation il est impossible de construire un tel triangle.
❑ Triangle isocèle.
❑ Triangle équilatéral.
❑ Triangle rectangle.
❑ Aucune des réponses précédentes.

Texte 3.5b

QUESTION 3

De prime abord, la structure de Q3 ressemble à celle de Q1 parce qu'on donne une situation puis un dessin (texte 3.5a) comme assise pour choisir la conjecture (texte 3.5b), mais aussi à celle de Q2 où la demande de preuve permet une rédaction libre (texte 3.5c). Le texte dans chacune des trois parties concorde à l'échelle du niveau de langage, du style et des acceptions, sauf qu'on réclame cette-fois un niveau de validation-conviction pour la preuve.[3] Sa particularité essentielle réside dans l'obligation de comparer les propriétés spatiales du dessin aux propriétés géométriques de l'idéal pour réussir dans la recherche de la conjecture ou pendant l'élaboration de la preuve. En effet, la situation de validation s'amorce à partir d'une situation impossible, réfutable par la mise en contradiction de l'hypothèse $[BO) \perp [CO)$ avec les autres. Le dessin donne l'impression d'être correct car le point A est suffisamment éloigné du côté $[BC]$ pour que les angles $\angle ABO$ et $\angle OBC$ [respectivement

---

3 Avant de poser Q3 aux élèves, nous avons réservé une dizaine de minutes pour lancer un court débat sur les niveaux de validation-conviction de Q2 afin de les préparer à cette exigence.

$\angle ACO$ et $\angle OCB$] semblent de même mesure. Par surcroît, l'inclusion d'un dessin façonné à l'ordinateur, que suggère la fenêtre circonscrite, est susceptible de renforcer l'idée d'une situation réalisable. Les élèves ne pouvaient pas se servir du rapporteur et, de notre observation durant le passage du questionnaire, aucun n'a éprouvé l'exactitude du dessin en superposant, par exemple, les angles bissectés par transparence à l'aide d'un bout de papier.

Demande de preuve dans Q3

On veut que vous expliquiez votre ou vos réponses.
Expliquez votre choix de réponse(s) avec des arguments qui pourraient convaincre votre voisin de table.

Texte 3.5c

Dans certaines preuves issues de Q1 et de Q2, on s'attend à ce qu'il soit difficile de distinguer quel est le domaine de réalité ou le modèle sur lesquels se fondent le raisonnement de l'élève. Dans Q3, la contexture stratégique et le schéma discursif devraient indiquer si les preuves s'articulent essentiellement à partir d'une évidence visuelle ou si elles confrontent les propriétés géométriques de la figure entre elles. Mais chez les élèves qui tentent de résoudre la contradiction entre les hypothèses, il est aussi possible de vérifier ceux qui ont accordé (ou non) une primauté à l'information visuelle. Nous considérons alors que la richesse de la situation-problème: i) incite à la réalisation de preuves intéressantes et authentiques, comme par l'emploi de raisonnements par réduction à l'absurde qui pourraient, en particulier, circuler dans le plan déductif; ii) favorise l'apparition de stratégies élémentaires de preuve appartenant des groupes différents, surtout en intégrant une dialectique du contre-exemple au processus de validation. Quant à l'analyse et à l'évaluation des preuves, les items retenus récupèrent ceux de la fiche 3.4, excluant toutefois l'item F, impropre à la question.

Situation-problème et choix de la conjecture dans Q4

Pour paver le plancher d'une navette spatiale en construction à l'aide de tuiles identiques, le docteur Vavite a rendu au responsable du projet une esquisse avec des indications et, ensuite, est parti en vacances pour deux semaines dans le Grand Nord.

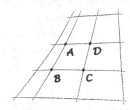

INDICATIONS
→ 1000 tuiles
→ Pour chaque tuile :
    AB = BC = 30 cm
    (AB) // (DC)
    (AB) ⊥ (BC) et (BC) ⊥ (CD)

Parce que chaque tuile doit être fabriquée avec une grande précision, que les matériaux et le coût de production sont très élevés et que le travail doit être terminé au plus tard dans une semaine, le responsable du projet doit s'assurer *à tout prix* de la nature du quadrilatère ABCD, sans pouvoir compter sur une aide éventuelle du docteur Vavite.

Texte 3.6a

On veut aider le responsable du projet à déterminer la nature de ABCD.

Choisissez la ou les bonnes réponses en cochant dans la ou les cases appropriées:

  ❏ Avec ce qui est donné dans les indications il est impossible de construire un tel quadrilatère.
  ❏ Trapèze.
  ❏ Parallélogramme.
  ❏ Rectangle.
  ❏ Losange.
  ❏ Carré.
  ❏ Aucune des réponses précédentes.

Texte 3.6b

QUESTION 4

Jusqu'ici, l'arrangement des situations-problèmes sépare le dessin de sa description ou de la situation stricte par l'introduction d'une proposition de présentation qui leur accorde une indépendance de statut (v. g. «voici une situation», «voici un dessin»). Dans Q4, tous les éléments de la situation-problème se cimentent dans un texte continu (texte 3.6a). Celui-ci contient à la fois les hypothèses, dont leur ensemble n'est pas minimal, et la question stricte. Cette dernière se répète simplement pour le choix de la conjecture afin de préserver la cohérence de style entre questions (texte 3.6b). On intègre au texte une esquisse et des indications qui prennent part à l'énonciation du problème et on exige un niveau de validation-conviction – élevé en l'occurrence – qui se justifie par le contexte même du problème, soumis à des contraintes de coût, de temps et de précision. Ce niveau se trouve renforcé dans la situation de validation stricte (texte 3.6c) avec le groupe de mots «être complètement sûr», recyclant la demande initiale de «s'assurer à tout prix». Mis à part les graphies symboliques des «indications» et un syntagme symbolique («quadrilatère ABCD»), le style de l'énoncé demeure essentiellement verbal. Le contexte du problème occasionne l'effet d'une question dont on dit couramment qu'elle est «issue de la vie quotidienne».

Demande de preuve dans Q4

> *On veut s'assurer à tout prix que la ou les*
> *réponses données sont valables.*
> **Donnez une explication** qui permet d'être
> complètement sûr de votre ou de vos réponses.

Texte 3.6c

L'esquisse montre un dessin donné approximativement en perspective, évitant la réflexion immédiate basée sur une évidence visuelle (voir section *Aspects sémiotiques et pragmatiques* au chapitre II). En fait, la conjecture détermine un trapèze rectangle qui peut être un carré dans une position particulière, comme par l'ouverture ou la fermeture du couvercle d'une boîte à surprise vue de côté. On s'attend à ce que l'élève se munisse d'un dessin et que, pendant sa construction, la conjecture et la preuve germent dans son esprit à partir du développement d'images visuelles dynamiques. Auquel cas, le dessin peut aussi bien: i) se greffer au raisonnement, en partie intégrante de la procédure de preuve; ii) illustrer un procept pour aider à la clarté discursive, ou comme aide-mémoire visuel pour appuyer le raisonnement graphique. La contexture stratégique pourrait alors comprendre une vérification par une classe d'objets (c'est le dessin particulier qui représente la classe), par des procepts relatifs au trapèze rectangle, ou même en cheminant dans un champ proceptuel. La collecte des items s'organise autour de la même fiche qu'en Q3.

QUESTION 5

Nous avons déjà annoncé à plusieurs reprises la dissemblance des modalités de passage de Q5 en appuyant sur la spécificité de la situation adidactique objective. Non seulement l'élève rédige sa preuve sur une feuille de papier, mais en plus, il doit interagir avec le Cabri-géomètre II. Contrairement aux questions précédentes, Q5 s'énonce oralement avec la gestuelle; le dialogue avec l'instigateur de la situation-problème est possible à chaque instant pour en assurer la dévolution, tout en évitant d'induire quelque piste de solution que ce soit. Le problème consiste à optimiser l'aire d'un rectangle inscrit dans un triangle quelconque (texte 3.7). Nous ne fournissons pas de dessin, mais pour simplifier l'appréhension figurale, nous employons certains termes descriptifs aux niveaux inextensible et extensible (v. g. «le sommet du rectangle qui se trouve en haut à gauche»).

Illustration 3.7
Eléments constitutifs de la situation-problème dans Q5

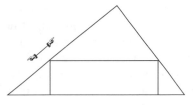

- Tracer un triangle quelconque, en plaçant sur la feuille un côté à l'horizontale.
- Y inscrire un rectangle de manière à ce qu'une base du rectangle coïncide avec le côté à l'horizontale du triangle.
- Ainsi, le sommet du rectangle qui se trouve en haut à gauche peut se déplacer sur le côté gauche du triangle.
- On veut situer le sommet précédent, sur le côté du triangle, pour que l'aire du rectangle soit maximale.

Après la saisie de l'information, nous escomptons un déroulement qui respecte l'ordre suivant:

a) construction d'un cabri-dessin dans la fenêtre du logiciel;
b) expérimentation à l'interface du dispositif informatique pour formuler la conjecture primitive, la confirmer ou la réfuter dans l'action-interaction, en alternance avec le papier brouillon;
c) après l'expectative, rédaction «au propre» d'une preuve de la dernière conjecture retenue qui dépend seulement de la certitude ju-

gée suffisante jusque là. Ceci n'exclut aucunement l'entreprise d'une dialectique du contre-exemple.

En fait, l'étape c) correspond à la situation de validation stricte. Puisqu'en opérant sur le cabri-dessin, l'élève est susceptible de disposer d'imageries représentées plus riches, les actions signifiantes qui se produisent en c) devraient vouloir se traduire en raisonnement. C'est pourquoi, dès que l'élève commence à rédiger «au propre», nous relevons alors chacune de ses actions signifiantes sur le cabri-dessin, cherchant à différencier celles qui répondent à une interrogation de celles qui en suscitent une. L'analyse des preuves de Q5 porte donc sur une rédaction définitive, dont les items recueillis reprennent la même fiche qu'en Q3 et en Q4. Les commentaires issus de notre observation et de la collecte des actions signifiantes ont été notés à part.

Cette situation de validation est certainement plus difficile que les précédentes parce qu'il faut mobiliser conjointement plusieurs propriétés mathématiques pour réaliser une preuve convaincante. Mais l'étape b) comporte aussi une grande difficulté puisqu'en gérant une partie des moments de preuve, le logiciel masque le «raisonnement» qui contrôle les rétroactions. Autrement dit, il est possible que l'élève se met à rédiger «au propre» avec une conjecture naïve. Néanmoins, ce qui peut être un obstacle pour certains est susceptible d'engendrer une preuve intéressante ou authentique pour d'autres, sur la base d'un traitement cognitif et sémiotique plus complet, probablement davantage qu'en Q3. De façon informelle, nous sollicitons un niveau de conviction après la rédaction.

Chapitre IV

Analyse des données, résultats

L'essentiel est invisible pour les yeux.
Antoine de Saint-Exupéry, *Le Petit Prince*

CONTEXTURE STRATÉGIQUE, SCHÉMA DISCURSIF

Nous avons déjà annoncé que les éléments signifiants constitutifs des preuves vont s'inspecter sous des angles différents. En fait, sur le corps de chaque preuve, nous nous livrons à une même dissection double, suivant le protocole de la stratégie puis celui du raisonnement, de manière à jeter les bases concrètes du diagnostic. Bien que toutes les preuves des situations-problèmes aient fait l'objet de la même étude, nous ne reproduisons que dix preuves prototypiques, soit deux preuves par question, afin d'expliquer l'application des critères qui permettent de relever leur contexture stratégique et de former leur schéma discursif. Plus loin, dans la section *Evaluation des preuves*, nous nous réfèrerons également à ces preuves, mais, cette fois, pour illustrer et justifier la collecte des items sur lesquels se fonde l'analyse et l'interprétation des résultats.

Dans cette section, nous présentons les preuves prototypiques par question. Pour Q2 à Q5, les diagrammes de la contexture stratégique et du schéma discursif suivent le texte de chaque preuve.[1] Nous reproduisons les rédactions telles quelles, ce qui inclut les parties annulées ou

---

1 Une transcription du texte en caractères d'imprimerie est donnée à l'Annexe B.

corrigées à la suite de ratures, ainsi que les renvois marqués par quelque signe que ce soit. Quant à Q1, puisque les preuves sont des graphes propositionnels, nous commentons directement le détail relatif à la stratégie et au raisonnement. Auparavant, nous précisons les conditions réelles dans lesquelles le passage du questionnaire s'est déroulé.

DÉROULEMENT DES SESSIONS

Les quatre premières questions (Q1 à Q4) ont été soumises à deux groupes d'élèves de 14-15 ans (groupes A et E), réparties sur deux sessions d'une heure en début d'année scolaire, à raison de 25 min par situation-problème. Initialement, il y avait 67 élèves au total, mais pour l'analyse des questions 3 et 4, nous avons été contraint de restreindre la taille de l'échantillon à 66 élèves à cause d'une absence (élève A-16); nous n'avons pas jugé opportun de les lui refaire passer plus tard pour éviter l'effet d'un «délit d'initié».

Tableau 4.1
Exemple de discrimination de deux graphes de Q1

Solution rejetée	(A-31): $2 \Rightarrow 3 \Rightarrow 5 \Rightarrow 6 \Rightarrow 7 \Rightarrow 8 \Rightarrow 9 \Rightarrow 10 \Rightarrow 12 \Rightarrow 14 \Rightarrow 15 \Rightarrow 16 \Rightarrow 17 \Rightarrow 18$
Solution conservée	(A-21): $2 \Rightarrow 5 \Rightarrow 6 \Rightarrow 8 \Rightarrow 10 \Rightarrow 16$

Durant les sessions, nous avons empêché la communication entre élèves pour assurer l'individualité des solutions en confiant uniquement au jugement personnel le soin des contrôles cognitif et sémiotique, de même que le choix du niveau de conviction associé à la preuve. En effet, lors d'une expérience antérieure, nous avions observé une certaine insécurité liée à l'obligation de trancher dans le dilemme de la profondeur à allouer, comme si la logique interne au problème ou le contexte implicite dans lequel la situation se pose n'apportaient que des réponses partielles. Dans la semaine précédant le test, nous avons provoqué un débat sur ces questions en spécifiant que la forme d'une situation-problème et la limite de temps imposée pour sa résolution demeure des références assez fiables. Néanmoins, dans le questionnaire, nous n'avons pas circonscrit l'espace disponible pour la rédaction des preuves.

Nous avons impérativement suggéré l'utilisation de l'encre et encouragé la conservation des essais et des ratures, pratique à laquelle les élèves sont habitués dans leurs cours réguliers. Ceci demeure indispensable pour identifier les invalidations dans la contexture stratégique. En guise de papier brouillon, nous avons demandé d'utiliser exclusivement le verso des pages du questionnaire, laissé délibérément vierge.

Spécifiquement, le passage de la dernière question (Q5) s'est réalisé à partir d'un sous-échantillon de 8 élèves, en fin d'année scolaire. Nous avons choisi ceux que nous considérons en tant qu'«élèves baromètres» du cours régulier, c'est-à-dire les meilleurs représentants des trois catégories d'apprentissage suivantes:

- – 2 élèves d'apprentissage «lent»;
- – 4 élèves d'apprentissage «normal»;
- – 2 élèves d'apprentissage «avancé».

Au laboratoire informatique, lors de sessions de 50 min, nous avons pris les élèves par groupe de deux, placés dos-à-dos pour éliminer les coups d'œil furtifs sur l'écran de l'autre, en nous plaçant de biais pour faciliter l'observation discrète de leur comportement à l'interface du dispositif. Chaque élève disposait de feuilles blanches en quantité illimitée: ils savaient que, ce que nous allions recueillir, c'est une solution écrite une fois la conjecture assurée, et qu'ils pouvaient administrer, comme bon leur semblaient, le propre et le brouillon. Même s'ils sont habitués au maniement de l'ordinateur, nous avons dû les aider à quelques reprises pour des interrogations de nature informatique, évitant néanmoins toute intervention en deus ex machina.

QUESTION 1

Réduction de l'échantillon

L'élaboration de preuves sous forme d'un graphe propositionnel orienté exige un traitement particulier. Déjà, nous avons dû procéder à l'amputation de trois solutions (A-13, A-31 et A-33) parce que les propositions sélectionnées dans leur graphe ne laissent pas entrevoir d'inclination à vouloir expliquer, sans entrer dans le domaine de la spéculation sans assise. En effet, 9 élèves ont donné un chemin avec les propositions ordonnées suivant l'ordre croissant de leur rang (numéros 1 à 18). Parmi ceux-ci, trois graphes ne peuvent s'interpréter autrement qu'en explication qui cite tous les arguments considérés comme valables, sans pour autant attacher d'importance à l'ordre d'apparition.

C'est ce qu'on peut voir en comparant deux solutions, une première rejetée et une seconde conservée (tableau 4.1). Si on cherche à interpréter la solution de l'élève A-31, on ne trouve pas de lignes directrices. L'inclusion de l'argument faux «ABC est équilatéral», donné par surcroît au «moment» de la conclusion (2e extrémité du graphe), et le nombre inutilement élevé de propositions utilisées (14 sur 18, ou sur 17 si on exclut la proposition 1) se sont avérés déterminants pour le rejet. De plus, cette solution semble trahir une sorte d'incapacité à avoir pu jouer le jeu de la situation (contrairement aux autres graphes) et ce, malgré la préparation initiale des élèves et l'exigence d'ordre posée dans l'énoncé de la situation de validation stricte.

Reproduction 4.2
Preuve de Q1, élève A-21

2: d est la médiatrice de [BC]
⇓
5: d est un axe de symétrie
⇓
6: le point A appartient à la médiatrice de [BC]
⇓
8: BA = AC
⇓
10: les angles $\angle$B et $\angle$C ont même mesure
⇓
16: ABC est isocèle en A

Par contre, l'ordre croissant des propositions de l'élève A-21 peut s'interpréter comme étant accidentel. Si on les regarde de près (reproduction 4.2), on peut y voir deux fils conducteurs: un premier, qui touche à la définition du triangle isocèle, et un second, qui fait intervenir sa propriété de symétrie. Le caractère superflu d'un des deux fils conducteurs ne tiendrait qu'à une question de qualité: il aurait sans doute donné lieu à une preuve de clarté moyenne, mais en fait, nous considérons qu'il s'agit d'une explication dans laquelle la cohérence et la stabilité se traduisent par «bonnes». Il est d'ailleurs assez facile d'y coller un graphe institutionnel qui s'en approche (graphe 4.3).

$$2 \; \rightarrow \; 5 \; \rightarrow \; 10 \; \rightarrow \; 16$$
$$\uparrow$$
$$6 \; \rightarrow \; 8$$

Graphe 4.3. Graphe de référence pour la preuve de Q1, élève A-21

Interprétation des graphes

Dans 81% des 64 graphes restants[2], on ne trouve qu'un seul chemin, sans bifurcation ni convergence, en dépit des hypothèses multiples et du 91% d'élèves qui ont choisi une conclusion double[3]. Cette constatation nous a obligé à considérer les graphes plus souvent comme une somme d'arguments plutôt qu'une suite d'inférences. Autrement dit, malgré la linéarité des chemins, certaines tendances sont visibles. On peut identifier des séquences dans chaque graphe, généralement une séquence par conjecture, qui sous-tendent l'intention de preuve.

Dans la reproduction 4.4, le sous-graphe

$$2 \Rightarrow 5 \Rightarrow 15 \Rightarrow 8 \Rightarrow 10 \Rightarrow 16$$

vise manifestement à prouver que ABC est un triangle isocèle, tandis qu'il est raisonnable de croire que le sous-graphe

$$17 \Rightarrow 12 \Rightarrow 13$$

est plutôt affecté à l'établissement de l'autre conjecture en prenant toutefois la conclusion pour une hypothèse, et vice versa. La flèche entre les propositions 16 et 17 signifie vraisemblablement «de plus», ce qui autorise une évaluation séparée de deux suites juxtaposées de propositions.

Cependant, on ne peut pas toujours pratiquer de telles coupures car, au lieu d'un simple enchaînement, les intentions de preuve se chevauchent souvent. C'est le cas dans la reproduction 4.5. Ici, la séquence

$$7 \Rightarrow 13 \Rightarrow 17$$

montre que ABC est un triangle rectangle, mais elle s'imbrique dans l'explication de l'autre conjecture. La flèche $17 \Rightarrow 5$ n'aurait pas de raison

---

2 Tous les pourcentages résultent d'un arrondissement.
3 A la section *Evaluation des preuves*, on donne les proportions du choix de conjecture.

d'être, sauf si l'élève suppose que le triangle rectangle est aussi isocèle ou s'il cherche à récupérer l'idée que *d* est la médiatrice de [BC]. Cette issue est plus probable puisque la relation entre les propositions 6 et 7 semble seulement indiquer un vouloir d'unir l'appartenance du point A au cercle et à la médiatrice. L'inclusion des propositions 5, 10 et 12 peut donner l'impression d'être inutile, mais nous croyons plutôt qu'il s'agit d'un pont qui installe un lien sémantique entre l'intention de démontrer que ABC est un triangle isocèle, sachant qu'il est déjà rectangle. Ainsi, on justifierait pleinement la présence subite de la proposition 5 en conférant une meilleure stabilité entre l'intention et la double conjecture.

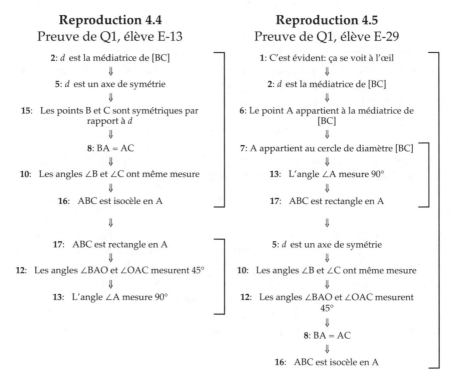

Reproduction 4.4
Preuve de Q1, élève E-13

2: *d* est la médiatrice de [BC]
⇓
5: *d* est un axe de symétrie
⇓
15: Les points B et C sont symétriques par rapport à *d*
⇓
8: BA = AC
⇓
10: Les angles ∠B et ∠C ont même mesure
⇓
16: ABC est isocèle en A

⇓

17: ABC est rectangle en A
⇓
12: Les angles ∠BAO et ∠OAC mesurent 45°
⇓
13: L'angle ∠A mesure 90°

Reproduction 4.5
Preuve de Q1, élève E-29

1: C'est évident: ça se voit à l'œil
⇓
2: *d* est la médiatrice de [BC]
⇓
6: Le point A appartient à la médiatrice de [BC]
⇓
7: A appartient au cercle de diamètre [BC]
⇓
13: L'angle ∠A mesure 90°
⇓
17: ABC est rectangle en A

⇓

5: *d* est un axe de symétrie
⇓
10: Les angles ∠B et ∠C ont même mesure
⇓
12: Les angles ∠BAO et ∠OAC mesurent 45°
⇓
8: BA = AC
⇓
16: ABC est isocèle en A

Malgré tout, il n'a pas toujours été possible de discerner des tendances dans les graphes sans spéculer malencontreusement. Pour presque la moitié des élèves (48%), nous avons délaissé l'identification de groupes significatifs de propositions par manque d'indices raisonnables. Pourtant, dans ces graphes, l'ordre de sélection des propositions, qui n'est ni croissant ni décroissant, montre une volonté d'aménagement des connaissances, contrairement aux trois solutions rejetées. Cependant, il est difficile d'y repérer une stratégie patente ou une logique discursive. Nous y voyons le reflet d'un obstacle dans l'organisation séquentielle d'une explication qui se structure suivant le contenu géométrique et dans laquelle l'idée même de commencement pour les hypothèses, avec celle de cible pour la conclusion, ne transparaissent ni sous le filtre de la stratégie, ni sous celui du raisonnement.

Reproduction 4.6
Preuve de Q2, élève E-10

Ce triangle est escalin parce que il a tous les
angles differents et tous les côtés aussi.
Il n'est pas isocèle parce qu'il n'a pas deux angles
et côtés égaux. Il n'est pas équilatéral parce
qu'il n'a pas tous les côtés et angles égaux.
Il n'est pas un triangle rectangle parce qu'il n'
a pas un angle de 90°. Donc il est escalin

C'est isocèle parce que si on fait un cercle
en utilisant la médiatrice (la même chose que
l'exercice d'avant) en verai que la une de
la médiatrice coupera dans un point dos
du cercle. Si on unit les extremes
du diamètre avec ce point en vera que
c'est isocèle ça

QUESTION 2

Le texte de la première solution figure à la reproduction 4.6. Comme dans un grand nombre de preuve des questions Q2 à Q4 (83% en moyenne), on aime reporter la conjecture sélectionnée dans la toute première phrase et ce, malgré la partie du questionnaire réservée pour sa désignation. Cette pratique aide à fixer les repères du canevas de la contexture stratégique, inscrits en caractères gras dans les rectangles aux coins arrondis du diagramme 4.7. Dans cette solution, on identifie deux tranches détachées par les conjectures: la première s'affecte à une intention initiale de montrer que le triangle est scalène, tandis que la seconde tente finalement d'établir que le triangle est isocèle. Puisque la première tranche se trouve rayée et que les conjectures sont incompatibles, on assiste à une invalidation de la conjecture qui confère à chacune d'elle un statut respectif de conjecture primitive et de conjecture définitive.

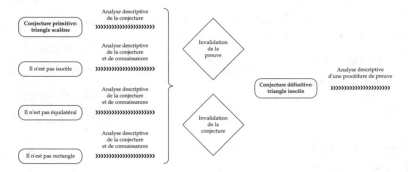

Diagramme 4.7. Canevas de la contexture stratégique de Q2, élève E-10

L'explication de la conjecture primitive procède sans référence aucune aux données précises de la situation-problème. L'élève énonce l'inégalité des côtés et des angles, comme si le caractère quelconque du triangle scalène excluait les triangles remarquables du choix de la conjecture. Cela expliquerait pourquoi il répète sa stratégie pour soutenir que le triangle n'est ni isocèle, ni équilatéral, ni rectangle. Cependant, on ne sait pas s'il fragmente la négation de la conjecture primitive pour une deuxième stratégie parallèle (visiblement, chez lui, le triangle scalène ne peut être rectangle), ou s'il cherche à confirmer la conjecture primitive. Peu importe, nous estimons qu'il s'évertue à dépeindre les connaissances qu'il voit en rapport avec les procepts relatifs à sa conjecture. Par conséquent, il s'agit d'une analyse descriptive de la conjecture accompagnée d'un étalement proceptuel.

Non seulement il invalide la conjecture primitive, mais aussi la preuve. La stratégie qui dérive de la conjecture définitive, même si elle adhère au même groupe de stratégie élémentaire, s'attache maintenant à la description d'une procédure de preuve qui semble coller à la nouvelle conjecture. En effet, l'inclusion de l'énoncé «la même chose que l'exercice d'avant» n'intervient pas en lemme, sinon en justification sur l'origine de la procédure, née d'un apprentissage adidactique. Encore une fois, on ne trouve pas de référence aux conditions précises de la situation-problème. L'élève invoque même une médiatrice, un cercle et son diamètre, sans les définir en relation avec le contexte: il transpose une procédure qu'il a retenue de Q1 pour l'appliquer sur la même supposition d'être isocèle.

Lorsqu'on aborde la solution du point de vue discursif, on est tout de suite confronté à un problème de détermination. Dans la première phrase, s'il est facile d'identifier la direction de l'inférence (elle va de «parce qu'il a tous les angles différents et tous les côtés aussi» vers «ce triangle est scalène»), on ne peut pas en dire autant pour reconnaître quelle est la nature de l'inférence. S'agit-il uniquement d'une inférence sémantique basée sur une interprétation théorique du triangle scalène ou d'une abstraction des propriétés spatiales du dessin? Sa méprise sur la conjecture primitive, provoquée par l'illusion optico-géométrique, et sa conception exclusive de la définition du triangle scalène laissent plutôt entendre qu'il compare ce qu'il tire du dessin avec un modèle implicite propre. Le lecteur ne peut alors pas décider entre une inférence sémantique et une *inférence figurale*.

Ce dernier type d'inférence n'a pas été envisagé dans le cadre théorique parce qu'elle est apparue nécessaire a posteriori. Nous considérons que l'inférence figurale se structure fonctionnellement comme un pas de raisonnement discursif, mais qu'elle procède par raisonnement graphique. Bien que nous ayons l'occasion de revenir sur ce type d'inférence dans le reste de l'ouvrage, nous devons envisager dès maintenant deux types d'expansion (au sens de Duval, 1995). Ainsi, le fait d'apposer une paire de double coche sur les tracés des côtés d'un triangle, dont on vient de se rendre compte par rapport à la figure géométrique opératoire qu'ils ont même longueur, procède par une inférence figurale. Autrement dit, la proposition graphique constituée par les segments avec les doubles coches est une expansion graphique de la proposition graphique antérieure, constituée seulement par le tracé des deux segments.[4] Mais si la constatation précédente se solde par la proposition verbale «les deux segments ont même longueur», puisque celle-ci découle du registre figural, elle est une expansion de la proposition graphique constituée par le tracé des deux segments, qui coordonnent les registres discursif et figural. C'est pourquoi, lorsque l'élève intègre des dessins à la structure discursive de sa preuve (v. g. les reproductions de Q4 et Q5), nous parlerons plutôt de «schéma discursivo-graphique». Nous légendons alors, une fois pour toutes, les schémas discursifs par les symboles suivants:

⟹	Inférence dans le plan argumentatif
⟶	Inférence dans le plan déductif
$\overset{\mathbb{R}}{\longrightarrow}$	Manipulations algébriques
▪▪▪▪▶	Inférence figurale
●●●●▶	Inférence indéterminable
⊕	Ajout d'unités discursives
∴	Extrémité d'une chaîne de raison

Un même problème de détermination se pose dans l'inférence qui va de «parce qu'il n'a pas un angle de 90°» vers «il n'est pas un triangle rectangle». A cause de la tendance d'analyse descriptive et d'étalement proceptuel dans la stratégie de la première tranche, on pourrait croire qu'on ne peut décider qu'entre une inférence sémantique et une inférence figurale. Mais, cette fois, s'ajoute la possibilité d'une déduction en bonne et due forme à partir de la négation de la définition du triangle rectangle. L'indétermination est donc triple.

Le diagramme 4.8 synthétise l'organisation discursive de la solution. On y distingue trois «chaînes de raison». Nous recyclons l'expression de Descartes (voir section *Aspects épistémologiques* du chapitre II) pour dénoter les suites d'inférences qui montrent une indépendance de fait par absence de connecteur logique, de conjonction ou de locution conjonc-

---

4 Rappelons que nous utilisons le mot «graphique» comme terme général pour désigner les registres de représentation sémiotique non linguistiques en mathématique (Chapitre II). Le registre figural est un type de registre graphique. Nous reprenons l'idée d'expansion graphique au début du chapitre V, section *Raisonnement graphique et preuve*.

tive, de signe de ponctuation, de tracé significatif comme une flèche ou une marque de renvoi, de lien thématique ou contextuel immédiat. L'indépendance des deux chaînes de raison de la première tranche se justifie alors en consultant la contexture stratégique. Que l'élève vise à confirmer la conjecture primitive ou qu'il se lance dans une deuxième stratégie parallèle, la proposition «donc il est scalène» est équivalente à «ce triangle est scalène». Cela n'autorise pas de juxtaposition sémantique, ni d'inférence discursive par laquelle une des deux chaînes servirait de justification à l'autre.

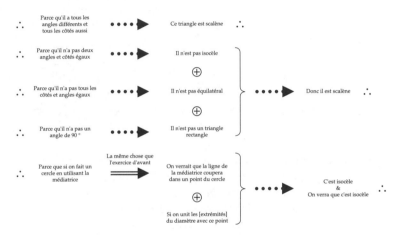

Diagramme 4.8. Schéma discursif de Q2, élève E-10

La deuxième tranche de la solution contient une seule chaîne de raison. Dans la première phrase, l'énoncé «la même chose que l'exercice d'avant» établit un rapport sémantique entre les énoncés situés de part et d'autre des parenthèses. On identifie alors une structure d'inférence discursive. Dans la seconde phrase, le mot «diamètre» s'associe sémantiquement au mot «cercle» de la phrase précédente. Cela nous amène à considérer un ajout d'unités discursives pour conclure que le triangle est isocèle. Cette fois, on ne peut déterminer la nature de l'inférence. La «fidélité» du dessin de la première question à laquelle se réfère l'élève, la fausseté de la conjecture primitive et l'acception première du verbe «voir» qui figure deux fois laissent supposer une inférence figurale. Pourtant, l'ordre d'apparition et la signification de l'énoncé «si on unit les extrêmes du diamètre avec ce point» suggèrent des théorèmes-en-acte liés sémantiquement à la propriété caractéristique de la médiatrice, la définition de la symétrie axiale et la définition du triangle isocèle.

Reproduction 4.9
Preuve de Q2, élève A-19

Je détermine un point O.   OC = 3 unités.
                            OB = 5 u.

                            ∠B = √34 u.
                            AO = 5 um.
                            OC = 3 u.

                            AC = √34 u.

Alors ABC c'est un triangle isocèle.

L'examen de la contexture stratégique et du schéma discursif range la procédure de preuve dans la catégorie de l'explication. Les principaux critères de reconnaissance se révèlent dans l'absence de raisonnement déductif convaincant, la validation qui demeure en arrière-plan et les nombreuses descriptions de surface. Tout indique que l'invalidation de la conjecture primitive et de la première tranche de la solution obéit davantage à une reconsidération graphique qu'à une amélioration de la stratégie ou du discours.

Le texte de la deuxième solution se trouve à la reproduction 4.9. Au premier regard, on remarque tout de suite une preuve concise et efficace. A partir de mesures obtenues en comptant sur les nœuds de quadrillage, l'élève calcule les distances *CB* et *AC* pour conclure que le triangle est isocèle. On identifie aisément les unités discursives et leurs interrelations, comme en témoigne le schéma discursif donné au diagramme 4.10. La position verticale des propositions montre un traitement d'égalités à la queue leu leu; la barre horizontale signale leur considération d'une part puis d'autre part.

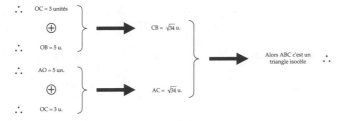

Diagramme 4.10. Schéma discursif de Q2, élève A-19

Pour les deux premières inférences, même si on ne trouve aucune mention explicite du théorème de Pythagore, il est clair qu'il s'agit de la propriété invoquée. Si les calculs n'apparaissent ni dans la solution, ni à quelque endroit que ce soit du brouillon, on distingue des marques d'encre sur les nœuds de quadrillage, comme si l'élève avait compté avec son stylo. Sur le dessin du questionnaire, on voit aussi le tracé du segment $[CO]$, où O est la projection orthogonale de C sur (AB) (et non pas l'origine du repère défini dans la description de la situation-problème). C'est pourquoi, au lieu de manipulations proprement algébriques, nous reconnaissons ces inférences comme étant des déductions.[5] Si la première déduction supposait un calcul, la deuxième pourrait se justifier par une macropropriété dans laquelle, des mesures des côtés d'un triangle rectangle 3 par 5 s'ensuit la mesure $\sqrt{34}$ de l'hypoténuse. La nature déductive de la dernière inférence est certainement plus patente: les conditions d'entrée de la définition du triangle isocèle étant remplies, on déduit qu'il en est un.

La simplicité du schéma discursif rivalise avec l'évidence de la contexture stratégique. L'élève prend un chemin dans un champ proceptuel en construisant la conclusion à partir des hypothèses de la situation-problème et de la considération du point O. Contrairement à la solution de l'élève E-10, la mention de la conjecture n'apparaît qu'une fois, tout à la fin, comme dénouement de la preuve. Par conséquent, le canevas de la contexture stratégique, exposé au diagramme 4.11, se limite à une seule stratégie élémentaire de preuve. En ce qui concerne la procédure de preuve, il ne fait aucun doute qu'elle consiste en une démonstration étant donné son organisation discursive.

---

5 Voir le commentaire au sujet des «déductions algébriques» à la section *Evaluation des preuves*.

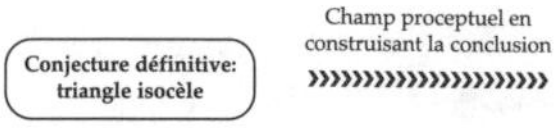

Champ proceptuel en
construisant la conclusion

Conjecture définitive:
triangle isocèle   »»»»»»»»»»»»»»»»»»»

Diagramme 4.11. Canevas de la contexture stratégique de Q2, élève A-19

QUESTION 3

Le texte de la première solution figure à la reproduction 4.12. Les mots soulignés permettent de dégager rapidement la conjecture, qui se partage de façon indépendante entre «isocèle» et «rectangle». Pour expliquer que le triangle *BOC* est isocèle, l'élève construit empiriquement une propriété qui fait allusion à l'axe de symétrie du triangle *ABC*. En guise de justification, il évoque explicitement le dessin, et ses références touchent au contexte précis de la situation-problème. Il vérifie alors l'effet de sa conjecture sur le dessin particulier, qui joue le rôle d'une classe d'objets (si cela fonctionne pour *ABC*, cela fonctionne pour *BOC*). Cette entreprise s'attache donc à une vérification par expérimentation suivie d'une généralisation.

    Le canevas de la contexture stratégique, présenté au diagramme 4.13, montre une seconde stratégie pour expliquer que le triangle *BOC* est aussi rectangle. Si la conjecture est fausse, c'est parce que l'hypothèse «les bissectrices des angles à la base se coupent à angle droit en *O*» n'a pas été confrontée à l'autre hypothèse de la situation stricte. Ceci se condamne en terme de qualité, notamment au niveau de la stabilité, mais non en terme de stratégie. La transparence du raisonnement et l'énoncé «si dans un triangle il y a un des angles qui est de 90°, le triangle est rectangle» poussent à la reconnaissance d'un chemin dans un champ proceptuel qui construit la conclusion directement à partir de l'hypothèse précédente.

Reproduction 4.12
Preuve de Q3, élève A-32

On peut savoir que le triangle ~~est~~ BOC
est isoseèlè, premierement, parce qu'on le
voit dans le dessin mais, en plus, si
on coupe le triangle ABC en deux par
les points A et O, ça nous ~~a~~ coincide : ça
coupe aussi par la moitié le triangle
BOC. Alors, si le triangle ~~est~~ ABC est
isostèle, le triangle BOC est isostèle aussi.

En plus, dans l'introduction on dit
que les bissectrices des angles à la
base se coupent à <u>angle droit</u> ~~a~~ en O

Par conséquent, si dans un triangle il
y a un des angles qui est ~~a~~ de 90°,
le triangle est ~~obligé~~ <u>rectangle</u>.

A la section *Aspects relatifs à la démarche* (chapitre II), nous nous sommes inspirés du premier paragraphe de cette solution pour illustrer – hors contexte – les deux types de structure qui sont susceptibles de se manifester dans le plan argumentatif. Cependant, lorsqu'on revient au contexte de la situation-problème pour la première chaîne de raison (diagramme 4.14), il faut nuancer. On sait déjà que l'énoncé «parce qu'on le voit sur le dessin» peut intervenir comme unité discursive en association sémantique avec «on peut savoir que le triangle *BOC* est isocèle», à cause des verbes «voir» et «savoir». Mais il peut tout aussi bien agir en justification d'une inférence figurale qui s'appuie sur le dessin du questionnaire, puisqu'en fait, le triangle n'existe pas. L'inférence est donc indéterminable. Par contre, la deuxième chaîne de raison demeure un bel exemple d'une inférence discursive.

La troisième chaîne de raison représente une déduction. Tout d'abord, en mentionnant «dans l'introduction», on sait qu'il tire l'hypothèse de l'angle droit non pas du dessin, mais bien de la situation stricte. Ensuite, une fois l'antécédent satisfait, il formule en modus ponens la définition du triangle rectangle pour conclure. Le mot barré ressemble à un «obligatoirement» tronqué ou à l'amorce d'un dérivé du verbe «obliger», ce qui suggère une intention initiale de marquer une distinction entre la justification et le conséquent. S'il a rectifié, c'est peut-être parce qu'il a jugé que, de toute manière, ceci n'engendrait pas d'ambiguïté.

Diagramme 4.13. Canevas de la contexture stratégique de Q3, élève A-32

Encore une fois, il ne faut pas confondre la preuve avec sa qualité. Même si la troisième chaîne de raison laisse entendre une compétence pour raisonner avec des objets perçus comme tels, l'importance cruciale accordée au dessin pour les deux premières chaînes indique plutôt que la connaissance reste fondamentalement d'ordre pratique. Nonobstant la fausseté de la conjecture, nous rangeons la procédure de preuve dans la catégorie des preuves pragmatiques.

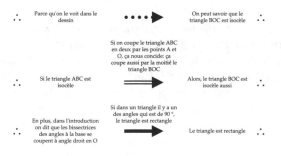

Diagramme 4.14. Schéma discursif de Q3, élève A-32

Le texte de la deuxième solution se trouve à la reproduction 4.15. Contrairement à la solution précédente, l'élève entreprend sa preuve en affirmant que la construction de la figure est impossible. Il procède en démontrant que les hypothèses de la situation stricte, dont « *ABC* est un triangle isocèle en *A*» devancé d'un «si», engendrent la non-existence du triangle *ABC*. Le canevas du diagramme 4.16 présente un autre exemple de contexture stratégique formée d'une seule stratégie élémentaire de preuve. L'élève prend un chemin dans un champ proceptuel par réduction à l'absurde, chemin qui s'enracine dans les hypothèses de la situation pour déduire que la mesure de l'angle *A* est nulle. On remarque que, tout à la fin, la rature laisse supposer qu'il voulait terminer par la non-existence du triangle, mais qu'il s'est repris en concluant «cette construction est fausse» pour mettre en évidence le caractère irréalisable de la figure.

Le schéma discursif du diagramme 4.17 ne comprend qu'une seule chaîne de raison. Au premier paragraphe, après l'énoncé de la conjecture définitive, l'élève affiche une déduction presque canonique où l'on retrouve, dans l'ordre, l'antécédent, le conséquent et la justification. Il confond certes la bissectrice de l'angle $\angle B$ avec la mesure de l'angle $\angle OBC$, mais ceci n'altère en rien la nature déductive de l'inférence. Au deuxième paragraphe, il fait allusion à une propriété caractéristique du triangle isocèle pour déduire que «l'angle B est égal à l'angle C». Ensuite, par l'énoncé «comme on avait dit», il récupère le conséquent de la première inférence pour avancer que les angles $\angle B$ et $\angle C$ mesurent chacun 90°. Ici, il ne peut s'agir d'une déduction qui invoquerait une macropropriété. Soit qu'il s'est trompé entre le fait que les angles $\angle OBC$ et $\angle OCB$ sont complémentaires et qu'ils mesurent chacun 45°, soit que les égalités $\frac{B}{2} = 45°$ et $\frac{C}{2} = 45°$ veulent traduire une association sémantique dans la complémentarité des angles $\angle OBC$ et $\angle OCB$ pour pouvoir déduire (fonctionnellement) le caractère supplémentaire des angles bissectés. De toute façon, puisque l'argument arrive à point, il peut poursuivre en déduisant, selon une propriété caractéristique du triangle, que la mesure de l'angle $\angle A$ vaut zéro dans l'intention d'achever en s'appuyant sur le principe du tiers exclu.

Reproduction 4.15
Preuve de Q3, élève E-3

La construction de cette figure est impossible, car si l'angle O ~~d~~ est 90°, alors la bissectrice de l'angle B plus la bissectrice de l'angle C doit être 90°, car la somme tous les angles d'un triangle est toujours 180°.

Si ABC est un triangle isocèle, $^{ou A}$ alors l'angle B est égal à l'angle C. Comme en avait dit,

$$\frac{B}{2} = 45° \quad \text{donc} \quad B = 90°$$

$$\frac{C}{2} = 45° \quad \text{donc} \quad C = 90°$$

Si la somme des angles d'un triangle est 180°, alors :

A + B + C = 180

A + 90° + 90° = 180. Donc A est égal à zéro

Si A est égal à ~~zéro~~, ~~ce triangle n~~ cette construction est fausse, car ce triangle ne peut pas exister.

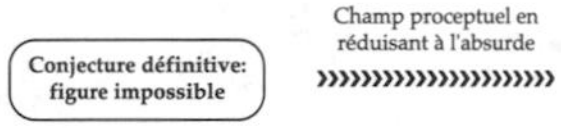

Champ proceptuel en
réduisant à l'absurde

Conjecture définitive:
figure impossible

〉〉〉〉〉〉〉〉〉〉〉〉〉〉〉〉〉〉〉〉〉〉〉〉

Diagramme 4.16. Canevas de la contexture stratégique de Q3, élève E-3

L'organisation discursive nous porte à ranger la procédure de preuve dans la catégorie des démonstrations. D'ailleurs, si on réécrit l'inférence sémantique, il est facile de recomposer la preuve pour qu'elle circule exclusivement dans le plan déductif:

Comme le triangle ABC est isocèle en A par hypothèse, alors mes($\angle$B) = mes($\angle$C).

Comme mes($\angle$O) = 90°, les demi-droites [BO) et [CO) sont les bissectrices respectives des angles $\angle$B et $\angle$C par hypothèse et que mes($\angle$B) = mes($\angle$C), alors mes($\angle$OBC) = mes($\angle$OCB) = 45°.

Comme [BO) et [CO) sont les bissectrices respectives des angles $\angle$B et $\angle$C par hypothèse et que mes($\angle$OBC) = mes($\angle$OCB) = 45°, alors mes($\angle$B) = mes($\angle$C) = 90°.

Comme mes($\angle$B) = mes($\angle$C) = 90°, alors mes($\angle$O) = 0°, ce qui contredit l'hypothèse qui affirme que ABC est un triangle et donc qu'il s'agit d'une figure impossible.

QUESTION 4

Le texte de la première solution figure à la reproduction 4.18. Au commencement, l'élève mentionne l'impossibilité de construire un tel quadrilatère, mais on comprend par la suite qu'il veut signifier une alternative quant à sa nature. Il laisse entendre que «si AD est perpendiculaire à AB ou parallèle à BC», on peut choisir entre un carré ou un trapèze (rectangle). Sa stratégie s'élabore autour de la construction du quadrilatère à partir des hypothèses de la situation stricte, avec l'inclusion de dessins. Nous identifions la contexture stratégique, donnée au diagramme 4.19, en chemin parcouru dans un champ proceptuel.

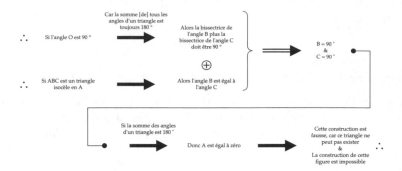

Diagramme 4.17. Schéma discursif de Q3, élève E-3

Même si les dessins fournis dans le corps de la preuve ne sont que des esquisses, ils assurent le raisonnement en agissant comme des condensés d'information. Apparemment, ils interviennent en représentant de la définition du trapèze ou de propriétés caractéristiques du carré. De façon générale, si avec le sens des mots, on trouve parfois une confusion sur leur acception, avec les éléments significatifs des dessins se pose un problème similaire qui oblige à une interprétation contextuelle, surtout lorsque les tracés ne sont pas conventionnels.

Déjà, le dessin ❶ à la reproduction 4.18 contient de l'information de nature différente. Les marques usuelles, c'est-à-dire les deux nombres 30, les deux «petits carrés» des angles droits et l'aspect parallèle du côté $[AB]$ avec le côté opposé, illustrent les hypothèses. Autrement dit, l'élève représente les hypothèses en propositions graphiques, probablement à partir de l'imagerie matérielle représentée. Mais en même temps, le dessin montre, en haut à droite, un segment prolongé en pointillé accompagné d'un point d'interrogation, qui pourrait bien provenir de la figuration d'images mentales issues de l'imagerie mentale représentée et qui est susceptible de déclencher un raisonnement graphique. S'agit-il d'un symbole: i) pour manifester l'«impossibilité» de la construction? ii) pour annoncer la stratégie qui s'en vient? iii) pour justifier localement une inférence figurale entre les énoncés «avec ce qu'on a» qui reprend les hypothèses et «on peut seulement placer: AB, BC et CD (mais pas sa mesure)»? iv) pour encourager la visualisation du développement d'images mentales dynamiques qui, à la fin, se solde par la bande dessinée ❷? En réalité, nous considérons que ces quatre possibilités se défendent, suivant qu'on les regarde respectivement sous l'angle de la représentation, de la stratégie de preuve, du raisonnement ou de la visualisation.

Reproduction 4.18
Preuve de Q4, élève E-1

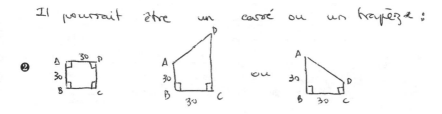

C'est impossible de construire tel quadrilatère avec les indications données.

Avec ce qu'on a, on peut seulement ~~faire :~~ coloquer ? : AB, BC et CD (mais pas sa mesure)

❶

~~Pour~~

On ne peut pas le construire parce que on ne sait pas ni si AD est perpendiculaire a AB ou paralel a BC et on ne sait nonplus la mesure de DC.

Il pourrait être un carré ou un trapèze :

❷

Pour la composition du *schéma discursivo-graphique*, la multiplicité des points de vue comporte alors une difficulté d'interprétation en même temps que les éléments de décision. Au diagramme 4.20, nous avons tranché sur ce problème par la constitution d'une seule chaîne de raison puisque la continuité thématique est intrinsèque et immédiate. A première vue, la solution paraît commenter une construction, mais l'enchaînement des propositions montre en arrière-plan une forte proportion de raisonnement graphique qui soutient la preuve. D'ailleurs, si on masquait le dessin ❶ dans le texte, on ne pourrait ni comprendre ni accepter le premier pas de raisonnement.

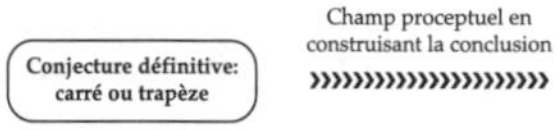

Champ proceptuel en
construisant la conclusion

Conjecture définitive:
carré ou trapèze
»»»»»»»»»»»»»»»»»»

Diagramme 4.19. Canevas de la contexture stratégique de Q4, élève E-1

Pour la deuxième inférence, nous estimons qu'il s'agit d'une inférence sémantique, même si l'ajout des unités discursives pour produire «on ne peut pas le construire» n'est pas évidente. Nous avons envisagé la première inférence dans une chaîne de raison indépendante qui se compléterait par une seconde inférence – sémantique –, de laquelle découle l'énoncé «c'est impossible de construire un tel quadrilatère avec les indications données». Mais ceci implique: soit deux stratégies de preuve séparée, soit une seule stratégie élémentaire de preuve qui s'inscrit dans une expérimentation avec premier essai et confirmation. Or, la fonction des conjonctions «ni» et «non plus» ne peut que déborder le cadre de la troisième phrase, pour assurer justement la constance discursive et la stabilité dans le champ proceptuel du carré et du trapèze.

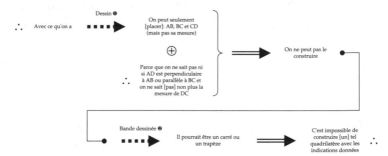

Diagramme 4.20. Schéma discursivo-graphique de Q4, élève E-1

En ce qui concerne le reste de la solution, nous considérons d'abord une inférence figurale entre «on ne peut pas le construire» et «il pourrait être un carré ou un trapèze». La bande dessinée ❷ sert de justification à la présence soudaine des noms attribués aux quadrilatères «qui ne peuvent être construits». Et finalement, la quatrième inférence établit une relation sémantique entre l'indétermination sur leur nature et l'impossibilité de leur construction, conjecture définitive énoncée tout au début (au moment de la conjecture, l'élève n'a coché que la première possibilité).

Reproduction 4.21
Preuve de Q4, élève A-34

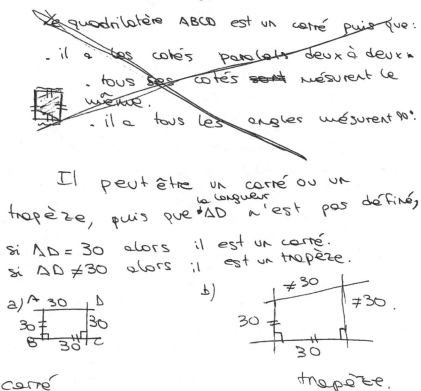

L'élève réalise une preuve en délimitant «ce qui ne peut pas être» pour conclure «ce qui ce peut être», mais en fait, il s'agit de «ce qui doit être». Il traite avec des objets qui s'éloignent de la réalisation particulière en montrant, dans sa solution, comment il coordonne le discursif et le figural par rapport à la figure géométrique opératoire. Même si le plan déductif n'apparaît pas dans le registre discursif, la validation de la conjecture est manifeste. La preuve s'articule à partir de propriétés qui ne peuvent pas se représenter sur un seul dessin, et c'est dans l'enchaî-

nement de propositions verbales et graphiques qu'il structure son raisonnement. C'est pourquoi, nous classons la preuve au sein des preuves
intellectuelles.

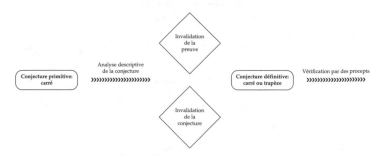

Diagramme 4.22. Canevas de la contexture stratégique de Q4, élève A-34

Le texte de la deuxième solution se trouve à la reproduction 4.21. Il se
présente en deux tranches. Une première dans laquelle l'élève se limite à
expliquer pourquoi le quadrilatère *ABCD* serait un carré et une seconde,
où il se ravise en montrant cette fois qu'il peut être un carré ou un trapèze. Pour des raisons analogues à celles qui se rapportent à la preuve
de l'élève E-10 dans Q2, le canevas de la contexture stratégique présente
une invalidation de la preuve et de la conjecture primitive (diagramme
4.22). Dans la première tranche, l'élève se contente de décrire le carré en
tant que procept, planant au-dessus de la situation stricte. Cela invite à
ramener la stratégie de preuve à une analyse descriptive de la conjecture
et à un étalement proceptuel. Il se munit d'une esquisse, à gauche, sans
que l'on sache s'il cherche à illustrer sa conjecture où s'il veut se doter
d'un support graphique pour raisonner. Certains tracés à l'intérieur du
carré (il semble qu'on y voit un trapèze ombré) pourraient témoigner
qu'à ce moment-là, il aurait reconsidéré sa conjecture.

Dans la deuxième tranche, la stratégie de preuve est tout autre. Après
l'énoncé de la conjecture définitive, il considère une dichotomie sur la
mesure de *AD* pour déterminer la nature du quadrilatère. Il arrive à la
conclusion en seulement deux inférences, une pour le carré, l'autre pour
le trapèze, et soutient chacune d'elles en terminant par des esquisses. Ici,
les références sont issues de la situation stricte, comme «la longueur
AD», «AD ≠ 30», les marques sur le dessin a), etc. Par conséquent, puisqu'il conclut à partir de l'énoncé «la longueur AD n'est pas définie» sans

en expliquer la provenance, nous y voyons une vérification de sa conjecture par des procepts.

Le schéma discursivo-graphique présente deux chaînes de raison, soit une chaîne par tranche de solution (diagramme 4.23). La première chaîne de raison ne montre qu'une seule inférence. On explique facilement l'ajout des unités discursives par leur énumération dans le texte. Pour la justification, on ne peut décider à coup sûr entre une inférence figurale, que suggère l'esquisse de gauche, et une inférence sémantique qui renvoie aux propriétés géométriques de l'idéal. Quant à la deuxième chaîne de raison, elle ventile la proposition «puisque la longueur AD n'est pas définie» en deux cas («AD = 30» et «AD ≠ 30»), pour synthétiser, par «il peut être un carré ou un trapèze», les inférences figurales qui en résultent. Les dessins ne pourraient-ils pas intervenir en confirmation d'une expérimentation dichotomique à la suite de deux inférences sémantiques? Si ABCD est un carré ou un trapèze, ce n'est pas seulement parce que AD est égal ou différent de 30. Ce sont les propositions graphiques issues des dessins a) et b) qui autorisent les inférences.

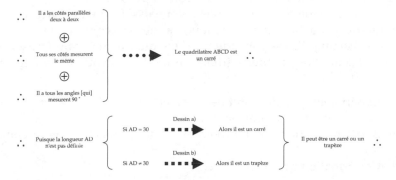

Diagramme 4.23. Schéma discursivo-graphique de Q4, élève A-34

Bien que cette preuve soit de qualité inférieure à la précédente[6] nous rangeons aussi la procédure dans la catégorie des preuves intellectuelles. La validation est explicite; la preuve pourrait exister dans une situation similaire, en prenant par exemple d'autres mesures, et on connaît la justification des inférences.

---

6   Nous commentons cette affirmation à la section *Evaluation des preuves*.

QUESTION 5

Le texte de la première solution figure à la reproduction 4.24. Hormis pour la saisie initiale de la situation-problème, aucun des huit élèves n'a eu besoin d'utiliser le papier brouillon, ni pour formuler la conjecture, ni pour s'assurer de résultats intermédiaires pendant l'élaboration de leur preuve. Nous avons assisté à une alternance de l'action à l'interface du dispositif informatique et à la rédaction «au propre». Néanmoins, contrairement aux autres, l'élève A-12 a attendu quelques instants avant de toucher à l'ordinateur, amorçant sa réflexion en bougeant ses index sur le dessin dans l'environnement papier-crayon. Après la production d'un cabri-dessin, sa première action a consisté à placer le sommet supérieur gauche du rectangle au beau milieu du côté du triangle, sans autre action immédiate. Au bout de quelques instants, il trace la hauteur du triangle et procède au découpage du cabri-dessin en huit petits triangles.[7] Il déplace de nouveau le sommet supérieur gauche sur le côté du triangle, plutôt lentement, une fois vers le bas, une fois vers le haut. Tout de suite après, il se lance dans la rédaction au propre.

Dans la stratégie de l'élève, nous reconnaissons quatre parties qui se distinguent selon la tâche spécifique qu'elles accomplissent dans la preuve. Chacune d'elles coïncide avec les quatre chaînes de raison du schéma discursivo-graphique (diagramme 4.25). Nous les identifions comme suit:

a) Expérimentation de l'effet de la conjecture;
b) Traitement des cas limites;
c) Expérimentation sur l'impossibilité de la négation de la conjecture;
d) Confirmation de la conjecture.

---

7   Le dessin ❶ de la reproduction 4.24 est une représentation congrue de son cabri-dessin rendu à cette étape.

Reproduction 4.24
Preuve de Q5, élève A-12

Quand, pour construire le rectangle, on prend les points
milieux des côtés, on trouve que,

❶

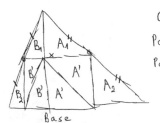

$0 < x < Base$

Pour $x = 0$, aire $= 0$.

Pour $x = Base$, aire $= 0$.

deux types différents de triangles se forment. (A et B)
Dans cette situation, en plus,

$$B' + B' + A' + A' = A_1 + A_2 + B_1 + B_2$$

❷

Aire rectangle

"

$\frac{1}{2}$ Aire Triangle

Situation antérieure

Quand $x \to Base$

nouvelle
base du
rectangle

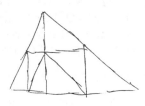

❸   ❹

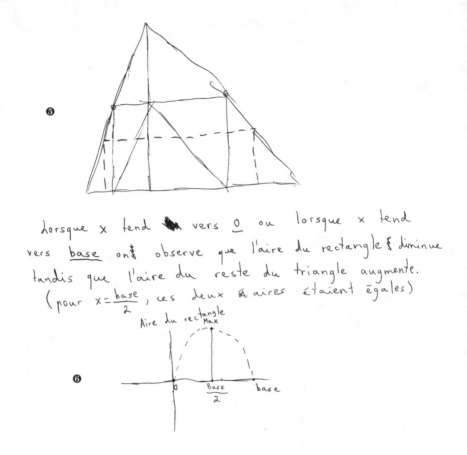

Dans a), le découpage du dessin ❶ intervient comme justification de l'énoncé «deux types différents de triangles se forment (A et B)», tout en établissant le fondement de l'idée développée. Au dessin ❷, l'élève double le rectangle de la conjecture, de manière à comparer l'aire des petits triangles («B′ + B′ + A′ + A′ = A_1 + A_2 + B_1 + B_2»), ce qui permet de justifier l'énoncé «dans cette situation, en plus, aire rectangle = $\frac{1}{2}$ aire triangle». Nous aurions pu aussi scinder la seconde inférence en deux inférences figurales où la proposition intermédiaire serait «B′ + B′ + A′ + A′ = A_1 + A_2 + B_1 + B_2», au lieu de l'attacher au dessin comme proposition symbolique. Dans ce cas, le dessin ❷ agirait: premièrement, pour justifier la comparaison d'aire entre les deux rectangles que montrent les traits pointillés; deuxièmement, pour justifier la comparaison d'aire entre le rectangle et le triangle de la conjecture, mis en évidence par les symboles ① et ②.

Entre-temps, dans b), l'encadrement « $0 < x < Base$ » suit directement le dessin ❶. Les éléments significatifs de ce dernier joueraient encore un rôle de justification dans un pas de raisonnement. Autrement dit, ils se constitueraient en propositions graphiques dans une inférence figurale pour légitimer les implications «pour $x = 0$, $aire = 0$ » et «pour $x = Base$, $aire = 0$ » par le développement d'images visuelles dynamiques.

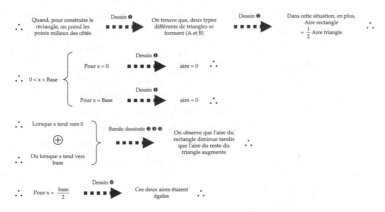

Diagramme 4.25. Schéma discursivo-graphique de Q5, élève A-12

Ensuite, dans c), il déroule la bande dessinée ❸ ❹ ❺ de manière à justifier l'observation «que l'aire du rectangle diminue tandis que l'aire du reste du triangle augmente», qui découle des propositions «lorsque x tend vers 0» et «ou lorsque x tend vers $Base$». Cette progression par cas de figure renforce notre constatation sur l'emploi d'images visuelles dynamiques. Non satisfait complètement de l'explication donnée jusquelà, il ajoute entre parenthèses que les deux aires précédentes sont égales pour « $x = \dfrac{Base}{2}$ », en s'appuyant sur le dessin ❻. Ici, l'inférence figurale dans d) ne se fonde plus sur un dessin géométrique, mais sur la représentation graphique d'une fonction entre la longueur du rectangle et son aire. S'il n'en détermine aucune représentation analytique, il touche cependant à la symétrie d'une parabole pour justifier l'aire maximale, ce qu'il considère comme suffisant pour conclure.[8]

Diagramme 4.26. Canevas de la contexture stratégique de Q5, élève A-12

La division précédente en quatre tranches annonce la contexture stratégique, dont le canevas se présente au diagramme 4.26. Même si la preuve repose sur l'établissement d'une seule conjecture, il expérimente, à toutes fins utiles, l'effet de sa négation lors des dessins ❹ et ❺. Il s'agit alors d'une vérification par les procepts détaillés antérieurement. Nous avons envisagé la possibilité que la représentation graphique de la fonction quadratique soit une construction de la conclusion dans un graphe proceptuel. Toutefois, le caractère expéditif du dessin ❻ nous a contraint à limiter sa fonction à celle de justification dans une inférence figurale.

De façon générale, cette solution cerne le cœur du problème et aborde l'essentiel. L'orthodoxie discursive nous empêche de concevoir la procédure de preuve comme une démonstration. Il s'agit d'une preuve intellectuelle qui possède le net avantage d'expliquer la conjecture tout en la validant.

Le texte de la deuxième solution se trouve à la reproduction 4.27. Si on qualifiait de «géométrique» la preuve de l'élève A-12, il faudrait dire «algébrique» pour celle de A-20. L'élève commence par exprimer l'aire du rectangle en fonction de sa largeur, sous les contraintes de la situation-problème, et termine par une maximisation graphique de cette fonction. Au début de la solution, s'il n'y a pas de conjecture concrète, sans doute parce que sa prise de position est encore fragile. C'est ce qui émane de son comportement après la production du cabri-dessin:

---

8   Manifestement, cet élève est particulièrement doué pour son âge. Il s'approche intuitivement de l'idée que l'intégration sous une droite donne une fonction quadratique.

Reproduction 4.27
Preuve de Q5, élève A-20

On a le triangle

de surface $\quad \dfrac{a \cdot H}{2}$

le rectangle qu'on veut inscrire est

❶

Suivant la propriété de Thalès on peut
dire que : $\quad \dfrac{L}{a} = \dfrac{H - h}{H}$ L et $h \rightarrow$ variable
                                            a et $H \rightarrow$ invariod

Donc chaque fois que L devient plus
grand $\quad H - h$ devra faire la même chose
h deviendra plus petit.

Avec ~~le~~ un triangle

On fait $\quad \dfrac{L}{9} = \dfrac{5 - h}{5}$

et on sait que $A = \dfrac{L \cdot h}{2}$ donc on

cherche L et h $\dfrac{L}{9} = \dfrac{S-h}{5}$ $\Rightarrow$ $\boxed{L = \dfrac{9}{5}(5-h)}$

$$\frac{L}{9} = \frac{S-h}{5} \Rightarrow \frac{5}{9}L = 5-h$$

$$\Rightarrow \frac{5}{9}L - 5 = -h$$

$$\boxed{h = -\frac{5}{9}L + 5}$$

$$L \cdot h = \frac{9}{5}(5-h) \cdot \left(-\frac{5}{9}L + 5\right)$$

$$= \left(\frac{9}{5}(5-h) \cdot -\frac{5}{9}L\right) + \left(\frac{9}{5}(5-h) \cdot 5\right)$$

$$\Rightarrow = -L(5-h) + 9(5-h)$$

$$= -\frac{9}{5}(5-h)(5-h) + 9(5-h)$$

$$= -\frac{9}{5}(5-h)^2 + 9(5-h)$$

Avec ça on a une fonction de deuxième degré avec forme graphique

❷

Le sommet est à la moitié des segment de nombres qu'on peut prendre, c'est-à-dire que le valeur de l'aire est le plus grand quand L'hauteur, en le longueur du rectangle est ~~la~~ moitié du maximum qu'on peut prendre.

- Il déplace le sommet supérieur gauche du rectangle et le laisse proche du milieu du côté du triangle. Il attend quelques instants et nous interpelle en disant que le point est au milieu. Nous demandons alors: «es-tu sûr?» Réplique: «non!» Il nous demande ensuite si on connaît la mesure des côtés du triangle. Nous répétons: «pour un triangle quelconque».
- Ensuite, il trace la hauteur du triangle pour déplacer une deuxième fois le sommet du rectangle. Il attend quelques instants puis il recourt à huit cabri-mesures: les distances associées à la position relative du sommet précédent sur le côté du triangle, ainsi que les dimensions et l'aire de ces deux polygones. Il déplace une troisième fois le sommet du rectangle et revient au milieu. Il nous interpelle pour affirmer de nouveau sa conjecture. Nous redemandons: «es-tu sûr?» Réplique: «pas encore».
- Il attend un moment, déplace une dernière fois le sommet du rectangle, le laisse au beau milieu, puis il se lance finalement dans la rédaction.[9]

On comprend alors que la rédaction vise autant à s'assurer de la conjecture qu'à la prouver.

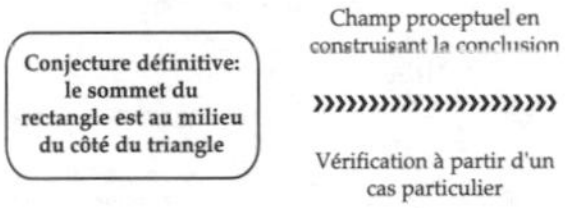

Diagramme 4.28. Canevas de la contexture stratégique de Q5, élève A-20

La stratégie déployée est double: nous estimons qu'il cherche fondamentalement à construire la conclusion à partir des hypothèses de la situation-problème, mais en chemin, il décide d'expérimenter à partir d'un cas particulier, ce que montre le canevas de la contexture stratégique (diagramme 4.28). En effet, il considère un triangle avec une base de 9 et une hauteur de 5 pour déterminer la fonction d'aire du rectangle. Après une représentation graphique de cette fonction, on ne sait pas si sa conclusion s'adresse à ce cas particulier, ou au cas général de l'intention initiale qui suit immédiatement le dessin ❶. Premièrement, il est curieux que le «0» du dessin ❷ ne coïncide pas avec l'origine du repère, comme

---

9 Une fois sa copie rendue, nous rétorquons: «es-tu sûr?» Réplique, avec un sourire en coin: «complètement sûr»…

si c'était le comportement global de la fonction qui importait. Deuxièmement, l'absence de référence particulière après le «c'est-à-dire» peut
s'interpréter comme le résultat d'une induction naïve. Et puisque sa
démarche ne part pas de la conjecture mais des hypothèses, il va donc
plus loin qu'une seule vérification par des procepts.

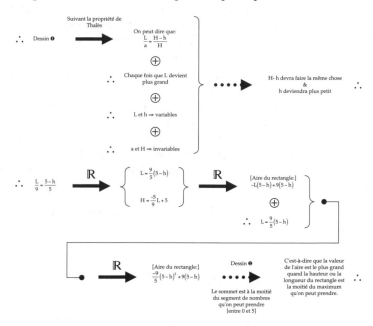

Diagramme 4.29. Schéma discursivo-graphique de Q5, élève A-20

L'organisation discursivo-graphique se présente au diagramme 4.29. Au
début, l'élève nomme les longueurs inconnues pour les résumer au dessin ❶. Tout de suite après, il invoque la propriété de Thalès pour déduire
que «$\dfrac{L}{a} = \dfrac{H-h}{H}$». Dans ce cas, le dessin ❶ n'intervient pas en justification
de l'inférence. Il fournit les propositions graphiques sur le parallélisme
pour entraîner la déduction. Ensuite, il ajoute à l'égalité des rapports le
fait que les dimensions du rectangle varient («L et $h \Rightarrow$ variables»)
pendant que celles du triangle sont fixées («a et $H \Rightarrow$ invariables»).
Joint à «chaque fois que L devient plus grand», cela le conduit à inférer
«$H-h$ devra faire la même chose» et «h deviendra plus petit».
L'inférence cette fois est indéterminable: on manque d'indices pour

convenir d'un sauf déductif non déterminé qui se fond sur la comparaison de rapports, ou d'une inférence figurale qui s'appuie sur le développement d'images visuelles dynamiques.

A cause du changement de stratégie, nous considérons que les deux chaînes de raison sont indépendantes, même si l'origine de la seconde chaîne provient d'une substitution dans l'égalité de la première. Tout d'abord, il annonce son intention de «chercher L et h» pour calculer « $A = \dfrac{L \cdot h}{2}$ ». S'il se trompe ici sur la formule d'aire, il se reprend postérieurement en ne considérant que le produit « $L \cdot h$ ». Ensuite, il se lance dans des manipulations algébriques à partir de « $\dfrac{L}{9} = \dfrac{5-h}{5}$ », dont voici les étapes principales:

- Il exprime L en fonction h et h en fonction L;
- En calculant le produit $L \cdot h$, il obtient comme première expression de l'aire du rectangle « $-L(5 - h) + 9(5 - h)$ »;
- Après substitution de L par $\dfrac{9}{5}(5 - h)$, il obtient comme deuxième expression de l'aire du rectangle « $-\dfrac{9}{5}(5 - h)^2 + 9(5 - h)$ ».

L'élève opère certes avec deux substitutions inutiles, mais la représentation analytique de la fonction est correcte.

Finalement, il traduit cette dernière en représentation graphique. Toutefois, il ne cherche pas à montrer une courbe représentative, sinon à représenter les propriétés qu'il juge essentielles: la parabole est orientée vers le bas; 0 et 5 sont les points d'intersection de la parabole avec l'axe des abscisses; la variable indépendante varie entre 0 et 5; le maximum 2,5 s'atteint au milieu du segment $[0; 5]$. Le dessin ❷ intervient alors comme une justification de la conclusion, à laquelle se greffe la pénultième proposition «le sommet est à la moitié du segment de nombres qu'on peut prendre». Nous croyons que l'ajout de cette proposition est dû au fait que la figuration de la parabole ne rend pas justice aux images mentales qu'il visualise en regardant le dessin. On remarque que l'expression «segment de nombres qu'on peut prendre» est une circonlocution de «domaine de la fonction», et que la signification de «sommet» s'assimile à celle de «maximum». L'inférence se décide donc entre une inférence figurale et une inférence discursive.

L'organisation discursivo-graphique suggère que la procédure de preuve se range dans la catégorie des démonstrations. Facilitées par les manipulations algébriques et ce, en dépit des substitutions redondantes, toutes les inférences circulent dans le plan déductif, sauf la dernière. Pour celle-ci, le traitement qu'il accorde à la représentation graphique de la fonction d'aire laisse entendre un traitement cognitif et sémiotique par rapport à un idéal fonctionnel. Toutefois, l'illustration par les nombres 9 et 5 limite la procédure à une preuve intellectuelle de haut niveau. Notons qu'elle pourrait se convertir en démonstration simplement en remplaçant les nombres par leur représentant respectif a et H.

EVALUATION DES PREUVES

Puisque la discrimination qualitative des preuves demeure une tâche délicate, on vient de montrer comment s'y préparer par la reconnaissance de la contexture stratégique et la formation du schéma discursif pour chacune d'elle. Cette méthode possède l'avantage d'inclure une part appréciable d'objectivité tout en convenant à une exigence de précision. Mais l'évaluation des preuves déborde la seule application des indicateurs de qualité (chapitre II, section *Aspects relatifs à la démarche*) pour se fonder sur l'ensemble des items installés dans les fiches de collecte (chapitre III). Nous entreprenons maintenant une analyse quantitative selon les règles élémentaires de la statistique descriptive, qui contient un commentaire sur la collecte des données, une première interprétation des résultats et une explication sur le comportement des deux groupes d'élèves.

Malgré une légère différence concernant le niveau de validation-conviction, les questions Q2, Q3 et Q4 se traitent en parallèle, tandis que les questions Q1 et Q5 s'abordent en série. A l'origine, nous avons dressé une liste de distribution d'effectif par item de la collecte (variable qualitative), où chaque case à cocher présente une valeur de caractère (modalité). Après avoir cumulé les données brutes, nous avons converti les fréquences absolues en fréquences relatives exprimées en pourcentage. Sauf exception, nous n'avons conservé que les résultats non nuls groupés par item, pour les ranger dans les tableaux subséquents. Dans quelques cas, nous avons dû procéder à la réorganisation des valeurs de caractère pour les accommoder en modalités pertinentes, mais cette seconde présentation suit toujours celle de la collecte initiale. Pour plusieurs items, nous avons achevé l'analyse en ajustant la distribution d'effectifs selon le contenu de la variable qualitative.

MOMENT DE LA CONJECTURE

Somme toute, les situations proposées sont relativement simples pour un élève d'apprentissage normal, sans pour autant tomber dans la trivialité. L'énoncé de la situation stricte ou la description du dessin des trois premières questions (Q1 à Q3) est plutôt court; les démonstrations ne font intervenir qu'un tout petit nombre d'idées. Il en est de même pour Q4, sauf que l'effet d'une question «issue de la vie quotidienne» suppose en particulier une capacité d'entrer dans les vues du contexte envisagé. Quant à Q5, elle se classe à part. Non seulement l'environnement de résolution est plus vaste, mais la situation-problème demande de mobiliser un plus grand nombre d'idées.

Tableau 4.30
Effectifs des conjectures sélectionnées par question

Q1				
Figure impossible	Triangle isocèle	Triangle équilatéral	Triangle rectangle	Aucune des réponses précédentes
0	97	0	94	0

Q2				
Figure impossible	Triangle isocèle	Triangle équilatéral	Triangle rectangle	Aucune des réponses précédentes
0	60	0	12	34

Q3				
Figure impossible	Triangle isocèle	Triangle équilatéral	Triangle rectangle	Aucune des réponses précédentes
23	86	0	80	2

Q4						
Figure impossible	Trapèze	Parallélogramme	Rectangle	Losange	Carré	Aucune des réponses précédentes
27	41	35	0	2	64	2

Q5	
Le sommet du rectangle est au milieu du côté du triangle	Autre réponse
100	0

Tableau 4.31

Patrons de conjecture

Q2

Triangle isocèle	Triangle quelconque	Triangle rectangle isocèle	*Conjecture primitive* triangle quelconque *Conjecture définitive* triangle isocèle	*Conjecture primitive* triangle rectangle *Conjecture définitive* triangle isocèle	*Conjecture primitive* triangle rectangle isocèle *Conjecture définitive* triangle isocèle
52	31	4	4	4	3

Q3

Triangle rectangle isocèle	Figure impossible	*Conjecture primitive* triangle rectangle isocèle *Conjecture définitive* figure impossible	Triangle isocèle	*Conjecture primitive* triangle rectangle isocèle *Conjecture définitive* triangle isocèle
68	15	9	5	3

Q4

Trapèze, carré	Carré	Impossible de construire	*Conjecture primitive* carré *Conjecture définitive* trapèze, carré	Trapèze
52	11	11	8	5
Trapèze, parallélogramme	Parallélogramme, carré	*Conjecture primitive* trapèze, parallélogramme, carré *Conjecture définitive* trapèze	*Conjecture primitive* trapèze, parallélogramme, carré *Conjecture définitive* trapèze, carré	Trapèze, parallélogramme, losange, carré
5	3	3	3	2

Par rapport aux dessins, une première constatation apparaît clairement lorsqu'on se penche sur la distribution des choix de conjectures. On présente l'effectif des conjectures annoncées au tableau 4.30. Pour Q1 à Q4, il s'agit du relevé des cases cochées dans le questionnaire, alors que dans Q5, il s'agit de la première conjecture un tant soit peu sûre que l'élève nous a communiquée au seuil de sa rédaction. Dans toutes les questions, les sélections montrent que les propriétés spatiales des dessins sont souvent déterminantes, ce qui laisse entrevoir que la constatation visuelle est, de façon générale, le point de départ pour décider de la conjecture. Cela se corrobore grandement: i) par les résultats de Q3 (86% pour le triangle isocèle, 80% pour le triangle rectangle); ii) par le fait que, dans Q5, 3 élèves sur 8 ont formulé correctement la conjecture grâce au cabri-dessin, mais qu'ils ont remis une rédaction pratiquement blanche. D'entrée, on se doit d'exclure une possible méconnaissance de la définition du triangle isocèle de même que du triangle rectangle; les choix de Q1 s'en portent garants: 97% et 94% des élèves sont tombés pile pour chaque triangle, ce qui représente une proportion presque certaine. Ceux qui ont donné une réponse incomplète auraient tout simplement omis l'autre triangle.

Pour plusieurs, l'apparence trompeuse du dessin de Q2 a eu l'effet contraignant anticipé, et les réponses ont révélé un choix inattendu. Chez 34% des interrogés, le triangle est quelconque. Après avoir consulté l'explication associée, la presque totalité de ceux-ci ont explicitement écarté de façon successive les divers types de triangles de la liste, en spécifiant que ABC a trois côtés de longueurs différentes et qu'aucun des angles n'est droit; certains ont même employé les mots «triangle scalène» (v. g. reproduction 4.6). Pour le dessin de cette question, nous avions pris soin d'éviter qu'il ressemble à un triangle rectangle et pourtant, 12% l'ont ainsi reconnu. Chez ces huit élèves, un s'est trompé de triangle, deux ont décidé visuellement que l'angle $\angle C$ est droit et cinq ont lié cette conjecture avec le choix de «triangle isocèle» par le raisonnement suivant:

$$AC = CB \quad \Rightarrow \quad \mathrm{mes}(\angle A) = \mathrm{mes}(\angle B) = 45° \quad \Rightarrow \quad \mathrm{mes}(\angle C) = 90°.$$

Cinq de ces huit élèves ont finalement invalidé «triangle rectangle» pour ne conserver que «triangle isocèle».

A l'occasion, certains élèves ont modifié leur choix de conjecture primitive avant de se lancer dans la preuve, ce qui est visible par l'usage d'un effaceur d'encre ou du liquide correcteur blanc, sans cependant montrer d'invalidation dans la rédaction ou sur le brouillon. D'autres, à l'inverse, ont invalidé la conjecture primitive, mais ne l'ont pas corrigée dans le questionnaire. Si on ne peut pas tenir compte du changement de conjecture de ces premiers par manque d'information, il faut néanmoins considérer l'invalidation de ces seconds pour s'approcher davantage de la réalité. Après rectification, nous avons formé les *patrons de conjecture* qui donnent le comportement de l'élève dans le choix effectif des conjectures. Du tableau 4.31, on remarque qu'en fait:

- Le nombre d'élèves qui sont restés définitivement à «triangle quelconque» représente 31%[10], et au moins à «triangle rectangle», seulement 4%;
- Le choix de «triangle isocèle» monte à 63%; celui-ci provient d'une invalidation explicite dans 11% des cas.

Les considérations précédentes sous-entendent que, parmi les conjectures fausses, certaines sont plus discordantes que d'autres dans la logique de la situation-problème. Par exemple, cela se vérifie lorsqu'on compare «triangle quelconque» avec «triangle rectangle isocèle». Puisque le caractère rectangle ne se perçoit pas visuellement, certains élèves se seraient inspirés de ce qu'ils ont découvert dans Q1. Autrement dit, l'illusion optico-géométrique les aurait mis en garde: ils se seraient senti obligés de démontrer la double nature du triangle pour ne pas «se faire avoir» encore une fois. La fausseté brute de la conjecture ne pourra donc pas être utile sans recoupement avec les preuves.

Hormis les solutions dans lesquelles on reconnaît une invalidation de la conjecture ou des manifestations de reconstruction, on s'attend à ce qu'il soit difficile de savoir si le raisonnement qui aurait permis de formuler la conjecture est présent dans le raisonnement mis à jour par preuve, même partiellement. Mais si on regarde la distribution d'effectif dans Q3, le nombre particulièrement élevé de conjectures fausses cochées (86% pour le triangle isocèle, 80% pour le triangle rectangle) pourrait laisser croire que tous ces élèves n'ont pas confronté, pendant leur réflexion: i) les hypothèses de la situation stricte entre elles; ii) les propriétés spatiales du dessin avec les propriétés géométriques de la figure. Or, certains ont chevauché des conjectures d'apparence contradictoire, comme le triple choix «figure impossible», «triangle isocèle» et «triangle

---

10 Tous les pourcentages résultent d'un arrondissement. C'est pourquoi leur somme peut ne pas être égale à 100.

rectangle», ce qui allonge d'une autre raison l'obligation de regarder les preuves avant terme. De fait, si on examine ces dernières en relation avec la conjecture, on détermine le classement suivant:

- 68% ont sélectionné la double conjecture «triangle isocèle» et «triangle rectangle», apparemment sous le seul couvert d'arguments attachés au dessin.
- 15% ont répondu par «figure impossible» ou «aucune des réponses précédentes» en touchant de près l'impossibilité de construire le point A.
- 9% ont donné la triple conjecture précédente en dissociant les arguments tirés du dessin des arguments incompatibles soutenus par la situation, ce qui explique la présélection «triangle isocèle» et «triangle rectangle», conjointement avec «figure impossible». Tous ces élèves ont maintenu définitivement l'impossibilité, mais aucun n'a su trancher réellement dans le dilemme apporté.
- 8% n'ont choisi que «triangle isocèle», à la suite ou non d'une invalidation, en expliquant qu'étant donné que les angles $\angle B$ et $\angle C$ du triangle ABC peuvent se bissecter, alors le triangle BOC est nécessairement isocèle en O, mais qui ne peut pas être en même temps rectangle, car ceci contredirait la situation.

Cette fois, les patrons de conjecture se résument aux cinq combinaisons du tableau 4.31. Quoique le nombre d'élèves qui s'en sont tenus à une impossibilité de construction demeure sensiblement dans une même proportion, on remarque qu'en réalité, le nombre de ceux qui en sont restés définitivement à au moins «triangle isocèle» ou «triangle rectangle» chute à 76% et à 68% respectivement.

La consultation des preuves s'est aussi avérée indispensable pour comprendre les choix de réponses dans Q4. Par exemple, on constate que le 64% de ceux qui ont coché «carré» entre en opposition flagrante avec les proportions nettement inférieures des autres choix de quadrilatères, comme si la définition de chaque quadrilatère était exclusive dans certains cas. De plus, la grande diversité des combinaisons de conjectures – il y en a 12 différentes avant de les passer au crible des preuves – rend difficile un classement pertinent, similaire à celui de Q3. Néanmoins, on peut relever certaines tendances:

- Chez 86% des élèves, la conjecture est assez fidèle à un dessin construit à partir des indications. Pour le 14% restant, elle demeure en accord avec la continuité thématique développée dans la

preuve, mais il n'y a pas de dessin ou de description d'une construction pour appuyer la conjecture.
- Chez les 29% qui ont choisi au moins «figure impossible» ou «aucune des réponses précédentes», tous ont spécifié d'une façon ou
d'une autre que les indications données étaient insuffisantes pour
décider de la conjecture (v. g. reproduction 4.18) ou pour construire
un quadrilatère déterminé.

La nuance entre l'impossibilité de décision et l'impossibilité de construction est importante puisque pour les premiers, l'indécision réside
entre le trapèze et le carré, alors que les seconds prétendent que la construction d'aucun quadrilatère n'est possible. La formation des patrons de
conjecture dévoile alors un paysage fort différent. Au tableau 4.31, on
trouve que:

- 78% ont identifié finalement un trapèze et 79% un carré;
- Malgré la très forte proportion de «carré», le quadrilatère ne peut
être un rectangle pour personne, il peut être un losange pour seulement 2% et, un parallélogramme, pour 10%;
- Il n'y a pas de quadrilatère possible pour 11%;
- Le duo «trapèze-carré» strict est populaire pour 63%, mais il intervient partiellement dans 65% des choix.

Pour les questions où les dessins exercent une influence éprouvée, la
quantité notable de conjectures définitives fausses suggère donc que la
résolution visuelle est prépondérante, que ce soit dans l'usage du raisonnement graphique ou dans la confrontation partielle des propriétés
spatiales du dessin aux propriétés géométriques de la figure. Cependant,
les modifications de la conjecture primitive qui surviennent pendant la
rédaction de la preuve marquent une réflexion qui bat du raisonnement
graphique au raisonnement discursif. En ce sens que la coordination
entre les registres figural et discursif n'est pas assurée dans le processus
de preuve, et que chaque registre peut renvoyer à des modèles différents. Si, après la formation des patrons de conjecture, la baisse du nombre de conjectures définitives fausses est un reflet du *battement discursivo-
graphique*, la modicité de cette baisse indique que la conjecture primitive
est celle qu'on tente de démontrer à tout prix. Cela signifie que si des
contre-exemples discursifs ou des ajustements visuels se sont manifestés
pendant la réflexion silencieuse, ils se sont évanouis ou sont demeurés
cachés.

AU SUJET DE LA QUESTION 1

Pourcentage couvert par les déductions

Nous avons déjà soulevé la difficulté d'interprétation des graphes étant donnée l'unicité de leur parcours. Un problème voisin se maintient lors du relevé des déductions, puisqu'il faut attribuer à chaque flèche une fonction dans le raisonnement. Nous avons circonscrit la tâche à deux types de relation: le premier, symbolisé par ▷ au tableau 4.32, pour manifester une dépendance argumentative[11] ou une séparation entre chaînes de raison; le second, symbolisé par →, lorsqu'il est possible de voir une relation de nécessité cognitive ou opératoire entre une proposition antécédente et une proposition conséquente. Dans ce qui suit, les élèves mentionnés se rapportent aux preuves prototypiques de la section *Contexture stratégique, schéma discursif.*

Tableau 4.32
Relevé des déductions dans deux preuves
et leur graphe démonstratif de référence

Elève E-13	
Graphe de l'élève	$2 \to 5 \to 15 \to 8$ ▷ $10 \to 16$ ▷ $17 \to 12 \to 13$
Graphe démonstratif	$2 \to 5 \to 15 \left\{ \begin{array}{ccc} \to & 8 & \to \\ \to & 10 & \to \end{array} \right\} 16$ et $7 \to 17$
Elève E-29	
Graphe de l'élève	1 ▷ 2 ▷ 6 ▷ $7 \to 13 \to 17$ ▷ $5 \to 10$ ▷ 12 ▷ $8 \to 16$
Graphe démonstratif	$\begin{array}{c} 2 \\ 6 \end{array} \to 5 \left\{ \begin{array}{ccc} \to & 10 & \to \\ \to & 8 & \to \end{array} \right\} 16$ et $7 \to 13 \to 17$

Pour l'élève E-13, il est facile de justifier un aspect déductif pour six relations en appliquant des définitions et des propriétés caractéristiques usuelles des figures. Mais pour la relation $8 \Rightarrow 10$, il est raisonnable de

---

11 Dans une argumentation, les pas de raisonnement s'ajoutent les uns aux autres en utilisant un réseau d'opposition et en respectant la continuité thématique; ils se complètent et, parfois, se chevauchent (Duval, 1995).

croire qu'elle interviendrait plutôt comme ajout d'unités discursives préalablement à la proposition 16, selon le schéma suivant:

$$\left.\begin{array}{c} 8: \ BA = AC \\ \oplus \\ 10: \ \text{les angles } \angle B \text{ et } \angle C \text{ ont même mesure} \end{array}\right\} \Rightarrow 16: \ ABC \ \text{est isocèle en } A$$

Quant à la relation $16 \Rightarrow 17$, elle ne peut que signifier «qu'on poursuit dans l'explication», étant donné l'indépendance de fait entre l'intention de prouver d'abord que le triangle est isocèle et, ensuite, qu'il est rectangle.

Pour l'élève E-29, à part quatre déductions, on trouve cinq groupes de dépendance argumentative dont les raisons de l'enchaînement dans la continuité thématique seraient:

- $1 \Rightarrow 2$: manifestation d'une évidence visuelle pour justifier l'hypothèse, ce qui atteste en même temps la présence de raisonnement graphique;
- $2 \Rightarrow 6 \Rightarrow 7$: étalement de connaissances en vue d'établir le caractère isocèle du triangle par 6, et rectangle par 7;
- $17 \Rightarrow 5$: reprise de l'intention de montrer que le triangle est isocèle, car il est déjà rectangle;
- $10 \Rightarrow 12$: inférence sémantique possible, mais non sûre, puisque le sens des propositions antérieures 2 (pour la perpendicularité en O), 5 (pour la préservation de la mesure d'angles symétriques) et 17 (pour la perpendicularité en A) suffisent à établir 12;
- $12 \Rightarrow 8$: ajout d'unités discursives pour montrer que le triangle est isocèle puisque d est un axe de symétrie (proposition 5), à la manière du schéma précédent.

Afin de calculer le pourcentage du nombre de déductions du graphe de l'élève par rapport à celui du graphe démonstratif associé, nous avons dû préalablement: i) rejeter les déductions non pertinentes, comme celles qui s'attachent à des propositions fausses au regard du contexte ou dont l'utilité fonctionnelle reste en suspens; ii) convenir d'un graphe démonstratif de référence pour chaque élève, respectant le plus possible l'intention par conjecture (v. g. tableau 4.32). Ainsi, toutes les déductions de l'élève E-29 ont été conservées puisque l'ordre d'apparition des propositions obéit à une disposition de démontrer la nature de chaque triangle. Par contre, même s'il ne contient pas de faille structurale, l'enchaînement $17 \rightarrow 12 \rightarrow 13$ de l'élève E-13 ne mène à rien, comme s'il s'agissait de la description d'un fait. Du nombre de flèches, nous comptons alors 4 sur 7 pour chaque élève, soit un peu plus de 57%.

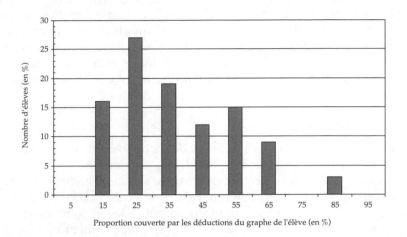

Diagramme 4.33. Nombre d'élèves selon le pourcentage du nombre de déductions du graphe de l'élève sur celui du graphe démonstratif de référence

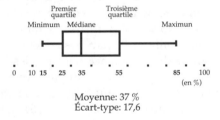

Moyenne: 37 %
Écart-type: 17,6

Diagramme 4.34. Information complémentaire au diagramme 4.33

Cette mesure reproduit l'idée d'un taux d'usage du raisonnement déductif dans des conditions singulièrement favorables. Non seulement à cause des caractéristiques de la situation-problème et du 91% d'élèves qui ont choisi correctement la conjecture double, mais surtout pour la largesse avec laquelle nous envisageons les flèches comme étant une marque de déduction. Immanquablement, plusieurs de ces «déductions» peuvent être des inférences figurales ou des inférences dans le plan argumentatif. Et même dans quelques cas, n'être qu'un couple de propositions sélectionnées «parce que c'est comme ça», sans découler d'un raisonnement graphique ou discursif. Malgré tout, si on regarde ces taux pour l'ensemble des élèves (diagramme 4.33), on remarque une proportion assez faible de raisonnement déductif. La moitié l'emploient dans une proportion inférieure à 35% et, les trois quarts, à 55%; la moyenne gravite autour de 37% (diagramme 4.34). Dans ces conditions, l'usage effectif du raisonnement déductif est plutôt limité et cela confirme qu'il est très peu probable que l'organisation discursive des élèves circule en majorité dans ce plan.

Statut des arêtes de départ, d'arrivée

D'une certaine façon, l'intérêt pour les déductions porte sur le «milieu» des graphes. Qu'en est-il aux extrémités? Au tableau 4.35, nous donnons la proportion des arêtes d'origine issues de la situation stricte (hypothèse stricte) ou qui représentent une proposition vraie dans le contexte de la situation-problème, mais qui aurait dû découler des hypothèses strictes (hypothèse empirique), et les arêtes finales qui représentent une conclusion (être isocèle, rectangle). Au premier coup d'œil, on voit tout de suite les pourcentages particulièrement bas sur la ligne de «toutes». Ceci s'explique par la forte proportion de parcours uniques, malgré les hypothèses et les conclusions multiples. La ligne de démarcation révélatrice se trouve alors entre «aucune» et «certaines». Pourquoi seulement près de la moitié des graphes partent-ils au moins d'une hypothèse stricte (v. g. E-13) et se terminent-ils par une conclusion (v. g. E-29), si ce n'est parce que la logique du commencement par les hypothèses et celle d'achèvement par la conclusion ne se pratiquent que par certains? Lors du compte, nous avons admis un statut d'hypothèse stricte (propositions 7 ou 2) et de conclusion (propositions 17 ou 16) dans les chaînes du genre

$$17 \Rightarrow 7 \Rightarrow 13 \text{ ou } 16 \Rightarrow 2 \Rightarrow 6 \Rightarrow 8,$$

parce que plusieurs élèves commencent leur rédaction en écrivant d'abord la conclusion, comme s'ils répondaient d'abord à la question posée[12].

---

12 Dans le cas des reproductions 4.6 à 4.21 (sauf 4.9), cette habitude montre que les élèves disposaient d'une conjecture suffisamment convaincante pour se lancer dans la rédaction de leur preuve.

Tableau 4.35
Statut des arêtes de départ, d'arrivée

	Hypothèses strictes	Hypothèses empiriques	Conclusion
Aucune	45	55	36
Certaines	51	34	49
Toutes	4	10	15

Qualité des graphes

Il aurait été aisé d'évaluer les graphes si l'usage du discours déductif s'était montré significatif. Mais nous avons dû régler la qualité sur le caractère de vraisemblance de l'ordre des propositions sélectionnées. Nous commentons d'abord la qualité des deux graphes échantillons, pour interpréter ensuite les résultats de l'ensemble des élèves.

Nous avons déjà justifié la considération du graphe de l'élève E-13 en deux sous-graphes:

$$2 \Rightarrow 5 \Rightarrow 15 \Rightarrow 8 \Rightarrow 10 \Rightarrow 16 \quad (S_1);$$
$$17 \Rightarrow 12 \Rightarrow 13 \quad (S_2).$$

Ceux-ci servent maintenant de points de référence.

– *Cohérence*. La structure déductive de 4 flèches sur 5 et la compatibilité sémantique de $8 \Rightarrow 10$ dans S_1, de même que la structure déductive des 2 flèches dans S_2, entraînent la qualification de «bon».

– *Stabilité*. La connexité dans l'intention d'unir l'hypothèse stricte 2 et la conclusion 16 dans S_1 invite à un «bon». Par contre, même si on reconnaît une disposition à démontrer la nature rectangle du triangle dans S_2, le début par 17 demeure une erreur. Sans cette proposition, la flèche vers 12 perdrait son sens, et il est peu probable qu'il s'agisse d'une entrée «qui répond à la question posée» à cause de la tendance inverse dans S_1. La qualification baisse donc à «moyen».

– *Clarté*. Même si le graphe force une relation entre deux propositions logiquement indépendantes par la flèche $16 \Rightarrow 17$, le traitement d'une conjecture après l'autre aide à la compréhension de la preuve. Par contre, si on considère en outre le caractère superflu de l'une des propositions 8 ou 10, cela nous empêche d'évaluer mieux que «moyen».

- *Intérêt*. Nous avons déjà dit que cette situation de validation offre la toile de fond d'un champ proceptuel. Puisqu'on impose à la preuve une certaine structure, l'intérêt ne peut se confronter qu'au contenu des propositions ordonnées. Si, dans S_1, on se convainc sans trop de difficulté du bien-fondé de la conjecture, S_2 n'explique rien du tout. Pourtant, S_1 manque d'efficacité, ce qui se traduit globalement par un «faible».
- *Authenticité*. Ici, seul S_1 est digne d'attention. L'élève touche manifestement à la symétrie du triangle isocèle, mais la linéarité de son chemin l'éloigne d'un graphe démonstratif, comme celui que nous avons proposé au tableau 4.32. Tout comme l'intérêt, nous évaluons par un «faible».

A cause d'un enchevêtrement dans le graphe de l'élève E-29, nous avions séparé les conjectures pour comprendre la preuve. Néanmoins, conserver une telle coupure lors de l'évaluation de sa qualité rendrait l'exercice artificiel.

- *Cohérence*. Cette fois, les déductions se résument à 4 flèches sur 10, et la justification des 5 groupes de dépendance argumentative, abordée en début de section, montre la fragilité de leur compatibilité sémantique. C'est pourquoi nous attribuons un «faible».
- *Stabilité*. L'ordre des propositions montre que l'élève obéit grosso modo aux lignes directrices tracées par les conjectures. Mais il semble qu'il cherche à joindre pleinement chaque conjecture, ce qui donnerait lieu à l'emboîtement de l'une dans l'autre. La connexité dans l'intention d'unir les hypothèses aux conjectures s'en trouve alors atténuée. Ceci se solde par un «faible».
- *Clarté*. Même si on arrive à discerner la compréhension de la structure fonctionnelle de la preuve, l'emboîtement précédent en dilue rapidement la transparence. On en reste donc à «faible».
- *Intérêt*. La faiblesse des trois premiers indicateurs, amplifiée par l'absence capitale de tout aspect explicatif, oblige à évaluer par «très faible».
- *Authenticité*. De façon brute, toutes les propositions clefs interviennent à un moment ou à un autre, mais une simple comparaison avec un graphe démonstratif contraint à une appréciation de «très faible».

Les résultats du tableau 4.36 sont éloquents. Pour la cohérence, la stabilité et la clarté, 86% des preuves figurent sous le seuil du «faible»; pour l'intérêt et l'authenticité, 91% sous celui du «très faible». En quelque sorte, nous avons déjà motivé, à la section *Contexture stratégique, schéma discursif*, pourquoi la clarté de 48% des graphes est évaluée par «très faible». Dans le cas des deux derniers indicateurs, c'est le manque de conviction engendré par les parcours et leur grande divergence avec les graphes démonstratifs qui sont les responsables de la quantité particulièrement élevée de «très faible». Quant à la stabilité, la position des hypothèses et des conclusions s'est avérée déterminante. De fait, si l'on groupe l'effectif du «moyen» et du «bon» sous une même étiquette et que l'on établit une correspondance statistique avec la colonne des hypothèses strictes du tableau 4.35, on trouve une corrélation linéaire positive de 0,99. Avec la conclusion, on retrouve sensiblement le même nombre.

Tableau 4.36
Qualité des preuves

	Cohérence	Stabilité	Clarté	Intérêt	Authenticité
Très faible	30	40	48	91	91
Faible	60	46	39	6	6
Moyen	6	4	9	3	3
Bon	4	9	4	0	0

Nous avons aussi regardé s'il existait un lien statistique entre les résultats du diagramme 4.33 et ceux de la cohérence, étant donnée leur différence méthodologique de discrimination. Dans ce dessein, nous avons divisé l'échelle de la proportion couverte par les déductions en quatre intervalles équidistants, ce qui donne une distribution des effectifs (en %) de 33, 55, 9 et 3, associée à $[0; 25[$, $[25; 50[$, $[50; 75[$ et $[75; 100]$ respectivement. En comparant cette distribution aux résultats du tableau 4.36, on trouve encore une corrélation linéaire positive de 0,99.

Nous interprétons ce lien corrélatif positif presque parfait par l'influence négligeable des dépendances exclusivement argumentatives (c'est-à-dire sans homologue déductif) sur la qualité de la cohérence des graphes. Puisque ces derniers se fondent sur un ensemble imposé de propositions qui contient toutes les propositions nécessaires à l'établissement d'une démonstration schématique, nous y voyons une excellente méthode d'introduction à la démonstration et au raisonnement déductif. Autrement dit, en élaborant une série d'exercices préparatoires dans lesquelles on délimite un champ proceptuel relatif à une conjecture. De plus, parce que les corrélations sont tout aussi fortes entre la qualité de la stabilité et le bon usage, d'abord des hypothèses, ensuite des conclusions, il est avantageux d'amorcer une telle initiation en précisant les arêtes de départ et d'arrivée.

En conséquence, la faible qualité des graphes, l'utilisation réduite du raisonnement déductif et la méconnaissance de l'exigence du commencement par les hypothèses et d'achèvement par la conclusion indiquent un problème qui dépasse largement celui de la difficulté de compréhension sémiotique d'un graphe propositionnel orienté. La formation de celui-ci dans les conditions de la situation-problème invite plutôt à penser que, pour l'élève, la complication consiste en «comment dois-je m'y prendre» dans un champ proceptuel. Formulé ainsi, l'exercice met en relief: i) les limitations discursives, comme la pensée linéaire ou l'ignorance des principes du discours déductif; ii) la difficulté de superposer le plan argumentatif à un graphe conçu dans l'esprit déductif, qui se solde par une cohérence, une stabilité et une clarté de niveaux inférieurs; iii) de sérieuses contraintes dans l'arsenal des stratégies de preuve disponibles, quand on note que les hypothèses et la conclusion ne sont pas à leur place et ce, malgré le fait de fournir les propositions et la toile de fond d'un champ proceptuel, ou quand on trouve une sélection d'arguments plausibles au regard du contexte, mais dont l'ordre s'apparente davantage à un étalement proceptuel qu'à une disposition propre au raisonnement discursif. Il reste à recouper ces conclusion dans les preuves écrites des autres questions (Q2 à Q5) pour en vérifier l'ampleur et la persistance.

STRATÉGIES DE PREUVE

L'empreinte de la mathématique élémentaire subsiste visiblement dans les preuves développées. On remarque assez souvent, dans Q2: i) la figure de la conjecture se considère telle quelle, sans mise en relation avec des éléments d'autres figures, comme les angles des parallélogrammes; ii) les chaînes de raison, indépendantes les unes des autres par définition, se limitent à une inférence; iii) les propriétés s'énoncent au général, c'est-à-dire sans mention explicite des points particuliers qui, pourtant, demeurent indispensables pour nommer ou distinguer les objets qui prennent part à la propriété; iv) il n'y a pas de référence aux mesures qui se dégagent de la situation-problème; v) on justifie en invoquant une définition, sans ne rien dire sur ses antécédents ou sans spécifier si les conditions d'entrée (ou de sortie) sont satisfaites. Cela explique pourquoi l'analyse descriptive et l'étalement proceptuel rejaillit dans plus de la moitié des preuves, comme on l'indique au tableau 4.37.

Tableau 4.37
Stratégies de preuve dans Q2, Q3 et Q4

Vérification par expérimentation, généralisation						Analyse descriptive, étalement proceptuel								
classe d'objets			procepts			de la conjecture			d'une procédure de preuve			de connaissan- ces		
Q2	Q3	Q4	Q2	Q3	Q4	Q2	Q3	Q4	Q2	Q3	Q4	Q2	Q3	Q4
0	47	11	34	18	39	34	5	11	10	0	0	51	11	9

Chemin dans un champ proceptuel						Entreprise d'une dialectique du contre-exemple											
hypothèses vers conclu- sion			réduction à l'absurde			invalidation de la conjecture			invalidation et recons- truction de la preuve			invalidation et recons- truction de connaissan- ces			invalidation et réorgani- sation du discours		
Q2	Q3	Q4	Q2	Q3	Q4	Q2	Q3	Q4	Q2	Q3	Q4	Q2	Q3	Q4	Q2	Q3	Q4
25	30	39	0	15	0	11	12	11	16	8	14	0	0	3	0	3	0

Au sujet des patrons de conjecture (tableau 4.31), nous avons déjà dit que, dans Q3, la réflexion se base exclusivement sur le dessin pour 68% des élèves. Leur stratégie se partage principalement entre la vérification par expérimentation-généralisation, et le chemin dans un champ pro- ceptuel, de façon assez semblable à la preuve de la reproduction 4.12. Lorsqu'il y a construction de la conclusion à partir des hypothèses, c'est souvent parce que l'établissement du triangle rectangle est possible en n'invoquant que sa définition. Dans Q4, la manière de traiter la figure est quelquefois rudimentaire. Bien que nombreux soient ceux qui motivent leur conjecture en justifiant les étapes d'une construction, d'autres, au contraire, se contentent de dessiner leur conjecture et d'en décrire ses caractéristiques, ou d'en vérifier l'effet suivant la position du point D (v. g. reproduction 4.21). On retrouve cette dernière stratégie élémentaire dans 39% des preuves.

Pourtant, un bon nombre de solutions manifeste déjà une volonté d'organisation discursive, même lorsqu'elles aboutissent à des résultats faux. C'est ce qu'on peut voir dans l'extrait suivant, issu de Q2, dans lequel l'élève expérimente l'effet de sa conjecture («triangle quelconque») en abordant la définition du milieu d'un segment et du parallélogramme avec certaines de leurs propriétés respectives:

> Ce n'est pas un triangle isocèle parce que AC et CB ne sont pas égaux. Seulement dans le cas où C est à la moitié de [FD] ça serait vrai car AC et CB seraient les diagonales de deux parallélogrammes égaux. (Elève A-8)

La fausseté du raisonnement, probablement due à une mauvaise visualisation et à une méconnaissance des propriétés caractéristiques du parallélogramme, n'altère en rien la stratégie. Alors que dans Q2, 34% des preuves contient une vérification par des procepts, dans Q3, la vérification s'effectue à partir du dessin pour 47% d'entre elles. Dans chaque cas, et quasiment pour la totalité de ces élèves, l'expérimentation s'attache toujours à des propriétés spatiales du dessin qui sont vraies localement.

D'autres solutions rendent plus apparente la validation. Dans Q2, 25% des élèves ont construit la conclusion à partir des hypothèses au mode de la reproduction 4.9, c'est-à-dire en appliquant d'abord la réciproque du théorème de Pythagore pour invoquer ensuite la définition du triangle isocèle. Dans Q3, 15% composent un raisonnement par l'absurde, comme à la reproduction 4.15, en démontrant l'incompatibilité des hypothèses. Dans Q4, 39% construisent leur quadrilatère-conclusion: soit en montrant verbalement que sa définition ou qu'une de ses propriétés caractéristiques est satisfaite; soit en intégrant au texte un dessin qui représente des propositions graphiques fonctionnelles (v. g. reproduction 4.18). Dans le premier cas, on illustre parfois les propositions discursives à l'aide de dessins, mais les propositions graphiques qui les constituent n'agissent pas dans des pas de raisonnement.

Les invalidations de la conjecture ou de la preuve se sont produites en quantité inférieure à notre présomption. Les corrections au moment de la conjecture, sans correspondant dans la preuve, suggèrent que pour plusieurs, l'illusion optico-géométrique dans Q2 s'est dissipée avant la situation de validation stricte. Un phénomène similaire se retrouve au sein des deux questions suivantes, en relation cette fois avec l'incompatibilité des hypothèses et l'indécision sur la nature du quadrilatère. En particulier dans Q3, on peut considérer que les solutions des 9% qui ont

Tableau 4.38

Patrons du contenu de la contexture stratégique

Q2

Analyse descriptive, étalement proceptuel	Vérification par expérimentation, généralisation	Chemin dans un champ proceptuel	Analyse descriptive, étalement proceptuel / Entreprise d'une dialectique du contre-exemple	Vérification par expérimentation, généralisation / Analyse descriptive, étalement proceptuel	Chemin dans un champ proceptuel / Entreprise d'une dialectique du contre-exemple
25	24	21	15	10	4

Q3

Vérification par expérimentation, généralisation	Vérification par expérimentation, généralisation / Chemin dans un champ proceptuel	Chemin dans un champ proceptuel / Entreprise d'une dialectique du contre-exemple	Analyse descriptive, étalement proceptuel	Chemin dans un champ proceptuel	Vérification par expérimentation, généralisation / Analyse descriptive, étalement proceptuel
38	23	14	11	9	5

Q4

Vérification par expérimentation, généralisation	Chemin dans un champ proceptuel	Chemin dans un champ proceptuel / Entreprise d'une dialectique du contre-exemple	Analyse descriptive, étalement proceptuel	Vérification par expérimentation, généralisation / Analyse descriptive, étalement proceptuel
44	23	17	12	5

maintenu des conjectures contradictoires renferment potentiellement une invalidation. A la représentation 4.12, par exemple, l'ajout de «dans l'introduction» ne renseigne pas seulement sur l'origine de la proposition «que les bissectrices des angles à la base se coupent à angle droit en O». Puisque l'élève pend soin de souligner l'expression «à angle droit», il est probable qu'il ait eu un doute après l'application de sa première stratégie élémentaire, mais qu'il s'est rallié à son intention initiale puisqu'on le dit «par hypothèse».

A part l'invalidation du contre-exemple qui ne s'est jamais produite, on trouve 3% pour chacune des autres invalidations. Dans Q3, on assiste à une invalidation du discours dans deux preuves similaires. On y soutient que le triangle est à la fois isocèle et rectangle à partir de ce que l'on voit sur le dessin. On barre cette première partie et on renouvelle le raisonnement, comme selon l'extrait suivant:

> Le triangle BOC est isocèle parce que:
> a) Si on fait la bissectrice de O, on sait que la bissectrice serait un axe du triangle.
> b) Si le triangle ABC est isocèle ça veut dire que les angles B et C sont égaux, donc si on fait ses bissectrices, les angles résultants doivent être aussi égaux, BOC est un triangle isocèle.
> Le triangle BOC n'est pas rectangle parce que ce n'est pas possible que O soit un angle droit, parce qu'alors B et C seraient 45°, et si on calculait le double ça serait 90°, donc ABC n'existerait pas. O n'est pas un angle droit. (Elève E-11)

L'invalidation et la réorganisation du discours consistent en un délaissement d'une preuve qui ne contenait que des inférences figurales, pour amplifier le domaine des justifications aux inférences des plans discursifs. Dans Q4, il y a la même invalidation et reconstruction des connaissances. Au départ, on montre, dessins à l'appui, trois possibilités dans la nature du quadrilatère: trapèze, parallélogramme et carré. Finalement, on raye les deux derniers cas de figure pour ne retenir que le premier, en spécifiant que les parallélogrammes et les carrés sont des trapèzes. Notons au passage qu'en français, l'acception géométrique de trapèze ne fait pas l'unanimité, puisque coexistent la définition inclusive «parallélogramme $\subset$ trapèze» (Petit Larousse, 1998) et la définition exclusive «parallélogramme $\not\subset$ trapèze» (Dictionnaire universel francophone Hachette, 1997).

A l'instar des patrons de conjecture, nous avons classé le comportement de l'élève par rapport au contenu de la contexture stratégique pour montrer la mesure dans laquelle les stratégies élémentaires de preuve interviennent. Le tableau 4.38 dresse alors la distribution d'effectifs où la variable qualitative regroupe l'ensemble des patrons qui figurent dans les canevas de la contexture stratégique, sans tenir compte de l'ordre d'apparition des stratégies élémentaires de preuve. Cela permet d'éviter la multiplication inutile du nombre de patrons tout en écartant le problème des stratégies élémentaires de preuve qui s'imbriquent. Ainsi, on remarque que la vérification par expérimentation-généralisation se situe en tête de liste dans Q3 et Q4; elle s'y trouve de façon comparable avec l'analyse descriptive et l'étalement proceptuel dans Q2. La présence de cette dernière stratégie élémentaire s'estompe immanquablement dans les questions subséquentes, comme si l'incitation à mobiliser de concert plus de moyens cognitif et sémiotique entraînait davantage de respect à la logique interne et aux conditions précises des situations-problèmes. De plus, la vérification par expérimentation-généralisation devance toujours le chemin dans un champ proceptuel, ce qui s'explique par l'importance du statut de «faits» des dessins (voir ci-dessous). Et si, dans Q3, il y a 23% de solutions qui contiennent à la fois ces deux dernières stratégies élémentaires de preuve, c'est parce que l'établissement de la nature du triangle est possible en n'invoquant que sa définition.

Bien que, globalement, l'analyse antérieure laisse transparaître des réminiscences de la mathématique élémentaire, la proéminence du groupe de la vérification par expérimentation-généralisation, et le rôle secondaire du groupe du chemin dans un champ proceptuel requièrent une conclusion plus fine. En l'occurrence, on détecte une préférence pour la «pratique expérimentale» par le même présupposé inductiviste que dans les sciences expérimentales, au détriment de la «pratique démonstrative» proprement mathématique. Le dessin n'est pas seulement la représentation de procepts. Il les substitue au besoin comme des faits, confirmant certaines idées que nous avons avancées au chapitre II, section *Aspects sémiotiques et pragmatiques*, comme:

– L'autonomie de l'ordre symbolique de celui des signifiés;
– Le statut de modèle ou de domaine de réalité accordé aux dessins et aux images mentales;
– La pluralité des processus de renvoi au concept.

Une question se pose alors: à quel point l'élève délibère-t-il sa stratégie? Nous croyons que sa stratégie de preuve s'élabore telle une osmose entre ce qu'il sait et ce qu'il peut. Tout d'abord, mis à part les solutions qui opèrent uniquement par analyse descriptive et étalement proceptuel, on reconnaît une prétention de valider les conjectures, non pas parce que le questionnaire le commande, mais parce qu'on tente de donner du crédit aux propositions affirmées en raisonnant sur celles-ci. Il est alors probable que l'élève veut réconcilier sa preuve avec les modèles proceptuels qu'il a déjà élaborés, intégrés, exercés ou éprouvés dans des situations analogues. Ensuite, le nombre minime d'invalidations, ce qui étonne notamment dans Q3, confirme la volonté de prouver la conjecture primitive coûte que coûte, ce à quoi la pratique expérimentale se prête à merveille; tant qu'on ne trouve pas (ou qu'on ne montre pas) de contradictions, la preuve tient (jusqu'à preuve du contraire). Et encore, l'élève est soumis à une contrainte à laquelle il ne peut résister, dû à l'ignorance du rôle établi des hypothèses et de la conclusion. Puisqu'en général, la conjecture lui apparaît naturellement en point de départ du raisonnement, il cherche alors à en vérifier l'exactitude. Nous traitons la perception de la notion d'hypothèse et de leur emploi effectif à la section *Typologie du comportement*.

Tableau 4.39
Raisonnement dans Q2, Q3 et Q4

Types de structure											
Inférence sémantique			inférence discursive			déduction			Manipulations algébriques		
Q2	Q3	Q4	Q2	Q3	Q4	Q2	Q3	Q4	Q2	Q3	Q4
90	95	100	4	55	5	45	76	26	24	5	0

Raisonnement graphique								
aucun indice			possible			sûr		
Q2	Q3	Q4	Q2	Q3	Q4	Q2	Q3	Q4
4	11	0	75	30	15	19	61	85

RAISONNEMENT, CATÉGORIES DE PREUVE

Au début du chapitre, nous avons illustré comment l'organisation discursivo-graphique s'avère quelquefois décisive dans la contexture stratégique, comme les rapports du raisonnement déductif au champ proceptuel. Mais notre reconnaissance de déductions doit se nuancer. Par exemple, à la reproduction 4.9, nous avons identifié le pas de raisonnement suivant

$$\left.\begin{array}{l} OC = 3 \\ OB = 5 \end{array}\right\} \rightarrow CB = \sqrt{34}$$

comme une déduction qui invoque le théorème de Pythagore. Formellement, il y a une différence entre le théorème lui-même, qui est une propriété caractéristique du triangle rectangle (**si** *BOC* est rectangle, **alors** $OB^2 + OC^2 = BC^2$), et l'égalité de Pythagore, c'est-à-dire la conclusion du théorème. Or, dans la déduction précédente, la justification n'apparaît pas dans le texte et sa structure n'est pas canonique (v. g. diagramme 2.3). S'il est évident que le conséquent $CB = \sqrt{34}$ est issu d'un traitement algébrique à partir de l'égalité de Pythagore, il ne s'agit pas seulement de manipulations algébriques cachées. Car la prémisse du théorème intervient dans la considération du point *O*, défini explicitement en proposition graphique sur le dessin du questionnaire. C'est pourquoi nous jugeons que cette *déduction algébrique* se constitue dans le plan déductif, au même titre qu'une déduction structurellement canonique. De plus, un bon nombre de «déductions» reposent sur une définition, comme celle du triangle isocèle, mais celle-ci n'est pratiquement jamais énoncée dans les preuves. S'agit-il de déductions authentiques qui procèdent à partir du statut opératoire de définitions implicites ou d'inférences sémantiques qui se justifient par leur contenu? Comme dans notre relevé des déductions dans Q1, nous envisageons ces inférences en déduction pour évaluer, de façon opérationnelle, la marque du déductif dans des conditions favorables. Nous y reviendrons ci-après.

Cette disposition explique la générosité des pourcentages du tableau 4.39, qui ne coïncident pas dans leur ensemble avec ceux des preuves intellectuelles et des démonstrations. Par contre, les manipulations algébriques ont été l'exception, quoiqu'en Q4 ce ne soit pas étonnant. Dans Q3, 5% ont additionné des mesures d'angle (v. g. reproduction 4.15), tandis que dans Q2, grâce au quadrillage engendré par le repère orthonormal, 24% ont cherché à appliquer, avec plus ou moins de succès, le théorème ou la relation de Pythagore.

Si l'inférence sémantique s'utilise massivement, peu importe les questions, les particularités de Q3 ont donné lieu à une plus grande diversité de pas de raisonnement, spécialement en ce qui concerne l'inférence discursive. En effet, pour préserver la connexité de leur preuve, la plupart de ces 55% se sont «préparé» des propriétés pour justifier une inférence cruciale (v. g. reproduction 4.12). Il s'agit souvent d'une raison déterminante qui contribue à ranger ces solutions dans la catégorie des preuves pragmatiques. On en trouve d'ailleurs 39%, dont les proportions paraissent au tableau 4.40. Quant à Q2, si on en découvre 40%, c'est surtout parce qu'on accumule des inférences sémantiques dans la description de propriétés perçues visuellement.

Tableau 4.40
Catégories de preuve dans Q2, Q3 et Q4

Explication			Preuve pragmatique			Preuve intellectuelle			Démonstration		
Q2	Q3	Q4	Q2	Q3	Q4	Q2	Q3	Q4	Q2	Q3	Q4
34	30	29	40	39	5	15	15	53	10	15	14

Si nous escomptions que la saisie de l'information à partir du dessin devait jouer un rôle prépondérant, qu'en est-il du raisonnement graphique? Sa présence est plus que respectable, bien qu'il ne saille pas toujours, même par l'inclusion d'un dessin dans le texte. Nous l'avons enregistré: i) aussitôt que nous constations une inférence figurale; ii) s'il entrait dans une inférence indéterminable avec une éventuelle inférence sémantique, dont le sens se rapporte intentionnellement au dessin (v. g. reproduction 4.12, première inférence). En l'occurrence, le raisonnement graphique intervient seulement dans moins d'une preuve sur cinq pour Q2, mais dans plus de trois preuves sur cinq pour Q3 et dans plus de quatre preuves sur cinq pour Q4.

Par ailleurs, le raisonnement graphique ne franchit que le seuil du probable: i) quand il n'est qu'une possibilité de toute autre inférence indéterminable; ii) lorsqu'il se dissimule vraisemblablement à travers les inférences des plans du discours (v. g. reproduction 4.12, deuxième inférence); iii) dès qu'on note un ensemble de perceptions erronées causé par l'apparence du dessin, qui engendre des conséquents faux ou qui constitue une description visuelle (v. g. reproduction 4.6, première tranche). Ainsi défini, l'importance du raisonnement graphique probable ne fait aucun doute, même dans une rédaction où les signes corporels cessent d'exister – pour simuler un mouvement par exemple ou pour communiquer une idée à la manière des mathématiciens aveugles (v. g. Jackson, 2002). En joignant l'indice du possible à la marque sûre, nous constatons plutôt que l'usage du raisonnement graphique est effectif neuf fois sur dix.

Tableau 4.41

Patrons du contenu discursivo-graphique

Q2

Plan argumentatif Plan déductif	Plan argumentatif	Plan argumentatif Manipulations algébriques	Plan argumentatif Raisonnement graphique	Plan déductif Manipulations algébriques	Plan argumentatif Plan déductif Raisonnement graphique
30	26	15	14	9	6

Q3

Plan argumentatif Plan déductif	Plan argumentatif Plan déductif Raisonnement graphique	Plan argumentatif Raisonnement graphique	Plan déductif Raisonnement graphique	Plan argumentatif Plan déductif Manipulations algébriques	Plan argumentatif Plan déductif
35	32	24	5	5	35

Q4

Plan argumentatif Raisonnement graphique	Plan argumentatif Plan déductif Raisonnement graphique	Plan argumentatif Plan déductif	Plan argumentatif
68	17	9	6

D'une question à l'autre, la distribution au sein des mêmes catégories de preuve montre des proportions relativement voisines dans le nombre d'explications et de démonstrations. Ailleurs, on observe deux différences assez significatives. Dans Q4, les preuves intellectuelles surpassent de loin les preuves pragmatiques. Non seulement parce que la validation se trouve au premier plan, mais aussi à cause des suites de l'implication personnelle dans la construction de dessins concernant la conjecture. En effet, dans leur double statut de fait ou de modèle: i) les dessins sont aussi des esquisses qui mettent en évidence la relation de représentation d'objets géométriques (v. g. reproduction 4.18); ii) les dessins participent directement au raisonnement, la plupart du temps en justification d'inférences figurales (v. g. reproduction 4.21). Dans Q2 et dans Q3 respectivement, on remarque qu'il y a 74% et 69% d'explications et de preuves pragmatiques. C'est la surjection de ce que nous avons dit précédemment sur la mathématique élémentaire.

Afin de vérifier la tendance du contenu discursivo-graphique, nous avons relevé les patrons qui se découvrent lorsqu'on groupe les inférences par plan du discours et qu'on ne considère que le raisonnement graphique sûr. Le tableau 4.41 résume la distribution d'effectifs des patrons rencontrés. Dans Q2, on constate que la combinaison plan argumentatif, plan déductif intervient trois fois sur dix, accompagnée par le plan argumentatif seul dans 26% des cas. Cette dernière proportion est en relation directe avec le 25% d'analyse descriptive et d'étalement proceptuel (tableau 4.38). Dans Q3, ce même patron apparaît en premier lieu pour 35% des solutions, mais on trouve la triple combinaison plan argumentatif, plan déductif, raisonnement graphique en second lieu dans une proportion similaire, qui met en évidence cette fois la présence du plan déductif. Cela s'attache au fait que le chemin dans un champ proceptuel se trouve à la fois dans les deuxième et troisième patrons du contenu de la contexture stratégique. Dans Q4, le 68% de la combinaison plan argumentatif, raisonnement graphique exprime la proportion élevée de preuves intellectuelles basées sur l'idée de la validation par construction géométrique.

Malgré l'avantage que nous avons octroyé au plan déductif, celui-ci demeure en position d'infériorité face au plan argumentatif. D'ailleurs, si nous décidions de concevoir les éventuelles équivalences logiques en équivalences sémantiques, l'usage du raisonnement déductif deviendrait pratiquement inexistant. Cela nous oblige à remettre en cause l'emploi des définitions comme justification de déductions authentiques. Parce qu'en n'ayant pas de connaissances effectives sur leur statut opératoire, il n'est pas étonnant que l'élève ne sache pas non plus commencer ses preuves par les hypothèses et les terminer par la conclusion. L'ignorance de la pensée déductive constituerait alors un obstacle proceptuel de taille pour l'accès aux preuves intellectuelles de haut niveau et, forcément, à la démonstration. Cela peut paraître une évidence étant donnée notre définition des preuves intellectuelles, mais il faut comprendre que si l'élève tente de valider en généralisant des propriétés qui s'éloignent de la réalisation particulière, la prédominance du plan argumentatif serait à la fois une cause et un effet. Dans Q2, la possibilité de déductions algébriques est susceptible d'adoucir cet obstacle. Cependant, le style de Q3 et de Q4 exige plutôt de mobiliser le raisonnement graphique et de chercher à le représenter, ce qui précise la nature de la réflexion par battement discursivo-graphique. Dans certains cas, le raisonnement verbal de la preuve fixe des moments de raisonnement graphique jugés significatifs. Dans d'autres cas, le raisonnement graphique complète le raisonnement verbal à l'aide d'inférences figurales qui cimentent le corps des preuves.

Tableau 4.42
Qualité des reproductions du chapitre IV

	Cohérence			Stabilité			Clarté			Intérêt			Authenticité		
	Q2	Q3	Q4	Q2	Q3	Q4	Q2	Q3	Q4	Q2	Q3	Q4	Q2	Q3	Q4
Très faible	4.6			4.6			4.6			4.6	4.12		4.6	4.12	
Faible		4.12			4.12	4.21		4.12				4.18 4.21			4.18 4.21
Moyen		4.15	4.18 4.21		4.15	4.18		4.15	4.21						
Bon	4.9			4.9			4.9		4.18	4.9	4.15		4.9	4.15	

QUALITÉ DES PREUVES

A quelques reprises, nous avons mentionné qu'à partir d'une preuve, la reconnaissance de la contexture stratégique et la formation du schéma discursivo-graphique sont indépendantes de la valeur qualitative; en revanche, la détermination de la qualité en a besoin. Récupérant le développement du chapitre III et de la section *Contexture stratégique, schéma discursif*, nous commençons par expliquer la discrimination des preuves prototypiques en fonction des indicateurs de qualité. A la suite de cette illustration, nous interprétons les résultats de l'ensemble des preuves. Pour éviter d'alourdir inutilement le texte du reste de la section, nous abrégeons, par exemple, «reproduction 4.21» en «(4.21)».

Tableau 4.43

Qualité des preuves dans Q2, Q3 et Q4

	Cohérence			Stabilité			Clarté			Intérêt			Authenticité		
	Q2	Q3	Q4	Q2	Q3	Q4	Q2	Q3	Q4	Q2	Q3	Q4	Q2	Q3	Q4
Très faible	15	0	5	34	45	11	15	0	11	70	61	35	85	65	55
Faible	55	45	45	25	20	35	45	45	35	19	26	61	4	20	39
Moyen	25	50	50	25	20	45	25	45	50	0	5	5	4	11	5
Bon	4	5	0	15	15	11	15	11	5	10	9	0	4	5	0

Peu importe l'indicateur, (4.6) et (4.9) se situent aux antipodes, puisque l'appréciation de la première se maintient au «très faible» pendant que celle de la seconde grimpe invariablement au «bon», comme on l'indique au tableau 4.42. En voici les raisons par indicateur:

– Le schéma discursif associé montre que (4.6) circule uniquement dans le plan argumentatif avec, peut-être comme exception, une inférence figurale. Dans chaque unité discursive de la dernière chaîne de raison – en cas d'invalidation et de reconstruction de la preuve, nous ne considérons que la tranche conservée –, on note une insuffisance flagrante au niveau de la compatibilité sémantique, et encore, la justification de la première inférence est sommaire. Au contraire, (4.9) s'articule exclusivement dans l'autre plan: toutes les inférences respectent la structure déductive.

– Les propositions de départ de (4.9) sont des hypothèses de la situation, de même que celle d'arrivée, la conclusion. On recycle tous les conséquents déduits en antécédents de l'ultime déduction. A l'inverse, la proposition initiale de (4.6) n'est pas motivée et sa relation avec les hypothèses de la situation est douteuse. Même s'il n'y a pas d'erreur sur la conjecture, la continuité thématique n'a pratiquement rien à voir avec celle-ci, surtout qu'on invoque en surface la question antérieure (Q1) sans expliquer quelle est la correspondance avec les données particulières de la situation-problème.

– La preuve de (4.6) demeure incompréhensible, même si on force une interprétation soutenable. Par contre, (4.9) est parcimonieuse, mais efficace: l'usage adéquat de déductions algébriques et de macropropriétés permet de mettre en évidence les déductions indispensables.

– Dans les circonstances de notre diagnostic, l'intérêt et l'authenticité ne conviennent pas pour qualifier (4.6), ce qui le condamne, par défaut, à l'attribution de «très faible». Mais dans (4.9), on touche l'essence de la conjecture en préparant les mesures nécessaires pour invoquer la définition du triangle isocèle. En deux occasions, on utilise le théorème et la relation de Pythagore pour déterminer la distance de deux points dans un repère orthonormé, même si cette dernière propriété n'a jamais été étudiée en classe avant le passage du questionnaire (chapitre III). De plus, il est évident que la preuve procède par méthode directe (chapitre I).

En ce qui concerne les autres solutions, elles figurent entre ces extrêmes. Toujours par indicateur, on explique ainsi les qualifications allouées:

– Comparativement à (4.6), on note un léger mieux dans (4.12): le schéma discursif montre une déduction en bonne et due forme, mais les rapports sémantiques à l'intérieur des deux premières chaînes de raison demeurent fragiles. A l'inverse, la cohérence de (4.15) est un peu en dessous de celle de (4.9): bien que les quatre déductions se présentent quasiment sous une forme canonique, on saisit mal la justification qui permet d'avancer que les angles $\angle B$ et $\angle C$ mesurent chacun 90°. Au sein des solutions restantes, chacune des inférences figurales se justifie par des dessins pertinents. De fait, nous traitons la cohérence de ce type d'inférence selon la justesse de la proposition verbale inférée avec les connaissances représentées par le dessin (propriétés spatiales ou géométriques). Cependant, nous jugeons qu'il y a confusion sémantique dans la proposition «on ne peut pas le construire» de (4.18), car on comprend d'abord une impossibilité de construction et ensuite, une impossibilité de décision. Dans (4.21), la proposition initiale n'est pas motivée.

– La troisième chaîne de raison de (4.12) justifie à point nommé l'origine de l'angle droit, mais l'absence de confrontation des hypothèses de la situation entre elles empêche d'accorder davantage qu'un «faible». Dans les autres preuves, l'obéissance de la continuité thématique développée à la conjecture attendue est assez bonne, mais pour (4.15), la reprise par la proposition «comme on avait dit» abîme la connexité dans l'intention d'unir les hypothèses de la situation à la conjecture; pour (4.18), il se produit à peu près le même phénomène, à cause cette fois du manque d'assurance sur le rôle exact des conjonctions «ni» et «non plus» et de l'enchaînement par la bande dessinée; pour (4.21), l'absence de référence verbale aux hypothèses de la situation rend l'intention précédente plus hasardeuse.

– L'ambiguïté d'acception du verbe «voir», la redondance des deux premières chaînes de raison et la composition maladroite de la justification de l'inférence discursive gênent la compréhension dans (4.12). Néanmoins, si on la compare avec (4.6), on conçoit plus facilement ce que l'élève aurait pu vouloir dire. La clarté de (4.15) et de (4.21) est plus satisfaisante, mais elle ne dépasse pas le «moyen» parce que: dans le premier cas, la jonction des problèmes de cohérence et de stabilité du deuxième paragraphe limite la fluidité d'entendement; dans le second cas, le caractère expéditif de la première phrase oblige le lecteur à revenir sur l'énoncé de la situation-problème ou à consulter d'abord les dessins qui sont donnés par la suite. L'inclusion des dessins dans (4.18) et leur ordre de présentation favorisent nettement la compréhension, tout en permettant de faire ressortir les idées clefs.

– L'erreur sur la conjecture et la fonction capitale du dessin de la situation-problème dans le raisonnement sanctionne tout de suite l'intérêt – et l'authenticité – de (4.12). Dans le cas de (4.18) et (4.21), cette valeur est juste un peu mieux à cause des dessins qui effleurent l'essentiel de la conjecture, mais malheureusement, la validation demeure au second plan. Malgré quelques lacunes au sein de la cohérence et de la stabilité, nous notons (4.15) comme «bon», étant donnée la portée notoire des preuves qui procèdent par réduction à l'absurde, d'autant plus qu'elles sont inusitées à cet âge.

– Même si les dessins de (4.18) et de (4.21) suggèrent les propriétés charnières, chaque preuve reste en retrait d'une procédure institutionnelle. Par contre, dans (4.15), la confrontation de toutes les hypothèses de la situation, qui débouche d'abord sur la nullité de l'angle $\angle A$ pour conclure ensuite que la figure est impossible, contient en soi toutes les idées clefs; la contexture stratégique s'approche remarquablement d'une procédure institutionnelle.

Quand on regarde les qualifications du tableau 4.43, on remarque immédiatement la faiblesse généralisée des preuves: la somme des pourcentages du «faible» et du «très faible» excède toujours le 45%, tandis que le «bon» ne dépasse jamais le 15%. La cohérence et la clarté se situent sensiblement au-dessus de la stabilité; l'intérêt et l'authenticité se trouvent essentiellement au-dessous des autres indicateurs. A partir des commentaires effectués jusqu'ici, voici un résumé des causes les plus apparentes:

- A l'image de Q1, le mode d'intervention des hypothèses de la situation et de la conjecture-conclusion montre une méconnaissance de leur rôle respectif dans le processus de preuve. La première phrase traduit souvent une constatation visuelle et, par la suite, on cherche à préserver la connexité de ce que l'on voit.
- La compatibilité sémantique d'un grand nombre d'inférences du plan argumentatif est hésitante ou s'installe dans un réseau sémantique indéterminé. L'usage de déductions consécutives reste singulier.
- Sans être précaires, les raisonnements manquent de continuité: on assiste fréquemment à une accumulation d'inférences, dont les enchaînements sont douteux ou, tout simplement, pas assurés. La cohésion entre la progression discursive, la logique de la situation-problème et les stratégies de preuve développées est locale, voire partielle.
- On avantage le raisonnement graphique au détriment du raisonnement discursif. On se sert fréquemment du dessin sans motivation verbale de sa raison d'être, ou comme un argument d'ensemble sans y dégager les propriétés supposées dignes d'attention.
- Bien que l'on trouve rarement des arguments triviaux et que la volonté de prouver soit résolument visible, la plupart des solutions manquent de précision. Plusieurs preuves ne montrent pas toutes les propriétés charnières; elles n'emportent pas la conviction. Peu de stratégies s'apparentent à des procédures de preuve institutionnelles.

Bien que décevantes d'un point de vue évolutif, les qualifications précédentes doivent être accueillies avec circonspection, aucun enseignement sur les preuves n'ayant encore été pratiqué. Notre intention initiale, rappelons-le, visait plutôt à diagnostiquer un «état des choses» sur deux axes principaux. Un premier, qui permet la discrimination relative par comparaison entre élèves; un second, qui dérive du rapprochement aux procédures institutionnelles, récupérable cette fois pour évaluer une progression après enseignement. Hormis la faiblesse généralisée de l'intérêt et de l'authenticité, qui, de toute façon, trahit une absence d'enseignement, notre évaluation précise la nature de failles au sein de la cohérence et de la stabilité. En appuyant positivement sur la stratégie et le raisonnement, nous avons rendu possible une évaluation qui admet toute méprise dans l'usage des hypothèses qui soutiennent la situation-problème. De fait, nous avions sous-estimé ce que devaient être les propositions «point de départ» des preuves de l'élève, question pourtant centrale avant enseignement. Quelles sont alors les suppositions personnelles qui enclenchent les preuves? Ces suppositions émergent du contexte en général. On emprunte aussi bien au dessin qu'à l'ensemble des propriétés qui ont été découvertes au moment de la conjecture ou de la preuve. Cette caractéristique du fonctionnement de l'élève réclame en soi une prolongation de l'exercice entrepris jusqu'ici. La section *Typologie du comportement* étaye la question d'une étude spécifique.

Tableau 4.44
Tables d'adéquation des niveaux de validation-conviction dans Q2

Adéquation avec la qualité globale de la preuve	Auto-conviction	Camarade	Professeur	Etranger
Très Faible	bon	moyen	faible	très faible
Faible	moyen	bon	moyen	faible
Moyen	faible	moyen	bon	moyen
Bon	très faible	faible	moyen	bon

Adéquation avec la conjecture définitive	Auto-conviction	Camarade	Professeur	Etranger
Conjecture fausse	bon	moyen	faible	très faible
Conjecture vraie	très faible	faible	moyen	bon

NIVEAUX DE VALIDATION-CONVICTION

L'élève qui produit une preuve de qualité inférieure en a-t-il conscience? Sait-il que sa rédaction ne pourrait convaincre que difficilement une autre personne? Lorsqu'on demande aux élèves qu'ils évaluent la portée de leur solution, on obtient des réponses qui varient de l'approprié à l'incongru, en passant par les nuances du doute mitoyen. Le relevé des niveaux de validation-conviction ne devient intéressant que s'il se compare avec la qualité des preuves et des conjectures définitives. Pour réaliser ce projet, nous accordons un degré d'adéquation à l'aide des deux tables du tableau 4.44.

La première table rapproche la qualité globale des preuves avec le plus haut niveau de validation-conviction coché. Par qualité globale d'une preuve, nous entendons l'arrondi de la moyenne pondérée suivante:

$$\frac{2(\text{cohérence}) + 2(\text{stabilité}) + (\text{clarté}) + (\text{intérêt}) + (\text{authenticité})}{7}$$

où le nom des indicateurs représente leur qualification particulière. Cette mesure vise à éviter de surestimer la valeur de l'intérêt et de l'authenticité, tout en conférant plus de poids aux caractéristiques structurales du raisonnement et de la contexture stratégique. Nous réutilisons par ailleurs cette mesure de la qualité globale, notamment à la section *Typologie du comportement*. Cette table ventile l'idée qu'un élève dont la preuve est «très faible», mais qui juge que sa conviction ne dépasse pas l'«auto-conviction», se voit attribuer la cote «bon» parce que son évaluation serait «adéquate» dans les circonstances. De même, un élève dont la preuve est «bonne», mais qui juge que sa conviction ne dépasse pas l'«auto-conviction», se voit attribuer la cote «très faible» parce que son évaluation serait «de beaucoup insuffisante». Pour chaque preuve prototypique de Q2 par exemple, puisqu'on a choisi comme échelon supérieur celle du «professeur», E-10 obtient un «faible» et A-19 un «moyen».

La seconde table d'adéquation observe la même ligne directrice, cette fois avec la valeur de vérité de la conjecture définitive. En réalité, le questionnaire a été orienté de façon à ce que l'élève opte pour un niveau de conviction en relation directe avec son explication et non pas avec sa conjecture. Cependant, cette dernière comparaison est utile pour l'appréciation du besoin de prouver, de manière à tenir compte des preuves de qualité intermédiaire dont la conjecture est fausse.

Même si, dans notre hiérarchie, le niveau de validation-conviction de l'étranger – personne qui n'est pas nécessairement familière avec ce genre de problème – représente l'échelon suprême, quatre élèves ont coché tous les échelons, sauf celui du professeur (et, bien entendu, celui d'aucune des possibilités précédentes). Cette réponse inattendue laisse croire que pour certains, le professeur apparaît en niveau de conviction le plus élevé. Chez ces élèves, nous avons alors permuté la vocation des troisième et quatrième échelons. Aucun élève ne s'est conformé à «aucune des possibilités précédentes».

Tableau 4.45
Niveaux de validation-conviction dans Q2

Adéquation avec la qualité globale de la preuve				Adéquation avec la conjecture définitive			
très faible	faible	moyen	bon	très faible	faible	moyen	bon
0	27	45	28	24	27	40	10

La distribution des cotes finales figure au tableau 4.45. On constate que l'adéquation «moyenne» ou «bonne» avec la qualité de la preuve est de 73%, mais qu'elle tombe à 50% avec la conjecture définitive. A notre avis, ceci montre que dans l'ensemble, l'auto-évaluation est assez honnête, alors que le besoin de prouver reste modéré. Même si on reconnaît la prétention de valider, on déduit qu'il est peu probable que cette validation signifie pour les deux groupes une activité indispensable qui répond à une insatisfaction intellectuelle générale. De là à banaliser la situation-problème pour ceux qui en sont restés à démontrer leur conjecture primitive avec des arguments empiriques, il n'y a qu'un pas.

Toutefois, après chaque session de passage du questionnaire, tous les élèves ont échangé entre eux des propos sur leur solution. Même s'il n'est pas simple de déterminer exhaustivement la liste des motifs qui poussent à cette activité corollaire, on y voit une espèce de dialectique du contre-exemple informelle et spontanée dans laquelle les participants affichent leur astuce, manifestent leur curiosité, cherchent l'approbation d'autrui (dont celle du professeur), expriment un manque de confiance en leurs possibilités, etc. Et tout particulièrement dans la logique de la pratique expérimentale, l'échange social se trouve à être profitable puisqu'il s'agit d'un autre moment de confirmation ou de renforcement. Par conséquent, du point de vue qui complète la situation-problème par l'échange social, le besoin de prouver existe et il répond à une inquiétude patente. Si ce besoin paraît équilibré après la comparaison des niveaux de validation-conviction à la preuve, c'est parce qu'entre autres choses, les stratégies disponibles (peu de chemins dans un champ proceptuel) et la rationalité pratiquée (surtout argumentative et graphique) constituent un empêchement de taille à l'acquisition du scrupule mathématique.

Tableau 4.46

Dessins, images visuelles dans Q2, Q3 et Q4

Représentation						Interprétation type											
illustration d'un procept			participation au raisonnement			picturale			de modèle			cinétique			dynamique		
Q2	Q3	Q4	Q2	Q3	Q4	Q2	Q3	Q4	Q2	Q3	Q4	Q2	Q3	Q4	Q2	Q3	Q4
4	20	(45)	0	15	76	0	0	0	4	20	(61)	0	0	0	0	5	70

Tableau 4.47

Traits du langage dans Q2, Q3 et Q4

Acception des mots	courant			familier			figuré			didactique			mathématique		
	Q2	Q3	Q4	Q2	Q3	Q4	Q2	Q3	Q4	Q2	Q3	Q4	Q2	Q3	Q4
	51	55	76	0	0	0	0	0	0	15	26	5	100	100	100

Styles d'écriture	verbal			combiné			symbolique		
	Q2	Q3	Q4	Q2	Q3	Q4	Q2	Q3	Q4
	100	100	100	70	76	45	45	45	70

Niveaux de langage	indéterminé			inextensible			extensible			expert		
	Q2	Q3	Q4	Q2	Q3	Q4	Q2	Q3	Q4	Q2	Q3	Q4
	4	0	5	10	11	15	34	45	50	100	100	100

Tableau 4.48a

Patrons du contenu de l'acception des mots

Q2	Courant Mathématique	Mathématique	Didactique Mathématique	Courant Didactique Mathématique
	45	39	9	6

Q3	Courant Mathématique	Mathématique	Didactique Mathématique	Courant Didactique Mathématique
	45	29	17	9

Q4	Courant Mathématique	Mathématique		Didactique Mathématique
	76	20		5

Tableau 4.48b
Patrons du contenu du style d'écriture

Q2	Verbal Combiné	Verbal Symbolique	Verbal Combiné Symbolique	Verbal
	48	23	23	6

Q3	Verbal Combiné Symbolique	Verbal Combiné	Verbal	Verbal Symbolique
	39	36	18	6

Q4	Verbal Symbolique	Verbal Combiné	Verbal Combiné Symbolique	Verbal
	48	24	21	6

Tableau 4.48c
Patrons du contenu du niveau de langage

Q2	Expert	Extensible Expert	Inextensible Extensible Expert	Indéterminé Inextensible Extensible Expert
	65	24	6	5

Q3	Extensible Expert	Expert		Inextensible Expert
	45	44		11

Q4	Extensible Expert	Expert	Inextensible Expert	Indéterminé Expert
	50	30	15	5

DESSINS, IMAGES VISUELLES, TRAITS DU LANGAGE

Ce qui fait la preuve, c'est le raisonnement. Les éléments du langage et leurs homologues graphiques permettent de le représenter et, tout comme la pratique du discours, leur usage suppose un certain fonctionnement cognitif. Le propos de ce paragraphe est de compléter l'évaluation des preuves à partir de certaines relations spécifiques entretenues par les éléments précédents et les connaissances de l'élève selon les critères développés au chapitre II.

En général, la seule question dans laquelle les dessins ont eu un effet appréciable sur la qualité des preuves, c'est en Q4. Les solutions qui ont introduit un dessin, dont l'interprétation type est dynamique, sont de qualité supérieure, comme si le fait d'avoir réussi à représenter graphiquement l'indétermination avait pu favoriser la progression du raisonnement. Ailleurs, on ne trouve pas d'autres relations aussi concluantes. Néanmoins, certaines tendances sont visibles, dont en voici un commentaire à partir des résultats du tableau 4.46.

- Dans Q2, le dessin fourni par la situation-problème s'est avéré suffisant pour la presque totalité des élèves. Seulement 4% ont donné une esquisse de leur conjecture. Cependant, il faut noter que durant le passage du questionnaire, quelques élèves ont caché des parties indésirables des parallélogrammes avec les doigts pour «isoler» visuellement le triangle *ABC*. La réflexion en bougeant les doigts ou la pointe du stylo s'est reproduite assez souvent lors des autres questions, mais nous n'avons pas pu trouver d'interprétations sûres, même en observant à proximité.

- Dans Q3, la représentation est un peu plus fréquente: 20% ont illustré leur conjecture, à savoir un triangle *BOC* rectangle isocèle en *O* ou un «triangle» *ABC* ouvert en *A*, qui participe au raisonnement dans 15% des cas. Il s'agit toujours d'une esquisse, sauf que 5% ont ajouté des flèches aux angles à la base du «triangle» ouvert en *A*, comme des portes d'écluse qui pivotent en *B* et en *C* jusqu'à la perpendicularité.

- Au paragraphe *Moment de la conjecture*, nous avons déjà signalé que 86% des solutions de Q4 contiennent un dessin qui se construit à partir des indications de la situation-problème. Invariablement, le dessin illustre au moins un procept – la conjecture – et il s'interprète au moins en modèle. C'est pourquoi, pour indiquer la proportion exclusive de ces modalités au tableau 4.46, nous plaçons les pourcentages entre parenthèses. Ainsi, les dessins participent au raisonnement pour 76% (v. g. reproduction 4.18, dessin ❶), mais n'illustrent que des procepts pour 45%; l'interprétation dynamique est valable pour 70%, mais celle d'un modèle se limite exclusivement à 61%.

La quasi-totalité des dessins participe intégralement au raisonnement. S'agit-il d'un palliatif à quelques lacunes discursives? Sans chercher de réponses immédiates, on remarque qu'il n'est pas possible, dans ces solutions, de suivre le développement discursif en leur absence. Les dessins sont nécessaires. Leurs unités constitutives fonctionnent en authentiques propositions détachées du discours. Il s'agit davantage d'une coordination entre registres (figural et discursif). Le raisonnement graphique se substitue au raisonnement discursif et c'est en alternant d'un registre à l'autre que les preuves se matérialisent.

En ce qui concerne les traits du langage, nous avons confronté les résultats du tableau 4.47 avec la qualité globale de la preuve, calculée de la même manière qu'au paragraphe précédent. Voici les résultats qui s'en dégagent:

- Dans Q2 et Q3, on note une corrélation linéaire positive entre la qualité globale de la preuve et l'usage exclusif de mots au niveau expert (0,86). Puisque cette relation n'existe pas dans Q4, il est possible que dans une situation-problème exprimée en langage scolaire traditionnel, la précision du langage ait un effet bénéfique sur la composition de la preuve. De plus, peu importe les questions, les preuves qui ont inclus des mots au niveau indéterminé ou au niveau inextensible sont de qualité inférieure. Seul le niveau extensible échappe à la règle.
- On trouve le même type de corrélation entre la qualité globale de la preuve et, d'une part dans Q2 et Q3, le style combiné (0,76), d'autre part dans Q4, le style symbolique (0,82). A notre avis, ceci dénote probablement que l'usage de symboles mathématiques est favorable à la qualité de la preuve. La différence stylistique ne serait due qu'à l'absence de syntagmes linguistico-symboliques dans l'énoncé de Q4.

Nous avons aussi envisagé de comparer la qualité globale de chaque preuve avec sa seule clarté ainsi que, seulement dans Q2, avec les niveaux de validation-conviction. Cependant, rien ne laisse entrevoir d'incidence générale.

Par contre, lorsqu'on se penche sur les patrons formés du contenu des traits du langage (tableau 4.48a, b, c), on est en mesure de préciser certaines des observations précédentes. Ainsi:

- Toutes questions confondues, le patron du contenu de l'acception des mots à caractère mathématique le plus fréquent se forme sous les rubriques de langue sens courant, sens mathématique. Ceci traduit une ambiguïté d'usage majoritaire avec le lexique mathématique, près d'une fois sur deux pour Q2 et Q3, plus de trois fois sur quatre pour Q4.

– Si le style verbal se réitère dans chaque patron du contenu du style d'écriture, il s'associe différemment en tête de liste. Dans Q2, l'assemblage avec le style combiné dans 48% des cas reflète non seulement la faible utilisation de manipulations algébriques, mais aussi l'usage de syntagmes linguistico-symboliques pour représenter les procepts. Dans Q3, l'assemblage qui allie aussi bien le style combiné et le style symbolique pour 39%, présente le même usage de syntagmes linguistico-symboliques, mais manifeste en plus l'emploi de symboles et d'opérations relatifs aux angles et à leur mesure. Dans Q4, la combinaison avec le style symbolique pour 48% montre la reprise des indications de la situation-problème, sans besoin évident de syntagmes linguistico-symboliques. Même si toutes les questions facilitent la désignation des objets à l'aide de notations conventionnelles, leur faible utilisation s'explique en partie par l'usage des dessins. Car ceux-ci contiennent des énoncés graphiques complets à propos des objets (points, segments, etc.) qu'ils nomment ou qu'ils représentent, avec des chiffres, des lettres et des symboles.

– Avant de comparer les proportions des patrons du contenu du niveau de langage avec ceux de l'acception des mots, on est tenté d'attendre des proportions similaires pour les relations: i) niveau expert, sens mathématique; ii) niveau extensible, sens courant. Particulièrement dans Q2, cela voudrait dire qu'on décèle une situation vraisemblablement paradoxale où 65% des solutions se situent au seul niveau expert, tandis qu'on trouve seulement 39% de sens exclusivement mathématique. En fait, malgré l'usage de mots d'acception courante, il n'y a pas de problème de précision dans la portée interprétative des unités sémantiques qui, de toute façon, se confondent la plupart du temps avec les unités discursives mêmes. Soulignons que le niveau expert embrasse un vaste champ de portée interprétative qui, selon le critère développé au chapitre II, s'adresse au lecteur familier avec la géométrie.

Il est intéressant de constater que la grande majorité des élèves partagent un réseau sémantique proche de la norme lexicale. Si l'acception des mots ou des syntagmes linguistiques rencontrés ne s'entend pas toujours en relation avec le lexique mathématique, on se trouve rarement dans une impasse interprétative. Lorsqu'on détecte une ambiguïté d'usage, comme la confusion entre une propriété caractéristique et la définition de l'objet géométrique auquel elle se rapporte, nous y voyons l'empreinte de l'élasticité sémantique qui permet de préserver la cohérence et la stabilité de la preuve. En effet, parce que l'élève opère surtout en combinant le plan argumentatif et le raisonnement graphique, l'interprétation auprès des procepts géométriques s'adapte en fonction des besoins locaux de la continuité thématique, tout comme l'intégration des propositions graphiques dans le raisonnement. Lié à l'idée que le vocabulaire employé reflète les jugements de valeurs qui sous-tendent les comportements individuels et collectifs, le problème d'élasticité renvoie tout particulièrement à la méconnaissance du fonctionnement du plan déductif.

AU SUJET DE LA QUESTION 5

On connaît l'influence du cabri-dessin au moment de la conjecture: malgré la difficulté de la situation-problème et la différence du rythme d'apprentissage des huit élèves choisis, ils ont tous opté pour la conjecture appropriée. Cependant, l'ensemble des preuves de Q5 n'a ni l'envergure ni le fini de leurs représentants prototypiques. Outre ces derniers:

– Trois élèves (A-18, E-2 et E-10) n'ont pas su amorcer leur preuve. Après avoir énoncé leur conjecture au propre, ils ont reproduit leur cabri-dessin en plaçant le sommet du rectangle au milieu du côté du triangle. Même s'ils ont nommé des points ou des longueurs et qu'ils ont donné la formule d'aire de chaque figure, on ne voit aucune autre considération, ni sur le dessin, ni ailleurs. Entre-temps, ils ont modifié plusieurs fois leur cabri-dessin, mais apparemment, les intentions n'obéissaient pas à une suite d'opérations prédéterminées. Aucun n'a songé à utiliser les cabri-mesures, même pas pour s'assurer de la conjecture.

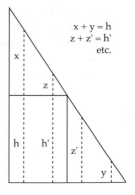

– Un élève (E-22) a laissé une solution inachevée qui pourtant recèle une idée fort intéressante. Considérant seulement la moitié droite de la figure, conformément au dessin ci-contre, il entame une vérification de la conjecture par une comparaison d'aires qui évo-

que l'effilage de Cavalieri. Malheureusement par la suite, il ca-
fouille en essayant d'exploiter, dans un autre cas de figure, le rapport entre la somme des segments homologues des triangles et la
largeur du rectangle. Dans cette partie, on remarque qu'il mobilise
graphiquement le théorème de Thalès.

– Deux élèves (A-14, E-24) ont conduit partiellement une preuve à la
manière de la stratégie développée par l'élève A-20. Le début est
similaire, sauf qu'au lieu de vérifier à partir d'un cas particulier, ils
se préoccupent du cas général. Néanmoins, le premier se perd dans
ses manipulations algébriques pendant l'établissement de l'aire du
rectangle, et le second, à cause d'un mauvais choix de symboles, a
confondu la hauteur du triangle avec la largeur du rectangle.

Puisque la majorité des preuves demeurent incomplètes, leur analyse ne
peut que s'effectuer d'après leur décomposition en segments cohérents.
Excluant d'entrée le cas des élèves A-18, E-2 et E-10 pour des raisons
évidentes, nous examinons les solutions conformément à l'ordre des
paragraphes de cette section. Au tableau 4.49, nous résumons l'évaluation des preuves prototypiques.

Tableau 4.49
Résumé de la collecte des données des preuves prototypiques de Q5

	Elève A-12	Elève A-20
A. Conjecture primitive et définitive	– Le sommet du rectangle est au milieu du côté du triangle	– Le sommet du rectangle est au milieu du côté du triangle
B. Stratégie de preuve	– Vérification par des procepts	– Champ proceptuel en construisant la conclusion – Vérification à partir d'un cas particulier
C. Raisonnement	– Raisonnement graphique sûr	– Inférence discursive – Déduction – Manipulations algébriques – Raisonnement graphique sûr
D. Catégorie de preuve	– Preuve intellectuelle	– Preuve intellectuelle
E. Qualité de la preuve	– Cohérence: moyenne – Stabilité: bonne – Clarté: moyenne – Intérêt: bon – Authenticité: moyenne	– Cohérence: bonne – Stabilité: bonne – Clarté: moyenne – Intérêt: bon – Authenticité: moyenne
G. Dessins, images visuelles	– Illustration de procepts – Participation au raisonnement – Interprétation de modèle – Interprétation dynamique	– Illustration de procepts – Participation au raisonnement – Interprétation de modèle
H. Traits du langage	– Acception mathématique – Style verbal, style symbolique – Niveau expert	– Acception courante, didactique, mathématique – Style verbal, style symbolique – Niveau extensible, niveau expert

- *Stratégies de preuve.* La logique de la construction n'est pas favorable à la formulation de la conjecture, contrairement à Q4, et elle n'incite pas non plus au développement de stratégies prédestinées. De notre observation durant les sessions, il semble qu'il faille toujours attendre une dizaine de minutes avant de noter quelque prise de position que ce soit sur la conjecture même. Celle-ci paraît assez sûre pour les élèves A-12 et E-22 qui entament subséquemment leur rédaction de façon résolue, par vérification proceptuelle. Chez les trois autres, les nombreuses actions sur le cabri-dessin, analogues au comportement de l'élève A-12 (voir section *Contexte stratégique, schéma discursif*), et l'absence de conjecture écrite pour A-14 et E-24, suggèrent que l'incertitude persiste et accompagne l'élève dans la rédaction. Il s'agit vraisemblablement du motif pour lequel ils se sont tous lancés dans la construction de la conclusion à partir des hypothèses de la situation.

- *Raisonnement, catégories de preuve.* Ce qui caractérise principalement les solutions des élèves E-22 et A-12, c'est l'influence considérable du raisonnement graphique sûr. Non seulement celui-ci conditionne chaque solution dès le départ, mais par surcroît, il détermine complètement la preuve de A-12. Toute l'organisation discursivo-graphique se fonde sur des inférences figurales. Si on supposait que E-22 ait su achever sa preuve dans l'esprit de son idée initiale, il aurait sans doute inclus des manipulations algébriques à partir de l'égalité de Thalès, ou peut-être des déductions relatives au théorème. Toujours est-il qu'à cause de la composante graphique, la rédaction montrerait au mieux une preuve intellectuelle, comme chez A-12. Par contre, à l'image de A-20, les solutions des élèves A-14 et E-24 comportent un éventail plus vaste d'inférences établies. Les segments cohérents de ces deux dernières solutions montrent déjà la même variété que chez A-20. Si la tendance généralisatrice se maintenait et que l'on pouvait terminer en justifiant convenablement la maximisation de la fonction d'aire, elles se rangeraient dans la catégorie des démonstrations.

- *Qualité des preuves.* Evidemment, l'application des indicateurs de qualité n'est significative que pour A-12 et A-20. N'empêche que même en tenant compte de l'ensemble des solutions de notre diagnostic, ces preuves se situent globalement au-dessus du quintile supérieur. Voici donc la motivation des qualifications attribuées au tableau 4.49, item E, présentée par indicateur: i) dans chacune des preuves, les inférences se justifient pleinement, sauf que pour A-12, la bande dessinée ❸ ❹ ❺ reste insuffisante pour justifier la proposition verbale inférée (voir diagramme 4.25); ii) pour A-12, nous avons déjà expliqué la dépendance de chaque chaîne de raison dans la continuité thématique, et on comprend aisément pourquoi celle-ci colle à la conjecture attendue; pour A-20, si on suppose que la situation-problème se base sur le cas particulier considéré, il est facile d'admettre que la preuve établit la conjecture; iii) bien que les rédactions dégagent les idées principales par l'inclusion judicieuse de dessins, la faiblesse de la bande dessinée ❸ ❹ ❺ chez A-12 et les substitutions redondantes chez A-20 gênent partiellement la compréhension; iv) que ce soit géométriquement ou algébriquement, chaque preuve favorise la découverte, représente une méthode réutilisable en résolution de problème, assure la conviction et touche du doigt l'aire maximale en lui associant le sommet d'une parabole orientée vers le bas; v) malgré l'intérêt jugé remarquable, la validation radicalement graphique pour A-12 et le traitement par un cas particulier de A-20 occasionnent des preuves en marge de procédures institutionnelles.

– *Dessins, images visuelles, traits du langage*. Malgré l'appui du cabri-dessin, toutes les solutions sont pourvues d'esquisses, dont les premières permettent de nommer des éléments de figure ou de porter l'attention sur les parties jugées pertinentes. Pour A-12, E-22 et A-20, certains dessins servent non seulement à l'illustration de procepts, mais ils participent également au raisonnement. Seulement chez A-12, on trouve des esquisses qui évoquent l'interprétation dynamique, même si le schème en quatre étapes – expérimentation de l'effet de la conjecture, traitement des cas limites, expérimentation sur l'impossibilité de la négation de la conjecture, confirmation de la conjecture – laisse entrevoir que toute la preuve se base sur le développement d'images visuelles de ce type, provoqué ou inspiré par des actions réelles ou simulées sur le cabri-dessin. Parce que ces dessins alimentent le raisonnement de propositions graphiques, leur emploi intensif contraste forcément avec le peu d'énoncés linguistico-symboliques qu'on y trouve. Dans les solutions A-20, A-14 et E-24 au contraire, il est fort probable que le plein usage du langage et l'inclusion des manipulations algébriques trahissent une visualisation chancelante, ou à tout le moins limitée, à partir du cabri-dessin. A part la description singulière, le nombre réduit des preuves légitimes ne permet pas de solidariser l'acception des mots, les styles d'écriture et les niveaux de langage avec la qualité globale de la preuve.

S'il est difficile de tirer des conclusions fiables à partir des solutions partielles, on pressent que les preuves prototypiques se présentent en deux visions radicalement opposées. Dans l'esprit de l'enseignement classique, l'élève A-20 donne une solution fondamentalement algébrique, bien tournée (on voit clairement le chemin qui construit la conclusion dans un graphe proceptuel), où l'exploration par un cas particulier se laisse facilement substituer par le cas général. Tout y est: de la mention explicite des propriétés clefs du raisonnement jusqu'à la représentation graphique de la fonction considérée, en passant par les manipulations algébriques introduites dans un cadre discursif. Voilà une preuve de facture traditionnelle, qu'attend le professeur, de l'élève doué. La solution de l'élève A-12 fournit au contraire une solution dissidente, fondamentalement visuelle, où l'on note un effort remarquable pour communiquer tout un raisonnement graphique. Il s'agit vraisemblablement d'une réplique du raisonnement qui lui a permis de disposer d'une conjecture, ce qui dévoile un des motifs pour lesquels plusieurs élèves procèdent si souvent selon une vérification par expérimentation-généralisation. Ici, prouver signifierait essayer de reproduire le raisonnement qui a permis de décider de la conjecture. Parce que l'entreprise est ardue, on expliquerait ainsi l'inachèvement des autres solutions.

A notre avis, si le raisonnement de A-20 coïncide avec une procédure de preuve institutionnelle, et nous parlons bien de contingence, pas de nécessité, c'est à cause de l'illusion des manipulations algébriques qui cache le caractère expérimental qu'on devine dans la solution. Effectivement, on trouve plusieurs considérations superflues tout au début, une étude par un cas particulier et une substitution algébrique inutile. L'élève avait-il, avant même d'enclencher le processus de preuve, un bon degré d'assurance sur sa conjecture? Du dialogue soulevé à la section *Contexture stratégique, schéma discursif*, on peut déduire que la rédaction est en fait une résolution de problèmes au dénouement heureux. Autrement dit, il aurait essayé de consolider son intuition dans sa démarche écrite qui, finalement, s'est convertie en preuve. Est-il alors possible d'étendre cette conclusion à l'ensemble des élèves dans d'autres situations-problèmes? On peut le penser pour certains, mais le style du questionnaire dans Q1 à Q4 a justement favorisé l'émergence de conjectures suffisamment sûres avant la réalisation de leur preuve.

TYPOLOGIE DU COMPORTEMENT

L'analyse situationnelle, structurale et qualitative des sections précédentes repose fondamentalement sur une étude abordée par question (Q1 à Q5). Toutefois, qu'en est-il des preuves d'une question à l'autre pour un élève donné? Malgré la différence de style des situations-problèmes, peut-on repérer des actions communes ou répétitives chez les élèves? Le propos de cette section se dirige vers l'élaboration, a posteriori, d'une typologie du comportement adopté dans les solutions, pour classifier par la suite l'ensemble des élèves selon les types. Plus spécifiquement, il s'agit d'entreprendre l'analyse d'un groupe de preuve appartenant à un même élève, en vue de la généralisation et de la définition du type correspondant.

Préalablement, l'opération appelle au tissage d'une toile de fond qui consiste à former des patrons de conduite, comptant sur le développement de la section *Evaluation des preuves*, puis à tabler sur ceux-ci de manière à souligner les patrons récurrents et à vérifier s'ils sont suffisants pour distinguer les comportements. On profite ainsi d'un support quantitatif qui intègre les éléments constitutifs signifiants du diagnostic, tout en fournissant un point d'ancrage entre élèves. La typologie procède par groupement de caractéristiques dominantes et non pas par clivage comportemental. S'il est possible que certaines caractéristiques se rencontrent dans plus d'un type, ceci n'empêche aucunement l'ensemble d'embrasser la totalité des élèves. Pour des raisons évidentes, le rapprochement des preuves produites s'effectue par rapport à Q2, Q3 et Q4.

PATRONS DE CONDUITE:
LE PROBLÈME DES CARACTÉRISTIQUES COMMUNES

Les modalités initiales des variables qualitatives de la section précédente et l'ajustement d'après leur contenu ont déjà soutenu l'évaluation des preuves par question. Cette fois, leur juxtaposition par élève fournit le substrat des patrons de conduite qui, sous l'attache des items retenus, interviennent à leur tour en valeurs de caractère. On en a dressé les tableaux de distribution d'effectif par ordre décroissant des fréquences (tableaux C.1 à C.8)[13] afin d'engager la typologie.

---

13 Il faut se reporter à l'Annexe C au sujet des patrons de conduite.

Il est stupéfiant de constater la diversité des patrons de conduite que l'on obtient pour toutes les variables qualitatives, ce qui prouve d'emblée que les élèves ne font pas toujours la même chose! Déjà, on recueille des patrons différents en quantité plutôt élevée comparativement à la taille de l'échantillon:

Tableau	Patrons de conduite	Nombre
C.1	Sur la conjecture	21
C.2	Dans le contenu de la contexture stratégique	19
C.3	Dans le contenu discursivo-graphique	16
C.4	Dans la catégorie de preuve	17
C.5	Dans la qualité globale de la preuve	14
C.6	Dans le contenu de l'acception des mots	14
C.7	Dans le contenu du style d'écriture	18
C.8	Dans le contenu du niveau de langage	12

ce qui laisse entrevoir une résistance interne à la logique de chaque situation-problème pour constituer des types de comportement à partir d'un montage de patrons. Ensuite, le rang des patrons de conduite ne coïncide que rarement avec l'ordre d'apparition de ses éléments dans leur distribution de fréquence respective, même grossièrement. Pour en donner un bref aperçu, il n'y a que trois patrons de conduite de premier rang (C_1, R_1 et A_1) formés uniquement à partir des têtes de liste des patrons de la section *Evaluation des preuves*. Et encore, quoique les distributions ne soient pas homogènes, les fréquences sont assez dispersées et l'on rencontre peu de patrons qui embrassent un nombre suffisamment éloquent d'élèves. En effet, tous tableaux confondus, la proportion la plus élevée grimpe à 22,7% (tableau C.5); dans six tableaux (de C.1 à C.6), seulement deux patrons rassemblent plus de 10%, pendant que dans les deux tableaux restants (C.7 et C.8), on en trouve quatre. De sorte qu'il est facile de concevoir que les seules répartition et récurrence brutes des patrons de conduite demeurent insuffisantes pour décider sur les types de comportement.

Une question liminaire se pose alors: comment peut-on, malgré tout, regrouper les patrons de conduite en catégories significatives, puisqu'ils montrent le fil des idées d'une situation à l'autre, décomposé selon les variables qualitatives? Dans notre travail de pré-analyse, une alternative s'est présentée. En premier lieu, nous avons exploré la possibilité de forcer la réunion de patrons suivant des critères appartenant au traitement différencié de chaque variable qualitative. Par exemple, dans les patrons de conduite sur la conjecture, on peut s'astreindre à ne conserver que les conjectures définitives et à englober les quadrilatères inclusifs sous la même étiquette. Cependant, dans le meilleur des cas, nous n'avons pu que réduire les 21 patrons initiaux à 16. Sans compter qu'il n'est pas toujours aisé de trouver de tels critères sans perdre en profondeur d'analyse. De même, à l'intérieur de certaines variables qualitatives, il est impossible de grouper les patrons, ce qui oblige à ne conserver que les patrons bruts. Par exemple, ceci paraît évident dans les stratégies ou dans les catégories de preuve étant donné que leurs éléments sont, par définition, disjoints.

Les empêchements précédents nous ont amené à décliner la prétention d'examiner les patrons de conduite seulement à partir de la description de leur contenu. Il s'agit sans doute d'une démarche piégée d'avance qui ne pourra jamais fructifier: la filiation entre une preuve particulière et la logique de la situation-problème l'emporterait avantageusement sur les similitudes thématiques entre questions, comme si l'élève s'adaptait à la singularité de chaque situation-problème. Autrement dit, aucune tendance convaincante n'indique qu'on prouve avec les mêmes habitudes de dessins, d'images visuelles, de traits du langage ou de leurs combinaisons, encore moins en ayant recours aux mêmes stratégies élémentaires de preuve. Les catégories de preuve, leur qualité globale et leur contenu discursivo-graphique n'y échappent pas non plus. Ainsi, pour pouvoir trouver des similitudes d'une preuve à l'autre, l'investigation requiert un élargissement du regard.

En second lieu donc, partant des résultats de l'évaluation des preuves, nous avons envisagé de tirer d'éventuels critères de comparaison, complémentaires aux variables qualitatives développées jusqu'ici, dans l'intention d'établir des modèles primitifs de type de comportement. Parallèlement, mais dans l'esprit de ces modèles, nous avons soumis la totalité des groupes de trois preuves à une nouvelle étude ethnographique par critère, bénéficiant des renseignements apportés par la constitution des canevas de la contexture stratégique et des schémas discursivo-graphiques, pour ne maintenir que les critères permanents, décisifs et dignes d'intérêt. Ceux-ci formeraient alors un nombre restreint de pôles susceptibles d'attirer l'ensemble des patrons de conduite. Qui plus est, cette disposition admet une caractérisation des comportements qui reprend les variables qualitatives traitées à la section *Évaluation des preuves*. Le prochain paragraphe s'occupe d'introduire l'ensemble des critères retenus.

HYPOTHÈSES EFFECTIVES

Sans doute secondé par le laps de temps relativement court entre les sessions, nous avons remarqué que les suppositions personnelles qui engagent les solutions établissent, d'une situation à l'autre, des rapports analogues au contexte d'énonciation. C'est-à-dire que chaque élève serait prédisposé à soutenir ses preuves par une approche similaire de ce qu'il perçoit, conçoit ou utilise comme une hypothèse de raisonnement. En début de chapitre, on a vu comment le schéma discursivo-graphique exhibe l'organisation des structures inférentielles contenues dans la rédaction. Parce que ce sont les propositions «points de départ» des chaînes de raison qui agissent en hypothèses de raisonnement, nous nous sommes interrogés sur l'origine de ces *hypothèses effectives* dans l'ensemble du processus de preuve.

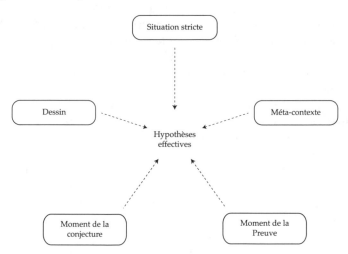

Diagramme 4.50. Provenances des hypothèses effectives

La provenance d'une hypothèse effective ne peut pas toujours s'établir uniquement par le contenu de son énoncé (référence directe). Pour la connaître, il faut parfois consulter une autre proposition (référence indirecte), généralement le conséquent ou la justification de l'inférence dans laquelle l'hypothèse effective est un des antécédents. Si certains élèves motivent précisément leur hypothèse effective (référence explicite), d'autres au contraire obligent à une interprétation suivant le contenu proceptuel de la proposition, qu'elle soit discursive (référence sémantique) ou graphique (référence sémiotique non linguistique). Dans ces deux derniers cas, lorsqu'il existe un doute relativement à la signification de la proposition par son seul contenu, l'interprétation doit alors se confirmer: i) en soupesant la compatibilité sémantique ou la convenance de la représentation graphique avec le contenu d'autres propositions; ii) en s'appuyant sur la continuité thématique développée dans la preuve; iii) en s'aidant du contexte d'énonciation engendré par le contenu et la logique de la situation-problème. Nous avons identifié une base à cinq provenances (diagramme 4.50), dont voici une illustration de ses éléments:

Reproduction 4.51
Comportement empirique de l'élève A-32, Q2

> Je vois que la seule façon de l'expliquer c'est que si ou fait un médiatrice de $\overline{AB}$, et ou l'appelle X, ou pourra voir que le point C croise la médiatrice.
> Alors, ou peut voir que le triaugle $\overline{ABC}$, est ISOSCÈLE, parce que les deux segments $\overline{AC}$ et $\overline{BC}$ mesures out la même mesure.

– *Dessin*. Dans (4.12), la proposition «parce qu'on le voit dans le dessin» (référence explicite directe) parle d'elle-même, tandis que dans (4.6), la proposition «parce qu'il a tous les angles différents et tous les côtés aussi» (référence sémantique directe) ne peut que provenir du dessin, étant donné l'erreur visuelle que comporte la considération.

– *Situation stricte.* Dans (4.12), la proposition «en plus, dans l'introduction on dit que les bissectrices des angles à la base se coupent à angle droit en *O*» (référence explicite directe) renvoie au texte de la situation stricte, alors que dans (4.9), la proposition «*OC* = 3» (référence sémantique directe) est une transhypothèse issue du quadrillage. Rappelons que les symboles mathématiques n'ont de sens qu'au regard du contexte d'énonciation et qu'ici, il n'y a pas d'alternative possible.

– *Moment de la conjecture.* Dans (4.18), la proposition «avec ce qu'on a» autorise le jumelage au dessin ❶ pour une interprétation initiale (référence sémantique indirecte). En effet, la largesse d'acception de cet emploi du verbe «avoir» et la tournure impersonnelle de l'énoncé invitent à se demander si le verbe s'adresse aux indications de la situation stricte sinon au contexte en général. Puisque le dessin est placé dans le voisinage physique du verbe et qu'il tient, justement, le rôle de justification dans une inférence figurale, on pourrait être tenté par cette première possibilité. Pourtant, ce qu'il faut savoir, c'est s'il s'agit de la reprise banale d'une hypothèse de la situation-problème ou du résultat d'un raisonnement qui dépasse le simple usage d'une transhypothèse. Autrement dit, l'hypothèse effective provient-elle immédiatement de la situation ou est-elle issue d'un raisonnement, voire d'une construction méditée? Parce que la situation-problème est dépourvue d'une représentation «fidèle» de la figure géométrique, il est évident qu'à un moment donné, l'élève a traduit les indications en propositions graphiques. Toutefois, le dessin ❶ se situe tout au début de la preuve et, surtout, il contient une marque non standard (le «?») qui manifeste, entre autres, une «impossibilité» de construction. L'hypothèse effective provient donc du résultat ou du souvenir de la réflexion au moment de la conjecture. Dans (4.1,27), même si la preuve appartient à Q5, on rencontre une origine similaire aux propositions graphiques comprises dans le dessin ❶ (référence sémiotique non linguistique directe), sauf qu'elles naissent à la suite des premières actions à l'interface du dispositif informatique.

– *Moment de la preuve.* Dans (4.18), on a déjà vu que la proposition «parce qu'on ne sait pas ni si *AD* est perpendiculaire à *AB* ou parallèle à *BC* et on ne sait pas non plus la mesure de *DC*» (référence sémantique directe) intervient pour assurer la constance discursive et la stabilité dans le champ proceptuel du carré et du trapèze. Ainsi, l'élève entend préciser ou renforcer sémantiquement l'idée «qu'on peut placer *CD* mais pas sa mesure» de la phrase antérieure, comme ajout d'une unité discursive. L'hypothèse effective provient donc directement du moment de la preuve. Dans (4.21), la proposition «puisque la longueur *AD* n'est pas définie» (référence sémantique directe) arrive tout de suite après l'invalidation de la preuve et de la conjecture. Parce que pour pourvoir affirmer cette indétermination, il est obligatoire de raisonner en rapprochant les indications, l'hypothèse effective se montre alors en résumé ou en aboutissement de la réflexion qui a valu l'invalidation et naît, par conséquent, du moment de la preuve.

– *Méta-contexte* (contexte didactique dans lequel est plongée la situation-problème). Dans (4.6), la proposition «parce si on fait un cercle en utilisant la médiatrice», jointe à la justification «la même chose que l'exercice d'avant» (référence explicite indirecte), montre certainement que l'hypothèse effective surgit de la situation-problème antérieure. D'autant plus que ni dans Q2, ni dans les considérations de la preuve, on ne mentionne pas de cercle ou de médiatrice.

La distinction entre la provenance du moment de la preuve et celle du moment de la conjecture ne tombe pas toujours sous le sens. Lorsque cette alternative se présente et que la proposition intervient en début de texte, nous identifions le moment de la conjecture puisque, à juste titre, la preuve vient tout juste de s'engager et que le raisonnement y est forcément antérieur. Sinon, à chaque fois que la proposition apparaît au milieu du texte, même comme première proposition après une invalidation, nous vérifions s'il existe auparavant des indices qui s'attachent au contenu de l'hypothèse effective en question et qui indiquent si elle a germé pendant l'élaboration de la preuve pour assurer la connexité du raisonnement. Comme dans l'exemple précédent tiré de (4.18), nous y reconnaissons alors le moment de la preuve. Sans quoi, nous considérons qu'il s'agit d'une introduction indépendante de type «d'une part…, d'autre part…», où les propositions naissent conjointement du moment de la conjecture.

COMPORTEMENT EMPIRIQUE

Les reproductions 4.51, 4.12 et 4.52 forment le groupe de preuves de l'élève A-32. Il se dégage de l'ensemble une forte inclination à la construction géométrique où le constat perceptif intervient continuellement dans le raisonnement, invoquant directement la contribution d'éléments de dessins dans un grand nombre d'hypothèses effectives. Pour faciliter le développement suivant, nous plaçons respectivement, entre crochets, la provenance et le mode de référence de chaque hypothèse effective, immédiatement après son énoncé.

- Dans (4.51), on trouve que: i) la première hypothèse «si on fait une médiatrice de $\overline{AB}$» [moment de la conjecture; référence sémantique directe] utilise le verbe «faire» pour considérer une étape de construction préliminaire; ii) l'usage répété deux fois de l'auxiliaire de mode «pouvoir» pour régir l'infinitif «voir» annonce l'origine visuelle du raisonnement: le point C appartient à la médiatrice de $[AB]$ parce qu'on le «voit», et c'est pour ça qu'on «voit» que le triangle ABC est isocèle en C; iii) l'apparition subite de la seconde hypothèse «parce que les deux segments $\overline{AC}$ et $\overline{BC}$ ont la même mesure» [dessin; référence sémantique directe] se justifie parce que la construction de la médiatrice agit en argument préalable, qui aide et soutient la visualisation.
- Pour (4.12), nous avons déjà mentionné à la section *Contexture stratégique, schéma discursif* l'importance cruciale accordée au dessin dans la partie qui vise à établir que le triangle BOC est isocèle. Mais, antérieurement, on a vu aussi que l'inclusion de l'hypothèse de l'angle droit se réfère explicitement à la situation stricte, tendance qui semble aller à l'encontre de celle installée par l'hypothèse «parce qu'on le voit dans le dessin» [dessin; référence explicite directe]. De fait, pourquoi BOC ne serait-il pas rectangle en O puisqu'on le dit dans «l'introduction»? L'esprit essentiellement pratique du premier paragraphe incite à croire, cependant, que devant «autant d'évidence», il a fallu recourir à l'énoncé de la situation-problème pour justifier cette caractéristique du triangle, contrairement à une possible prétention d'inclure véritablement une hypothèse de la situation stricte, voire de statut reconnu. Seule l'hypothèse «si ABC est isocèle» [situation stricte; référence sémantique directe] établit en toute conformité un lien direct avec l'énoncé.

Reproduction 4.52
Comportement empirique de l'élève A-32, Q4

Avec ce qui est donné dans les indications
ou peut savoir que le quadrilatère ~~A~~ est
un trapèze:

On nous dit que AB = BC donc :

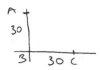

Alors ~~on~~ nous dit que AB // BC donc :

Finalement on nous dit que (AB)⊥(BC) donc
et que (BC)⊥(CD)

Ce qu'on nous dit pas c'est combien
mesure ~~le~~ AD ni combien fait l'angle ÂD.
~~Pou Pou~~ conséquent, on ne nous détermine
pas exactement comment est le trapèze.
qu'on doit dessiner:

A aussi
qu'ça peut
être un
caré si
AD mesure 30 cm aussi:

– Si on particularise Q2 par la composition séparée d'un dessin suivi d'une description et Q3, par un dessin précédé d'une situation, Q4 se contente d'une esquisse accompagnée d'indications, inscrites dans une situation «issue de la vie quotidienne». Or, la faible adéquation entre les propriétés spatiales de l'esquisse et les propriétés géométriques du quadrilatère $ABCD$ invite à l'ébauche d'un dessin, en partie intégrante de la procédure de preuve ou pour appuyer la réflexion au moment de la conjecture. Il n'est donc pas étonnant que les premières hypothèses effectives naissent souvent des indications. Cela est sûrement le cas dans (4.52) pour «on nous dit que $AB = BC$», «alors on nous dit que $AB /\!/ DC$» ainsi que «finalement on nous dit que $(AB) \perp (BC)$ et que $(BC) \perp (CD)$» [situation stricte; référence explicite directe], hypothèses qui génèrent à chaque pas une nouvelle proposition graphique. Néanmoins, parce que les hypothèses effectives suivantes sont issues, la plupart du temps, d'un raisonnement caché qui se base sur des constats perceptifs, il est important de savoir si leurs fonctions dans la preuve visent à assurer des relations avec le domaine d'interprétation géométrique, ou à consolider la continuité thématique. Ainsi, bien que l'élève se munisse initialement d'un dessin plutôt «fidèle», l'hypothèse «ce qu'on nous dit pas c'est combien mesure AD ni combien fait l'angle $\angle AD$» [moment de la preuve; référence sémantique directe] demeure d'origine empirique, voire visuelle. Après l'énoncé de la conjecture primitive, même si l'élève commence par traduire point par point les trois indications, il part ensuite d'une incertitude à propos des mesures du côté $[AD]$ et de l'angle $\angle ADC$. C'est seulement par la suite qu'il conclut à l'indétermination du trapèze «qu'on doit dessiner», en ajoutant d'abord deux configurations de trapèze, pour terminer en signalant le cas du carré. L'usage de la dernière hypothèse effective est donc essentiel pour manifester que la construction reste incomplète et qu'il s'agit là de l'authentique conclusion d'une expérimentation.

Chaque preuve du groupe s'appuie sur l'observation et sur l'expérimentation où le dessin apparaît en objet central de la démarche. Les hypothèses effectives viennent soutenir l'expérimentation et proviennent, le plus souvent, directement du dessin, ou après un raisonnement accompli, mais occulte, qui s'y rapporte. Quoique les hypothèses issues de la situation stricte soient peu nombreuses, leur intervention amorce des inférences dans lesquelles la justification se construit expérimentalement, hormis quelques cas d'évidence. De façon générale, on peut dire que le raisonnement sert à cimenter l'expérimentation et ne constitue pas en soi la cause des preuves. De plus, le raisonnement s'attache plus à la connaissance de la conjecture qu'à sa validation proprement dite. La qualification d'*empirique* colle intimement à ce type de comportement.

Reproduction 4.53
Comportement elliptique de l'élève E-10, Q3

Le triangle qu'on veut déterminer, ~~la manifestent dont~~ BOC, est isocèle parce qu'il a deux angles et côteaux égaux, et il est aussi rectangle parce qu'il a un angle de 90°.

COMPORTEMENT ELLIPTIQUE

Les reproductions 4.6, 4.53 et 4.54 forment le groupe de preuves de l'élève E-10. Si on voulait porter un jugement de valeur sur chacune d'elle, on songerait sans contredit à les qualifier de sommaires, rudimentaires ou superficielles. Même si on reconnaît une intention manifeste d'expliquer les conjectures, le caractère allusif des propositions gêne pour l'interprétation des hypothèses effectives. En effet: i) dans (4.6), l'élève ne spécifie pas de quelle médiatrice, de quel cercle ou de quel diamètre il s'agit, tout au plus on conçoit une justification sur l'origine de la procédure; ii) dans (4.53), il ne précise pas de quels angles dont il est question; iii) dans (4.54), il affirme, par exemple, les égalités $AD = BC$ et $AB = DC$, mais on ne sait pas d'où il les tire puisque aucune des deux ne correspond ni à des hypothèses de la situation stricte, ni à des hypothèses issues de son dessin, d'autant plus que l'égalité $AB = DC$ constitue un cas particulier.

Reproduction 4.54
Comportement elliptique de l'élève E-10, Q4

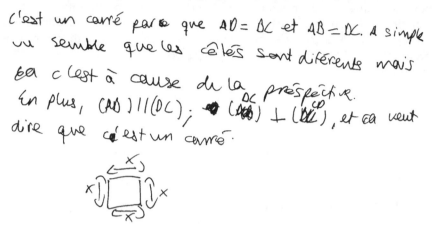

Bien qu'il soit probable que ceci trahit des limites cognitives ou discursives, nous voyons dans ce groupe de preuves la marque de l'*expression elliptique*. La plupart des hypothèses effectives se basent sur des sous-entendus ou expriment un raccourci dans l'expression de la pensée, ce qui oblige le lecteur à spéculer pour les comprendre ou les accepter.[14] De plus, l'insuffisance du raisonnement pour établir la conjecture accorde aux hypothèses effectives un rôle dominant:

  – Ce qui est évident dans (4.53) parce qu'on tombe sur deux chaînes de raison d'une seule inférence. Les hypothèses «parce qu'il a deux

---

14 Le problème d'interprétation de sous-entendus est aussi une question épistémologique. Dans Euclide (1990), on commente un texte condensé d'Aristote sur les erreurs dans l'universalité des démonstrations. Celui-ci concerne la signification de l'expression «est égal à deux droits», expression qu'on retrouve notamment dans l'énoncé des propositions 31 et 32 des Eléments: «L'interprétation habituelle de ce passage [d'Aristote] plutôt elliptique est que deux droites perpendiculaires à une même troisième sont parallèles, non pas parce qu'elles forment des angles égaux chacun à un droit, mais parce que pris ensemble ils font deux droits; le parallélisme vaut y compris quand cette somme vaut deux droits d'une autre manière que dans ce cas très particulier.» (p. 255).

angles et côtés égaux» et «parce qu'il a un angle de 90°» [dessin; référence sémantique directe] justifient à elles seules la conclusion.

– Dans les deux autres situations-problèmes, on retrouve la même structure:

- «C'est isocèle parce que [...] on verra que c'est isocèle.» (4.6);
- «C'est un carré parce que [...] ça veut dire que c'est un carré.» (4.54);

entrecoupée de plusieurs hypothèses effectives:

- «parce si on fait un cercle en utilisant la médiatrice» [méta-contexte; référence explicite indirecte] et «si on unit les extrêmes du diamètre avec ce point» [moment de la preuve; référence sémantique directe] (4.6);
- «parce que $AD = BC$ et $AB = DC$» [moment de la conjecture; référence sémantique directe], «c'est à cause de la perspective» [moment de la preuve; référence sémantique directe] ainsi que «en plus, $(AB) \mathbin{/\!/} (DC)$; $(BC) \perp (CD)$» [situation stricte; référence sémantique directe] (4.54);

mais seulement d'une proposition inférée:

- «on verrait que la ligne de la médiatrice coupera dans un point du cercle» (4.6);
- «à simple vue [il] semble que les côtés sont différents» (4.54).

– Dans la première partie de (4.6), avant d'avoir trouvé un argument décisif qui a valu l'invalidation de la preuve et de la conjecture, les hypothèses «parce qu'il a tous les angles différents et tous les côtés aussi», «parce qu'il n'a pas deux angles et côtés égaux», «parce qu'il n'a pas tous les côtés et angles égaux» ainsi que «parce qu'il n'a pas un angle de 90°» [dessin; référence sémantique directe] se succèdent dans une litanie qui décrit ce qu'il a perçu jusqu'alors, suivant l'ordre des choix de réponses intermédiaires du moment de la conjecture.

Contrairement au comportement empirique où la venue des hypothèses effectives satisfait les besoins de l'expérimentation, il est difficile de les situer dans ce groupe de preuves. Car non seulement la continuité thématique est peu développée, mais leur rôle comme unité discursive dans un pas de raisonnement paraît confus. C'est-à-dire que les hypothèses effectives sont déjà des conséquences d'un raisonnement (absent), mais mis à part la description de l'apparence visuelle immédiate, elles apparaissent comme étant suffisantes pour établir les conjectures. Nous croyons que la recherche de telles hypothèses effectives représente l'activité fondamentale de l'exercice parce qu'ainsi, l'élève pourrait commencer sa preuve par des propositions qui lui semblent déterminantes pour expliquer la conjecture, tout en la justifiant sans détour.

Reproduction 4.55
Comportement étiologique de l'élève A-19, Q3

C'est triangle rectangle parce que on dit même dans i énoncé qu'il y a un angle droit.

C'est triangle isocèle parce que:

les bissectrices de B et C, dans un triangle isocèle (ABC) ~~sont~~ coincident avec la médiatrice de ~~BCde~~ BC; par conséquence OB = OC et BOC c'est un triangle isocèle.

COMPORTEMENT ÉTIOLOGIQUE

Les reproductions 4.9, 4.55 et 4.56 forment le groupe de preuves de l'élève A-19. Ce sont celles qui s'apparentent le plus à l'attitude de l'expert: on y trouve une volonté d'établir ou d'expliquer les conjectures à partir des hypothèses des situations-problèmes. Tout de même, si l'organisation discursive compte par surcroît plusieurs déductions qui invoquent visiblement des propriétés géométriques, les preuves ne font pas toujours figure de démonstration, ni de preuve valable. Ainsi, (4.55) part d'une conjecture fausse et, différemment de (4.9), (4.56) se montre au mieux en preuve intellectuelle.

A quelques reprises, nous avons mentionné que la résolution de Q3 exige de confronter les hypothèses de la situation stricte pour pouvoir assurer la connexité de la preuve. Même si (4.55) n'a pas su résoudre cette difficulté, l'ensemble des hypothèses effectives est isomorphe à l'ensemble des hypothèses de la situation stricte et la solution réussit à construire la conclusion du triangle rectangle isocèle seulement à partir de ces hypothèses. En effet, conformément à la logique de (4.12), *BOC* est nécessairement rectangle «parce qu'on dit même dans l'énoncé, qu'il y a un angle droit» [situation stricte; référence explicite directe]. De plus, l'hypothèse «les bissectrices de *B* et de *C*, dans un triangle isocèle (ABC)» [situation stricte; référence sémantique directe] prépare l'usage d'une macropropriété qui découle de trois propriétés caractéristiques: i) celle qui affirme que les bissectrices des angles d'un triangle sont concourantes; ii) celle qui dit que, dans un triangle isocèle, la médiane, la hauteur, la bissectrice issues du sommet et la médiatrice de la base sont confondues; iii) celle qui touche à l'équidistance entre les extrémités d'un segment et tout point de sa médiatrice. Localement, on note une volonté de concilier la preuve avec les hypothèses de la situation stricte.

Reproduction 4.56
Comportement étiologique de l'élève A-19, Q4

Les premières choses qu'on nous dit c'est que:

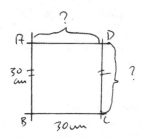

C'est clair: on nous donne AB et BC = 30cm mais on ne nous donne pas AD ni DC. Avec On sait aussi que AB // DC. Ça vaut dire que la possible figure doit avoir deux côtés qu'on peut construire dans ce cas parallèles. Des figures avec deux côtés parallèles sont: Carré si AB = 30 cm.

trapèze si AB ⊥ 30 cm

Contrairement à la construction pas à pas dans (4.52), l'hypothèse «les premières choses qu'on nous dit» [moment de la conjecture; référence explicite indirecte] de (4.56) signifie que l'élève traduit d'un seul coup les indications en propositions graphiques pour situer l'indétermination sur la conjecture. Ensuite, il lance le raisonnement en partant précisément des indications «on nous donne AB et BC = 30» et «on sait aussi que $(AB) // (DC)$» [situation stricte; référence explicite directe], qu'il juge, dans un premier temps, suffisantes pour pouvoir conclure. De là, on note un impair dans le traitement implicite de la perpendicularité (les deux autres indications). En effet, bien que:

– Chacune des marques sur le dessin suggère la représentation depuis l'imagerie matérielle représentante, c'est-à-dire les deux «30 cm», les tracés à la règle pour rendre visible $(AB) \perp (BC)$ et $(BC) \perp (CD)$, les «doubles barres» pour exprimer, non pas l'égalité de mesures, mais bien $(AB) // (DC)$, puisque les points d'interrogation manifestent en même temps une indétermination sur la mesure ou sur la localisation des côtés $[AD]$ et $[DC]$;

– Il spécifie que «mais on ne nous donne pas AD ni DC» [moment de la preuve; référence sémantique directe];

– L'hypothèse des «deux côtés parallèles» suffit dans la continuité thématique à déduire un trapèze;

l'élève s'est-il trompé pour l'établissement du carré? Peut-être qu'il a confondu deux hypothèses ou qu'il a considéré en chemin que l'angle $\angle ADC$ est droit. Ceci expliquerait l'étonnante dichotomie sur la mesure de AB (au lieu de AD), ainsi que la précision vraisemblablement postérieure apportée par la proposition «qu'on peut construire dans ce cas». Cependant, nous croyons simplement que la confusion de AB pris pour AD n'est engendrée que par une erreur calligraphique et qu'ainsi, l'ajout de cette dernière proposition intervient plutôt dans un second temps pour introduire en abrégé les deux indications manquantes.

Les preuves de ce groupe visent chacune à l'explication de la conjecture par les hypothèses de la situation stricte. Même dans l'erreur, on tend à protéger la connexité du raisonnement à partir de ces hypothèses. Lorsque le raisonnement se montre concis, il ne s'agit pas d'une marque de l'expression elliptique, sinon que certaines hypothèses effectives sont en fait des transhypothèses, ou que certains pas de raisonnement se justifient selon une macropropriété. Au lieu d'intervenir en sujet d'expérience, le dessin joue un rôle d'appui à la réflexion et à la progression du raisonnement révélé dans la preuve en représentant des propriétés géométriques de l'idéal. C'est par analogie au sens anthropologique du terme – recherche des origines et de la signification des choses – que nous avons choisi l'adjectif *étiologique*.

Reproduction 4.57
Comportement heuristique de l'élève E-15, Q2

Ce n'est pas auqu'un triangle. de ce que les définitions disent.
C'est un triangle éscalene.
Raisons: Ce n'est pas isocèle parce que $\overline{Ac}$ est diferet a $\overline{CB}$.
Ce n'est pas équilatéral porceque les côtés sont differents.
Et c'est impossible d'être rectangle parce que ça ce voit à l'oeil, ou on peut le mesurer sans dificultés.
Comme j'ai du avous, c'est escolene parce que les côtés sont tous differents et les angles aussi.

COMPORTEMENT HEURISTIQUE

Les reproductions 4.57, 4.58 et 4.59 forment le groupe de preuves de l'élève E-15. Lorsqu'on se penche sur la provenance des hypothèses effectives, on rencontre aussitôt un problème d'indétermination sémantique, souvent contourné par l'adjonction d'autres hypothèses puisant à même le contexte en général. Pour commencer, la locution adverbiale «à l'œil», qui se retrouve dans toutes les solutions, change de signification suivant les besoins locaux; elle joue sur le double emploi d'hypothèse effective et de motif passe-partout dans des inférences sémantiques, se basant implicitement sur des justifications du genre «ce qui se voit se sait», «je le vois, alors je le sais», etc. (voir section *Aspects sémiotiques et pragmatiques*, chapitre II). Pour en préciser le sens: i) dans (4.57), l'élève spécifie «ou on peut le mesurer sans difficultés» [dessin; référence sémantique directe] après «parce que ça ce voit à l'œil» [dessin; référence explicite directe]; ii) dans (4.58), il ajoute les hypothèses «et en plus ils nous le disent en disant que $\angle B$ est 45» et «parce que $\overline{BO}$ est égal à $\overline{OC}$» [moment de la preuve; référence sémantique directe] à «parce que on le voit à l'œil» et «parce que ça ce voit à l'œil» [dessin; référence explicite directe] respectivement; iii) dans (4.59), la proposition «à l'œil» est suivi d'une hypothèse concessive «mais avec les définitions on ne sait pas» [méta-contexte; référence sémantique directe] qui s'oppose carrément à l'origine visuelle, mais qui demeure trop vague pour naître d'un raisonnement à partir des indications.

Reproduction 4.58
Comportement heuristique de l'élève E-15, Q3

_ C'est un triangle rectangle parce que on le voit à l'oeil, et en plus ils nous le disent en disant que ∠B est 45 alor 45+45=90.
- c'est un triengle isocèle parce que ça ce voit à l'oeil, parce que B̄O est égal à ŌC. Et c'est pas possible que ça soit équilatéral parce que il est rectangle_

Même si l'élève témoigne continûment de la constatation visuelle pour amorcer ses inférences, le dessin n'intervient pas en sujet d'expérience. La continuité thématique développée dans chaque preuve montre que l'élève cherche à améliorer la compréhension de la conjecture en dégageant des faits qui s'y rapportent au fur et à mesure que la preuve avance; les hypothèses effectives apparaissent les unes à la suite des autres pour consolider l'argumentation, plutôt que pour assurer la compatibilité sémantique à l'intérieur des inférences. En effet:

- Dans (4.57), il introduit «de ce que les définitions disent» [moment de la conjecture; référence sémantique directe], une hypothèse qui s'attache déjà à la conclusion, pour rejeter pas à pas les possibilités médianes du moment de la conjecture. Entre-temps, il appuie ses «raisons» – sans doute pour satisfaire ses «définitions» – par ce qu'il perçoit du dessin, pour terminer par l'hypothèse «parce que les côtés sont tous différents et les angles aussi» [dessin; référence sémantique directe], prétendument «comme j'ai dit avant». Parce qu'il n'a rien explicité sur les angles, seul le raccordement sémantique des propositions précédentes permet l'acquiescement à la justification.
- Dans (4.58), à part les hypothèses basées sur l'apparente évidence visuelle, il détecte d'abord la mesure de l'angle pour montrer que le triangle est rectangle et, ensuite, il ajoute une dernière inférence

sur l'impossibilité d'être équilatéral. Chacune d'elles contribue essentiellement à renforcer l'argumentation puisqu'aucune des deux n'est nécessaire: la première représente une circularité logique et la seconde est inutile dans le contexte de la situation-problème.

- Dans (4.59), il ne cesse de détailler la signification de sa conjecture en insistant sur «ce qu'on ne sait pas». Tout au long de la solution, on constate la succession des propositions suivantes:

  • «parce que on sait pas si *BC // AD* ou si *DC = AB*» [moment de la conjecture; référence sémantique directe];
  • «il y a beaucoup de choses qu'on sait pas» [moment de la preuve; référence sémantique indirecte – jumelé au dessin];
  • «mais on le sait pas, il nous manque quelque chose» [moment de la preuve; référence sémantique indirecte – jumelé au dessin];
  • le dessin [moment de la preuve; référence sémiotique non linguistique directe];
  • «mais avec les définitions on ne sait pas» [méta-contexte; référence sémantique directe].

Cette pluralité des hypothèses effectives indique que l'élève enclenche son raisonnement par petites touches, qui renferment en leur «somme» la justification de la conclusion.

Reproduction 4.59
Comportement heuristique de l'élève E-15, Q4

Tableau 4.60
Distribution des types de comportement

Empirique	Elliptique	Etiologique	Heuristique
47	17	14	23

Pour ce type de comportement, les preuves s'enracinent dans l'ensemble du contexte qui accompagne le dessin, lequel se traite comme un fait accompli. A l'inverse du comportement elliptique, qui contribue au laconisme dans l'inférence, on assiste ici à la multiplication des hypothèses effectives pour renforcer l'argumentation ou pour préciser le sens d'hypothèses énoncées antérieurement. Cependant, au lieu de véritables constituants initiaux d'une suite d'inférences, les hypothèses effectives interviennent comme arguments d'appui contextuel au raisonnement, comme accumulation de traits d'informations nouvelles, obéissant à un protocole implicite qui motive l'intention particulière de chaque hypothèse effective. A cause d'une prédominance du plan argumentatif, la compréhension des preuves requiert une appréhension synoptique de toutes les phrases et de toutes les relations existant entre elles (v. g. Duval, 1995, p. 123). Si nous avons choisi l'adjectif *heuristique* pour qualifier ce type de comportement, c'est parce que la démarche de preuve s'attache à la découverte de faits relatifs à la conjecture.

Tableau 4.61
Classement des patrons de conduite selon les types de comportement

	Empirique	Elliptique	Etiologique	Heuristique
Conjecture	C_1 C_2 C_4 C_5 C_8 C_9 C_{11} C_{13} C_{17} C_{18}	C_3 $\boldsymbol{C_7}$ C_{14} C_{16}	C_1 C_5 C_{11} C_{15} C_{21}	C_3 C_4 C_6 C_{10} C_{12} C_{19} C_{20}
Contenu de la contexture stratégique	S_1 S_2 S_5 S_7 S_9 $\boldsymbol{S_{12}}$	$\boldsymbol{S_4}$ S_{13} S_{15} S_{17} S_{18}	S_3 S_7 $\boldsymbol{S_8}$	S_6 $\boldsymbol{S_{10}}$ S_{11} S_{14} S_{16} S_{19}
Contenu discursivo-graphique	R_1 R_2 R_4 $\boldsymbol{R_5}$ R_7 R_{14}	$\boldsymbol{R_3}$ R_6 R_8	R_5 $\boldsymbol{R_{11}}$ R_{12}	R_6 R_7 $\boldsymbol{R_9}$ R_{10} R_{13} R_{15} R_{16}
Catégorie de preuve	P_1 P_3 $\boldsymbol{P_4}$ P_9 P_{12} P_{15} P_{16}	$\boldsymbol{P_5}$ P_7 P_{14}	P_6 $\boldsymbol{P_{11}}$ P_{13}	P_2 $\boldsymbol{P_8}$ P_{10} P_{17}

Qualité globale de la preuve	$Q_1\ Q_2\ Q_6$ Q_8	$Q_5\ Q_7\ Q_{12}$ Q_{14}	$Q_3\ Q_{11}$	$Q_4\ Q_5\ Q_9$ $Q_{10}\ Q_{13}$
Contenu de l'acception des mots	$A_1\ A_3\ A_5$ $A_7\ A_8\ A_{10}$ $A_{12}\ A_{14}$	$A_2\ A_{12}\ A_{14}$	$A_4\ A_{11}\ A_{13}$	$A_1\ A_6\ A_9$
Contenu du style d'écriture	$E_1\ E_2\ E_5$ $E_{10}\ E_{11}$	$E_4\ E_{12}\ E_{16}$ E_{18}	$E_7\ E_8\ E_{13}$ $E_{14}\ E_{17}$	$E_3\ E_6\ E_9$ E_{15}
Contenu du niveau de langage	$N_1\ N_2\ N_4$ $N_5\ N_7\ N_{10}$ N_{11}	$N_3\ N_6\ N_9$	$N_1\ N_2\ N_7$ N_{12}	$N_2\ N_6\ N_8$ N_9

RÉPARTITION DES TYPES ET CARACTÉRISATION DU COMPORTEMENT

Le comportement dans l'enracinement des preuves soulève bien plus qu'une question d'aptitude à l'égard de l'appréhension des hypothèses. Les paragraphes précédents insistent sur la notion d'hypothèse effective afin de signifier la diversité dans la provenance des suppositions qui engagent le raisonnement, et de déterminer les rapports qu'elles établissent entre la preuve, la conjecture, le dessin, la situation stricte et le contexte. Néanmoins, bien que la typologie se destine à la totalité des sujets, la caractérisation du comportement ne saurait être que trop partielle sans le concours exprès des patrons de conduite, propos central du paragraphe. Mais avant l'exploitation de cette contribution, nous dévoilons telle quelle la distribution des types de comportement pour signaler leur importance relative dans l'échantillon (tableau 4.60). Aux extrêmes, on remarque que le comportement le plus fréquent est empirique (47%) tandis que le moins fréquent reste étiologique (14%). Entre les deux se trouve, en ordre décroissant, le comportement heuristique (23%) suivi de l'elliptique (17%). Nous interprétons ces fréquences après la caractérisation du comportement.

Bien que l'on connaisse la résistance interne à la logique de chaque situation-problème pour caractériser le comportement à partir des patrons de conduite, ceux-ci se rangent sous chaque type de comportement avec peu de dédoublement (tableau 4.61).[15] A part la conjecture et les

---

15 Pour les références, se reporter à l'Annexe C.

traits du langage, on trouve un maximum de deux patrons qui se répè-
tent, ce qui indique leur présence quasi-exclusive par type. Mais ce qui
nous intéresse davantage se rapporte au dégagement des particularités
de chaque groupement de patrons pour disposer de l'ensemble des caractéristiques dominantes selon les types de comportement et, par le fait
même, d'achever la définition de ces derniers. Parce que nous jugeons
inopportun d'expliciter le contenu de tous les patrons de conduite, nous
illustrons chaque groupement par un représentant exprimé en caractère
gras. Il s'agit du patron de conduite correspondant aux quatre preuves
archétypes que nous venons d'analyser, dont le relevé complet figure au
tableau 4.62. Des groupements, on note en général que:

• Comportement empirique

 – Le choix de la conjecture est approprié un peu moins de deux fois
   sur trois;
 – La contexture stratégique privilégie le groupe de la vérification par
   expérimentation-généralisation;
 – Une proéminence du raisonnement argumentatif côtoie une forte
   proportion de raisonnement graphique;
 – Les procédures de preuve ne dépassent pas la catégorie des preuves intellectuelles, mais consistent, la plupart du temps, en preuves
   pragmatiques, parce que la validation reste latente;
 – La qualité globale des preuves se trouve entre le moyen et le très
   faible;
 – Les dessins participent au raisonnement ou sert à illustrer des procepts.

L'essentiel du raisonnement traduit une expérience qui porte sur la figure géométrique et ses représentants, dont le dénouement de la démarche prétend à l'établissement de la conjecture.

• Comportement elliptique

 – Le choix de la conjecture est juste environ une fois sur deux;
 – La contexture stratégique repose sur le groupe de l'analyse des-
   criptive et l'étalement proceptuel;
 – Le raisonnement est absent ou il est réduit à sa plus simple expres-
   sion;
 – Les procédures de preuve restent principalement dans la catégorie
   des explications;
 – La qualité globale des preuves demeure autour du très faible;

– A l'occasion, on trouve un dessin d'accompagnement, mais sa relation dans la preuve n'est pas attestée.

Les solutions frisent souvent la vérification ostensible, en ce sens que l'explication de la conjecture procède sans exigence discursive ou graphique explicite, sinon par la recherche d'un nombre limité de propositions qui paraissent en soi déterminantes.

• Comportement étiologique

– Le choix de la conjecture est conforme plus de deux fois sur trois;
– La contexture stratégique s'assemble en chemins dans un champ proceptuel;
– Le raisonnement déductif intervient en proportion avantageuse ou comparable à celle du raisonnement argumentatif;
– Les procédures de preuve révèlent au moins la catégorie des preuves intellectuelles;
– La qualité globale des preuves va du moyen au bon;
– La représentation provient des imageries représentantes.

En l'occurrence, les preuves montrent une recherche des causes de la conjecture ou de l'origine de sa signification dans la logique et le contexte de la situation-problème.

• Comportement heuristique

– Le choix de la conjecture est adéquat en moyenne une fois sur trois;
– La contexture stratégique favorise l'analyse descriptive et l'étalement proceptuel, mais ceci n'exclut pas la possibilité de trouver à égalité d'autres groupes de stratégie de preuve;
– Il y a une prédominance du raisonnement argumentatif;
– Les procédures de preuve demeurent sous la barre de la catégorie des preuves pragmatiques;
– La qualité globale des preuves oscille autour du faible;
– Les dessins s'utilisent fréquemment en condensé d'hypothèses et, parfois, en justification d'inférences figurales.

Tableau 4.62
Patrons de conduite des groupes de preuves archétypes

	A-32	Empirique			E-10	Elliptique		
	Patron	Q2	Q3	Q4	Patron	Q2	Q3	Q4
Conjecture	C_1	Triangle isocèle	Triangle rectangle isocèle	Trapèze, carré	C_7	Conjecture primitive triangle quelconque Conjecture définitive triangle isocèle	Triangle rectangle isocèle	Carré
Contenu de la contexture stratégique	S_{12}	Vérification par expérimentation, généralisation	Vérification par expérimentation, généralisation Chemin dans un champ proceptuel	Chemin dans un champ proceptuel	S_4	Analyse descriptive, étalement proceptuel Entreprise d'une dialectique du contre-exemple	Analyse descriptive, étalement proceptuel	Analyse descriptive, étalement proceptuel
Contenu discursivo-graphique	R_5	Plan argumentatif Plan déductif	Plan argumentatif Plan déductif	Plan argumentatif Plan déductif Raisonnement graphique	R_3	Plan argumentatif	Plan argumentatif Plan déductif	Plan argumentatif Raisonnement graphique
Catégorie de preuve	P_4	Preuve pragmatique	Preuve pragmatique	Preuve intellectuelle	P_5	Explication	Explication	Explication
Qualité globale de la preuve	Q_1	Faible	Faible	Faible	Q_5	Très Faible	Faible	Très Faible
Contenu de l'acception des mots	A_1	Courant Mathématique	Courant Mathématique	Courant Mathématique	A_2	Courant Mathématique	Mathématique	Courant Mathématique
Contenu du style d'écriture	E_1	Verbal Combiné	Verbal Combiné	Verbal Symbolique	E_4	Verbal Symbolique	Verbal Combiné Symbolique	Verbal Symbolique
Contenu du niveau de langage	N_4	Expert	Extensible Expert	Extensible Expert	N_3	Extensible Expert	Expert	Extensible Expert

	A-19	Etiologique			E-15	Heuristique		
	Patron	Q2	Q3	Q4	Patron	Q2	Q3	Q4
Conjecture	C_1	Triangle isocèle	Triangle rectangle isocèle	Trapèze, carré	C_{10}	Triangle quelconque	Triangle rectangle isocèle	Parallélogramme, carré
Contenu de la contexture stratégique	S_8	Chemin dans un champ proceptuel	Chemin dans un champ proceptuel	Chemin dans un champ proceptuel	S_{10}	Vérification par expérimentation, généralisation Analyse descriptive, étalement proceptuel	Vérification par expérimentation, généralisation Chemin dans un champ proceptuel	Vérification par expérimentation, généralisation
Contenu discursivo-graphique	R_{11}	Plan déductif Manipulations algébriques	Plan argumentatif Plan déductif	Plan argumentatif Plan déductif Raisonnement graphique	R_9	Plan argumentatif Plan déductif	Plan argumentatif Plan déductif Manipulations algébriques	Plan argumentatif Raisonnement graphique
Catégorie de preuve	P_{11}	Démonstration	Preuve intellectuelle	Preuve intellectuelle	P_8	Explication	Preuve pragmatique	Preuve pragmatique
Qualité globale de la preuve	Q_{11}	Bon	Faible	Moyen	Q_5	Très Faible	Faible	Très Faible
Contenu de l'acception des mots	A_4	Mathématique	Courant Mathématique	Courant Mathématique	A_1	Courant Mathématique	Courant Mathématique	Courant Mathématique
Contenu du style d'écriture	E_8	Verbal Combiné Symbolique	Verbal Combiné Symbolique	Verbal Symbolique	E_6	Verbal Symbolique	Verbal Symbolique	Verbal Symbolique
Contenu du niveau de langage	N_1	Expert	Extensible Expert	Expert	N_8	Extensible Expert	Extensible Expert	Indéterminé Expert

Le processus de preuve accumule des propriétés visuelles ou contextuelles, voire des indices, qui révèlent, qui annoncent ou qui décrivent des états particuliers, des idées sous-jacentes ou des intentions relativement à la conjecture.

En ce qui concerne les traits du langage, on trouve un comportement assez équilibré entre les types. Contrairement aux autres variables qualitatives, les patrons de conduite ne montrent pas de récurrences significatives qui permettent de particularisations, ni de tendances qui se maintiennent d'une situation à l'autre. Tout au plus, on remarque que le comportement étiologique est celui qui contient le moins de propositions graphiques et que le comportement heuristique est celui qui utilise le plus souvent des mots dont le sens se prête mutuellement assistance dans le développement de la continuité thématique.

La proportion prépondérante de comportement empirique, confronté au nombre restreint de comportement étiologique, confirme la préférence pour la preuve expérimentale, au détriment de la preuve mathématique (voir section *Evaluation des preuves*). Sans doute facilité par la séparation entre le moment de la conjecture et celui de la preuve, nous croyons que pour ces premiers élèves, l'établissement de la conjecture passe principalement par la résolution graphique sur le dessin, ce qui explique le taux de réussite élevé lorsque l'apparence visuelle y est favorable. Ainsi, parce que peu d'hypothèses effectives proviennent précisément de la situation stricte, mais bien du dessin, la rédaction de la preuve consiste manifestement en une intention de reproduire le processus de résolution, ou terminé, ou en cours, conditionné par les limites cognitives et sémiotiques qui découlent de l'usage conjoint du discours argumentatif et du raisonnement graphique.

Quant aux deux autres types de comportement, l'articulation du raisonnement est davantage liée à un problème d'obstacles que de limitations intrinsèques. Dans le comportement elliptique, la réduction du raisonnement à sa plus simple expression et la prédilection pour le groupe de l'analyse descriptive et l'étalement proceptuel trahissent un attachement aux coutumes de la mathématique élémentaire où, par exemple, un seul argument clef peut suffire à justifier une conjecture. Dans le comportement heuristique, le nombre symptomatique d'inférences simples et indépendantes, mais dont les hypothèses effectives se raccordent sémantiquement les unes aux autres, montre comment l'élève essaye, tant bien que mal, de défendre la connexité du raisonnement pour instituer une preuve plausible. L'empêchement d'accéder à des preuves de niveau ou de qualité supérieurs, dû au raisonnement discursivo-graphique disponible, se découvre alors deux fois sur cinq. Au chapitre V, à la section *Battement argumentativo-graphique*, nous en précisons la nature.

Chapitre V

Théorisation

Le poids des mots, le choc des photos.
Slogan publicitaire de *Paris-Match*
attribué à Roger Thérond

APPORT DU DIAGNOSTIC ET RÉFLEXION PROSPECTIVE

Le tour d'horizon effectué au chapitre I montrait non seulement la problématique, mais proposait aussi sept pôles pour générer notre diagnostic. Ceux-ci, au lieu de jalonner le déroulement des chapitres subséquents, se sont ouverts sur un cadre théorique qui a déterminé huit variables qualitatives pour marquer l'évaluation des preuves. A dessein, l'entreprise a commencé par l'installation d'un outil d'analyse qui procède par la décomposition du contenu de la contexture stratégique et de l'organisation discursivo-graphique. Puis, elle s'est terminée par une étude ethnographique du comportement qui s'appuie sur l'outil d'analyse et les patrons de conduite issus de l'évaluation. Toutefois, cette récapitulation reste trop succincte pour rendre compte effectivement de la manière dont fut dirigée la problématique puisqu'il subsiste toujours en début de recherche des impondérables qui se dévoilent en cours d'exercice, défiant l'investigation a priori. Inclure ces découvertes dans la problématique aurait signifié supposer la péroraison en hypothèse de travail.

Le propos de ce chapitre prétend mettre l'accent sur les découvertes saillantes du diagnostic qui se révèlent novatrices au regard de la bibliographie actuelle. Si certaines de ces découvertes émanent de l'application de l'outil d'analyse planifié avant l'expérience, d'autres au contraire proviennent justement de l'identification d'une disposition alors insoupçonnée, qui a pourtant consolidé résolument le diagnostic en se joignant à l'ensemble des critères retenus. En conséquence, il a lieu de résumer l'approche de la problématique avec les résultats obtenus a posteriori. Sur la base des données et des tendances existantes, l'étude sera complétée par une réflexion prospective susceptible de mettre en filigrane les limites du travail et les problèmes demeurés ouverts pour d'éventuelles recherches.

RAISONNEMENT GRAPHIQUE ET PREUVE

Même si, pour Duval (1995), la spécificité de l'activité géométrique ne consiste pas seulement dans une coordination nécessaire entre des traitements dans le registre des figures et celui de la langue naturelle, il n'envisage pas de forme d'expansion graphique, au même titre que l'expansion discursive. Cet auteur admet un traitement sur les figures qui contient potentiellement une suite de pas de raisonnement, qu'il appelle déroulement de l'*appréhension opératoire* des modifications possibles d'une même figure géométrique (ou de ses parties) – comme les séquences de comparaisons avec des sous-figures pour établir une propriété. Mais il considère que ce traitement devrait se convertir dans le registre discursif pour exprimer un raisonnement. Et encore, il précise que la conversion du registre figural au registre discursif (figure → texte) pourrait ne pas traduire le raisonnement qui sous-tend le déroulement de l'appréhension opératoire, en ne décrivant que les phases de la séquence. Pourtant, au chapitre II, section *Aspects sémiotiques et pragmatiques*, nous avons montré comment le registre figural peut à lui seul démontrer visuellement une propriété en fixant des «moments significatifs» du développement d'images mentales. En fait, l'idée d'expansion graphique n'est pas contradictoire avec celle d'appréhension opératoire; elle est complémentaire.

Dans l'exemple ci-dessous (Richard, 2003), il faut démontrer les égalités d'aire I et II dans la partition du parallélogramme, où les points X et Y sont situés respectivement sur deux de ses côtés consécutifs:

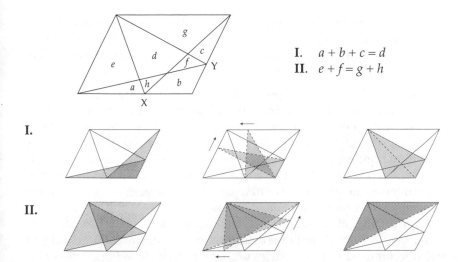

I. $a + b + c = d$
II. $e + f = g + h$

Les bandes dessinées I et II prouvent les égalités en établissant d'abord, par expansion graphique, des égalités d'aires à partir des triangles hachurés, et en comparant ensuite, par appréhension opératoire, l'aire de régions, que suscitent les relations suivantes:

I. $(a + h + b) + (c + f + b) = d + h + f + b$
II. $e + d + f = g + d + h$

Il s'agit donc d'authentiques preuves qui se constituent par raisonnement graphique. Si nous avons dû introduire la situation à l'aide d'un texte, et la comparaison, à l'aide d'égalités algébriques, ce n'est pas seulement par économie, mais surtout parce que le registre figural n'est pas une langue. Contrairement aux énoncés complets du discours, le registre figural ne permet pas des démarches stricto sensu de récit, de description, de commentaires, d'argumentation, de déduction, de calcul, etc.

A partir de la reproduction 4.18, nous avons montré comment l'élève structure le raisonnement graphique dans ses preuves à l'aide d'inférences figurales. Si l'introduction de dessins, dans l'organisation discursive, incarne vraisemblablement un moyen de pallier la difficulté d'articuler par écrit un raisonnement dans le seul discours, ceux-ci se destinent aussi à concentrer les propriétés qu'il voit ou qu'il juge pertinentes. Comme on remarque que:

– Le dessin de la reproduction 4.56 réunit les hypothèses effectives tout en manifestant les limites de leurs rapports;

– Le dessin de la reproduction 4.54 vient finalement soulager le raisonnement, puisque les propositions verbales précédentes apparaissent insuffisantes pour persuader du bien fondé de la conjecture.

De façon générale, nous dégageons des preuves de notre diagnostic que
l'élève préfère souvent raisonner graphiquement pour inférer les propriétés dont il a besoin, plutôt que de s'investir dans un cheminement
discursif substitutif. En ce sens, la reproduction 4.24 représente un para-
digme d'une preuve graphique façonnée par un élève: la totalité du raisonnement repose sur des inférences figurales. S'agit-il d'une réponse
pragmatique à une impasse discursive ou d'une stratégie visant à servir
le développement du raisonnement?

Savoir distinguer de façon sûre quand l'usage d'une inférence figurale marque la volonté de l'expression concise ou efficace, ou quand elle
trahit une limite discursive, demeure une tâche délicate et parfois non
concluante. Rappelons que l'inférence figurale s'identifie comme telle
lorsqu'on ne peut comprendre ni accepter le pas de raisonnement en
masquant le dessin, même si on tente simultanément de rapprocher la
proposition discursive inférée de la continuité thématique développée
dans la preuve. De par nature, cela entraîne que la justification de l'inférence repose avant tout sur les possibilités de la formation et de l'interprétation des signes graphiques.

Duval (1995, p. 177) offre une classification des unités figurales élémentaires selon la dimension (v. g. 0, 1 ou 2) de la «tache visible» (v. g.
point, ligne ou zone), qui possède l'avantage de considérer les signes
figuraux dans leur globalité. Ainsi, la tache «□» représente un carré tel
un icone, sans nécessairement passer par la conception mathématique
d'un lieu de points. Toutefois, cette classification ne tient pas compte des
signes et des règles conventionnels associés à la représentation graphique, ni des formes de raccordement entre unités signifiantes élémentaires pour produire des unités signifiantes complexes. Par analogie structurale au fonctionnement du discours, nous considérons que les unités
signifiantes d'un dessin sont les signes élémentaires (comme le tracé
d'un segment pour représenter une droite) qui se raccordent d'abord en
syntagmes graphiques (v. g. le petit carré posé à l'intersection de deux
segments pour signifier deux droites perpendiculaires), et ensuite à
l'intérieur d'une proposition graphique (v. g. le dessin ci-dessous) ou
d'un assemblage de propositions graphiques (v. g. un dessin complet
d'une situation géométrique). On peut aussi parler de syntagmes gra-

phico-symboliques lorsqu'on associe un symbole mathématique pur à un signe graphique (v. g. la lettre *A* qu'on accole au tracé du point).

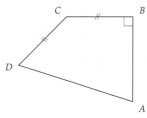

Pour l'élève, le registre figural sert aussi à poser des questions. L'utilisation du signe «?» dans les reproductions 4.18 et 4.56 en donne un exemple. Dans chaque cas, il permet de préciser: «étant donné les indications, où devrait se situer le point *D*?». En connaissant les hypothèses de la situation-problème, on peut comprendre quelle est la question seulement à partir du dessin, mais sans lui, on ne pourrait jamais saisir les premiers pas de raisonnement que montrent les solutions. Parce la traduction des propositions symboliques (indications) en propositions graphiques, jointe aux traitements sémiotique et cognitif que le dessin permet, rend beaucoup plus apparente l'indétermination sur le point *D*. Cependant, nous avons déjà soulevé une confusion engendrée par l'usage du registre figural, notamment lorsque le dessin se considère à la fois en «domaine de réalité» et en «modèle». L'éventualité de cette confusion a eu des effets immédiats sur l'évaluation de la qualité des inférences figurales. Ainsi, dans Q3, chez les 15% d'élèves qui ont eu recours aux dessins pour justifier une étape de raisonnement (voir section *Evaluation des preuves*, chapitre IV):

– Les deux tiers ont inféré une proposition fausse, car la justification de l'inférence figurale se basait sur des propositions graphiques prisent essentiellement comme «domaine de réalité»;
– Pour le tiers restant, qui a ajouté des pointes de flèches aux marques des angles[1] à la base d'un «triangle» qui déploie ses côtés, la justification de l'inférence est valable non seulement parce que la proposition discursive inférée est vraie, mais aussi parce que le dessin suggère la visualisation dynamique d'un «triangle» qui se déballe. Dans ce cas, les propositions graphiques sont davantage

---

1   En mathématique, on utilise ce même signe pour représenter un angle orienté.

perçues comme un «modèle» qui renvoie à la figure et qui représente la confrontation des hypothèses issues de la situation stricte.

Par conséquent, on peut se demander pourquoi l'élève aurait besoin de ce type d'inférence, puisqu'en cachant le dessin, le raisonnement ne tient plus.

A notre avis, le fond de la question rejoint le passage d'une géométrie pratique à une géométrie toute théorique dans laquelle nous avons reconnu, à la section *Aspects curriculaires* du chapitre II, un problème d'obstacles. Parce que l'élève ne peut travailler qu'avec les moyens discursifs dont il dispose et que ceux-ci naissent autant d'une aptitude innée que d'un apprentissage historique, il traîne forcément des habitudes relatives à la mathématique élémentaire qui sont en pleine évolution. Dans cette optique, l'application d'inférences figurales intervient d'abord en approche conciliatoire entre l'obligation tacite de prouver discursivement et, pour exhiber un tel raisonnement, la capacité réelle de coordonner figure et discours. Mais en même temps, l'utilisation de l'inférence figurale se maintient en moyen efficace et constructif qui donne à la preuve le pouvoir de suivre son cours, sans exigence de traduire l'expansion graphique en expansion discursive.

D'ailleurs, pourquoi l'élève devrait-il s'efforcer de produire un raisonnement proprement discursif s'il peut représenter et justifier, en un tour de main, tout le nécessaire pour introduire ce qui lui paraît évident? L'inférence figurale permet autant d'accentuer la transparence de sa motivation dans la preuve que de couper court à la rédaction. Du reste, l'analyse au chapitre IV a montré que lorsque l'élève procède à partir de propriétés locales par rapport à la figure géométrique opératoire, l'inférence figurale viendrait secourir la cohésion de la preuve parce que le dessin prétend exposer ce que l'élève perçoit et que c'est exactement ce dont il a besoin pour justifier cette étape du raisonnement. Puisqu'on comprend qu'un grand nombre de preuves tente de reproduire le raisonnement qui a permis de déterminer la conjecture, l'inférence figurale jette une passerelle entre le moment de la conjecture et celui de la preuve, tout en adoucissant la composition du texte. D'autant plus que l'activité rédactionnelle et la linéarité textuelle apparente demande un effort supplémentaire et approprié d'organisation discursive. D'une certaine façon, la participation du dessin à la procédure de preuve évoque l'idée d'interaction entre texte et figure qui a été développée par Bazin (1994) dans le contexte de la modélisation de la résolution de problèmes en intelligence artificielle.

D'un point de vue théorique, force est de constater que l'ajout de l'inférence figurale à celles des plans du discours engendre un ensemble d'inférences consistant avec la définition fonctionnelle du raisonnement de Duval, citée au chapitre I. Au premier paragraphe, l'unité sémantique «la forme d'expansion discursive» se laisse substituer par «la forme d'expansion discursivo-graphique», de manière à élargir l'emprise de l'idée essentielle développée dans un raisonnement. Même si le raisonnement graphique n'a pas l'habitude de se découvrir dans un cadre formel de démonstrations géométriques, il demeure profitable pour modifier la valeur épistémique qu'a l'énoncé-cible d'un raisonnement dans un état de connaissance donné, ou dans un milieu social donné. Cela est le cas, par exemple:

– Dans les «monstrations» chinoises de l'Antiquité, mentionnées à la section *Aspects épistémologiques* du chapitre II, pour augmenter le degré de fiabilité qu'avait la communauté d'antan sur des propriétés de figures;
– Dans l'argument visuel de Sipka (1988), employé en classe pour renforcer la conviction sur l'égalité de Pythagore en la présentant comme la loi du cosinus appliquée à un angle droit.

En outre, l'engouement suscité par les *mathématiques* ou les *preuves sans mots* depuis plusieurs années, comme dans les revues *The College Mathematics Journal* et *Mathematics Magazine* pour ne nommer que ces ouvrages, constitue une exploration des possibilités et des limites de l'expansion graphique. Bien sûr, ces raisonnements ne visent pas à modifier la valeur de vérité de conjectures. Mais, à l'instar de l'exemple précédent sur la partition du parallélogramme, ils fondent des preuves authentiques.

Au chapitre II, nous avons défini l'authenticité d'une preuve par rapport aux habitudes de la communauté mathématique. Déjà, pour Guzmán (1996), la visualisation offre une introduction puissante aux abstractions complexes en mathématique:

Los expertos poseen imágenes visuales, modos intuitivos de percibir los conceptos y métodos, de gran valor y eficacia en su trabajo creativo y en su dominio del campo en que se mueven. Mediante ellos son capaces de relacionar, de modo muy versátil y variado, constelaciones frecuentemente muy complejas de hechos y resultados de su teoría y a través de tales redes significativos son capaces de escoger, de manera natural y sin esfuerzo, los modos de ataque más eficaces para resolver los problemas con que se enfrentan (p. 16).

De plus, non seulement le dessin et la gestuelle participent aux débats entre mathématiciens, mais d'aucuns, comme Dreyfus (1994), insistent sur la valeur épistémologique du raisonnement visuel. Casselman (2000) pousse jusqu'à identifier les dessins qui engendreraient des images visuelles valables du point de vue mathématique, et Guzmán (1996) illustre la visualisation de propriétés en analyse, à la manière du mathématicien qui explique dans un coin du tableau noir.

L'INFÉRENCE FIGURALE EN CLASSE

S'il est vrai que durant une activité qui réclame une valeur épistémique élevée, l'inférence figurale peut s'avérer insuffisante – tout comme, par ailleurs, les inférences du plan argumentatif –, la plupart des raisonnements qui se présentent dans la continuité d'un cours se situent entre la validation et l'auto-conviction, fuyant justement les excès de rigueur, mais aussi d'efficacité. Par exemple, pour le professeur, de nombreuses situations requièrent l'adhésion de la classe sans que ce soit nécessaire de produire une preuve exclusivement discursive, là où la gestuelle même participe avantageusement au raisonnement. C'est souvent grâce à la représentation d'un dessin au tableau (pendant un débat), dans le cahier de l'élève ou à l'écran d'une calculatrice graphique (lors d'un dialogue) qu'on emporte l'assentiment d'un élève en produisant un raisonnement sur le dessin. Loin de vouloir colmater des éventuelles brèches discursives, ces initiatives demeurent salutaires pour l'apprenant lorsqu'il faut mobiliser l'attention principale pour dégager une méthode réutilisable dans un autre contexte ou, tout simplement, pour saisir l'esprit d'une situation-problème. Faut-il rappeler que l'emprise tentaculaire du raisonnement porte autant sur le contrôle des connaissances et leur représentation que sur l'acceptation de propositions, de la compréhension de leur sens, de leur interprétation théorique, de leur motivation didactique, etc. La diversité obligée des moments dans lesquels l'inférence figurale est susceptible d'intervenir, associée à la spécificité de chacun d'entre eux, exige la restriction de notre critique sur deux axes. Le premier concerne l'apprentissage de la preuve.

Dans certaines régions, comme la Catalogne ou le Québec, où la tradition dans l'enseignement de la géométrie ne prévoit que timidement un apprentissage du raisonnement déductif «à la manière d'Euclide», la démonstration de conjectures passe inévitablement par l'expression algébrico-fonctionnelle. La distinction entre une propriété caractéristique et la définition d'un concept n'est pas assurément convenue, tout comme leur fonction opératoire pour justifier une déduction. Habituellement, on utilise la langue naturelle, tel un métalangage, pour orienter la manipulation séquentielle d'expressions jugées nécessaires; les dessins ne serviraient qu'à alimenter cette manipulation. Toutefois, lorsqu'on ne revendique pas l'authenticité du processus au premier plan, on accepte souvent, mais partiellement, l'introduction d'arguments heuristiques dans le corps des preuves (surtout chez les plus jeunes), en autant qu'ils se fondent dans la logique de la situation traitée et qu'ils puissent raisonnablement convaincre un tiers imaginaire dans une dialectique implicite de la conviction.

Nous croyons que l'emploi d'inférences figurales est conséquente avec la compétence discursive de l'élève et les possibilités du raisonnement discursif. Il serait futile de condamner les inférences figurales qui montrent que l'élève procède de façon structurée à partir de propriétés caractéristiques de procepts géométriques. D'ailleurs, dans la comparaison des preuves prototypiques de Q5 (chapitre IV), nous avons vu que la reproduction 4.27 amorce une expérimentation sans grande conviction a priori sur la conjecture, même si on note une certaine habileté à la manipulation algébrique et que la rédaction s'approche considérablement d'une démonstration. Au contraire, c'est cette forte conviction sur la conjecture qui semble avoir été le moteur de la reproduction 4.24, montrant dans la rédaction un effort accru pour pouvoir représenter un raisonnement graphique qui se fonde sur le développement d'images visuelles dynamiques.

Dans une civilisation de l'instantanéité et de l'image, il faut quand même se mettre à l'abri d'un usage abusif de l'inférence figurale. Bien que son application encourage le développement d'un raisonnement plus intuitif à partir de systèmes complémentaires de représentation, si important dans la résolution de problèmes et la formulation de conjecture, elle risque à la longue d'annihiler l'essence même d'une démarche de preuve en occasionnant des problèmes d'attitude – comme celui de ne plus être forcé de commencer à construire le raisonnement depuis le début, ou l'inférence à partir d'énoncés admis antérieurement. L'inférence figurale est utile dans la mesure où son acceptation repose sur la représentation de procepts. Si l'on peut en déterminer la valeur dans ses rapports au domaine d'interprétation de la figure géométrique opératoire, son profit peut se subordonner à la qualité du reste du raisonnement discursif. La solution paradigmatique de la reproduction 4.24 reste intéressante pour l'analyse didactique, mais elle ne peut se concevoir comme le parangon d'une «preuve figurale» à la portée de tous. Car elle suppose, au préalable, l'acquisition d'une compétence certaine dans les traitements cognitif et sémiotique sur les figures.

La conception d'environnements d'apprentissage et l'élaboration de textes destinés à l'enseignement engendrent le second axe. En corrélation forte avec l'évolution des moyens technologiques, les manuels scolaires et un grand nombre d'ouvrages de référence récents offrent un texte d'organisation complexe, abondamment illustré. A part les images qui servent d'agrément, d'ornement ou d'icone, on retrouve de nombreux dessins qui semblent affectés à éclaircir le sens d'un mot, d'une notation ou d'un passage difficile. Toutefois, même si le lecteur les reçoit comme des annotations marginales, il est souvent délicat de distinguer entre une représentation sommaire ou simplifiée du contenu, un éclaircissement d'un point sensible, utile, mais non nécessaire, et une partie intégrante d'une solution proposée. Qui plus est, lorsqu'on introduit une représentation graphique, on ne saisit pas toujours comment elle s'ajuste au texte. N'y aurait-il pas avantage, dans ce dernier cas, à structurer expressément le texte avec des inférences figurales? N'y gagnerait-on pas ipso facto en clarté? Encore faut-il remarquer, à titre indicatif, l'extraordinaire variété d'usage des registres de représentation sémiotique, comme:

– Le découpage de figures à l'aide de polygones appropriés pour provoquer une égalité ou une inégalité d'expressions algébriques (Bonnefond, Daviaud & Revranche, 1999); le réarrangement de pierres, de tuiles, de cubes, de nombres, d'expressions, etc., pour déclencher un raisonnement récursif ou pour réduire une série (Nelsen, 1993); la traduction de situations arithmétiques, logiques ou algébriques à l'aide de graphes pour faciliter la résolution de problèmes (Bachmakov, 1998).

– La substitution de fonctions trigonométriques à l'aide d'un triangle rectangle de référence (Bradley & Smith, 1995); le calcul de probabilités conditionnelles sur un arbre pondéré (Gramirian, Vallaud & Misset, 1998); la simplification de la composition de transformations géométriques à partir d'un diagramme (Brannan *et al.*, 1999).

– La manipulation de boules et de séparateurs pour introduire des formules en combinatoire (Fomin, Genkin & Itenberg, 1996); l'emploi coordonné des registres figuraux et symboliques pour établir des propriétés reconnues (Nelsen, 2001); l'introduction de fenêtres informatiques pour justifier l'effet des paramètres d'une équation (Bradley & Smith, 1995).

Il est aisé de projeter le bénéfice que procure la structuration par inférences figurales dans la préparation de matériel scolaire tel que les activités pour s'initier, les exercices d'exploration, les notes de cours, les monographies thématiques ou les tâches d'évaluation. Néanmoins, peu importe le type d'activité mis en œuvre, la gestion des registres de représentation qui se montrent rentables pour la marche didactique se confronte à la compétence discursive du professeur. Il s'agit d'un problème épineux puisqu'une masse critique d'enseignants, dans une école ou dans une région, qui ne possèdent pas de formation suffisante en matière de raisonnements mathématiquement valables, pourrait dispenser un enseignement «anecdotique» composé principalement de situations «ad hoc». En outre, ce phénomène est susceptible d'être accru par l'utilisation trop exclusive de certains manuels scolaires. Ajouté à l'incontournable position asymétrique de l'apprenant dans le contrat didactique (non seulement l'enseignant en sait plus, mais c'est lui qui anticipe sur les objectifs du cours), cela risquerait d'affaiblir le développement de l'autonomie de l'élève et de ses moyens de contrôle en l'absence du professeur.

Avec l'inférence figurale, il s'agit bien plus de développer une attitude chez le professorat, connaissant les fondements épistémologique et didactique qui la soutiennent, que de céder à la systématisation enthousiaste de son utilité. Même en regard de l'ensemble des registres de représentation graphique éprouvés dans l'histoire ou dans l'enseignement des mathématiques contemporaines, tout usage abusif de l'inférence figurale pourrait occasionner de véritables obstacles didactiques. A plus forte raison, une telle mise en garde demeure valable pour l'application outrancière de codes ou de signes peu connus à l'extérieur du contrat didactique, ou dont la prérogative réside dans la singularité d'une situation concrète. L'inverse est cependant tout aussi vrai. La pudeur qu'éprouvent certains élèves à intégrer des dessins dans leurs raisonnements, parce qu'on leur a répété «qu'il faut s'en méfier», pourrait également ment constituer un obstacle.

L'entrée en classe des logiciels de géométrie dynamique a sans doute rendu plus apparente l'importance du raisonnement graphique. En même temps, elle a ouvert la voie sur un champ d'activités autrefois impraticables dans le seul environnement papier-crayon. Pourtant, même s'il est captivant pour l'élève de découvrir expérimentalement les propriétés qui demeurent invariantes en agissant directement sur un dessin[2], c'est en connaissant préalablement la logique de la construction du signe (le dessin) qu'il peut consolider les rapports qu'il entretient avec l'idéal (la figure). En résolution de problèmes ou en situation de validation, pour produire des inférences figurales de qualité, il doit aussi pouvoir contrôler le raisonnement que masque l'instantanéité des rétroactions du dispositif informatique, sous peine d'en laisser le contrôle à la «machine» ou de simuler un raisonnement en ne décrivant que des moments significatifs. Autrement dit, l'élève peut comprendre ce qu'il voit avec les yeux, mais il ne saurait pas pourquoi il en est ainsi. On a beau seconder le passage d'une proposition à une autre en animant un dessin, si on ne donne pas à l'élève la responsabilité du contrôle dans le renvoi proceptuel et dans la progression du raisonnement, le profit de la démarche pourrait se limiter à la production syntaxique d'un conséquent. La participation de l'élève dans la construction du dessin reste un gage de qualité.

BATTEMENT ARGUMENTATIVO-GRAPHIQUE
ET RAISONNEMENT DISCURSIVO-GRAPHIQUE

Lorsque nous avons déduit, au chapitre IV, que la presque totalité des preuves opèrent par liens sémantiques ou graphiques entre propositions, nous avons également proposé l'existence d'un raisonnement qui bat du graphique au discursif – idée qui se rapproche aisément de la pulsation entre le discursif et le visuel de Barbin (2001) –, tout en excluant presque complètement les excursions discursives dans le plan déductif. Ce qui signifie que l'on trouve dans l'arsenal des stratégies de preuve disponibles une subordination aussi bien au potentiel producteur d'un *battement argumentativo-graphique* qu'à la virtualité réductrice due à l'incompétence déductive. Avant d'en spécifier les effets producteur et réducteur par rapport aux preuves de notre étude, nous devons d'abord distinguer l'idée de battement de celle de la coordination entre registres.

Lorsque l'élève passe d'un énoncé à un dessin, ou d'un dessin à un texte, la coordination entre les registres discursif et figural suppose une activité cognitive de conversion qui renvoie au même objet, même si le

---

2   La recherche d'invariants est fondamentale en géométrie et souhaitable pour l'apprentissage (Kahane, 2002).

processus de renvoi à l'idéal peut être différent. Par exemple, l'élève peut très bien lire dans l'énoncé d'un problème qu'un triangle ABC est isocèle en A, le représenter par un dessin, dégager que A est équidistant de B et de C, puis écrire «$BA = AC$». On est tenté d'en conclure qu'effectivement, il a su coordonner les registres pour produire un conséquent vrai à partir de la définition du triangle isocèle. Pourtant, au moment où il dégage la propriété d'équidistance, on ne peut pas savoir si l'élève change de modèle ou non. C'est-à-dire s'il perçoit l'équidistance seulement par rapport à une propriété spatiale du dessin, ou s'il effectue conjointement un contrôle dans un renvoi à la figure. Dans cette illustration (sans contexte), la «fidélité» présumée du dessin n'a pas de conséquences sur le résultat du pas de raisonnement. Tout au plus, on ne pourrait pas savoir si l'élève a produit une déduction (en invoquant implicitement la définition du triangle isocèle), une inférence sémantique (en évoquant sa définition) ou une inférence figurale (par rapport à un «fait» ou par renvoi à un procept). Il pourrait donc y avoir en outre une activité cognitive de traduction dans un changement de modèle. A la reproduction 4.12, l'entrée graphique pour établir faussement la nature isocèle du triangle BOC, relativement à l'entrée discursive pour «déduire» correctement sa nature rectangle, montre clairement que le raisonnement se fonde sur deux modèles. Il est raisonnable de croire que si l'élève avait confronté les hypothèses de la situation entre elles, même en agissant par rapport à deux modèles, l'activité cognitive de traduction aurait été déterminante pour approprier la conjecture à la logique de la situation-problème. En plus d'une alternance entre registres, le battement discursivo-graphique assume un traitement cognitif et sémiotique à la fois par conversion et par traduction.

Si nous utilisons l'expression «argumentativo-graphique» pour caractériser le type de raisonnement mobilisé par les élèves de notre étude, comparativement au caractère générique de «discursivo-graphique», il ne faut pas conclure que cela exclut l'idée d'imiter le fonctionnement de déductions dans le registre graphique, ou par l'inférence figurale. D'ailleurs, nous constatons que, d'une situation-problème à l'autre, l'évolution de la fréquence d'usage du raisonnement graphique sûr varie dans le même sens que celle du chemin dans un champ proceptuel. Nous croyons qu'il s'agit bien plus qu'une corrélation, parce que:

– Pour certains élèves, il est plus commode de représenter, par une esquisse, un ensemble de propriétés géométriques interdépendantes, que de décrire séquentiellement une construction;

- L'inférence figurale, lorsqu'elle renvoie au domaine d'interprétation théorique, permet d'invoquer des propriétés géométriques, sans avoir à enchaîner exclusivement des propositions discursives;
- Somme toute, il est intrinsèquement difficile d'inférer sémantiquement des énoncés mathématiques sans conscience sur le statut opératoire des définitions et des propriétés caractéristiques.

Déjà, au chapitre IV, pour l'évaluation des graphes propositionnels de Q1, nous avons mentionné qu'il était ardu de dégager la logique discursive dans le jeu des sommets sélectionnés, d'autant plus que les propositions initiales ne coïncidaient généralement pas avec les hypothèses de la situation stricte, ni les propositions finales, avec la conclusion. Puisque l'élève ne pouvait pas introduire de dessins dans son raisonnement et que celui-ci s'articule justement par battement argumentativo-graphique, nous comprenons que cela traduit la difficulté de coller intégralement un tel raisonnement sur un graphe proceptuel, même circonscrit. Si le battement argumentativo-graphique conditionne la réalisation de preuves, l'entrave à la manifestation de l'expansion graphique complique davantage la démarche de l'élève. Parce que même s'il devait simuler l'idée essentielle d'un raisonnement déductif, il ne saurait profiter que du registre graphique. Bien que ce ne soit plus tout à fait à la mode aujourd'hui, au commandement formaliste que nous rappelle Apéry (1982) – extirper l'intuition, notamment en refusant l'usage des figures dans l'enseignement –, nous répliquons: «vive Euclide!»[3]

Au chapitre II, nous avons déterminé des catégories de procédure de preuves qui se distinguent selon les caractéristiques discursives du texte et le degré d'explicitation de la validation qui s'en dégage. Nous accordions alors au rapport déductif/argumentatif un rôle décisionnel. Cependant, à la lumière de nos considérations sur le raisonnement discursivo-graphique, nous devons préciser quel est le concours de l'inférence figurale dans les catégories:

---

3   Il s'agit d'un clin d'œil au célèbre «à bas Euclide» de Jean Dieudonné, prononcé en novembre 1959 au Colloque de Royaumont, à l'aube des «mathématiques modernes». Même si, dans le contexte du colloque, on croit que Dieudonné voulait signifier que la mathématique était une science vivante, dynamique et actuelle, on en a souvent retenu que l'enseignement traditionnel de la géométrie était à fuir, comme si ses méthodes appartenaient à un «ancien régime», voire à un savoir mort.

– Dans les preuves pragmatiques, les inférences figurales se basent sur des propriétés spatiales du dessin, dont les relations avec le domaine d'interprétation théorique ne sont pas attestées. Sans nécessairement trahir une incompétence discursive, elles interviennent en faveur de ce que l'élève voit avec ses yeux (au sens évoqué au paragraphe *L'inférence figurale en classe*). Leur emploi abusif dans la rédaction convertirait la preuve en explication, entraînant une perte de la charpente discursive.

– Dans les preuves intellectuelles, les inférences figurales invoquent des propriétés caractéristiques, même si ces dernières sont issues d'une traduction à partir de propriétés spatiales. Adhérant nettement à la structure discursive, les dessins agissent en représentants de figures géométriques, ce qui suppose que les inférences figurales pourraient se substituer par des équivalents déductifs. Si, par définition, leur présence même minimale empêche d'atteindre la démonstration, il s'agit davantage d'un scrupule lié à la tradition (la logique de la justification ou de l'enchaînement des propositions n'est pas explicité séquentiellement), qu'au caractère approprié du traitement cognitif et sémiotique.

Le débat autour des «preuves sans mots» ne pose pas la question de leur authenticité. Il faut dire que ce syntagme est une traduction de l'anglais et que, contrairement aux langues latines, le lexique anglo-saxon ne fait pas la différence entre «preuve» et «démonstration». Il s'agit toujours de «proofs». Néanmoins, lorsque le raisonnement discursivo-graphique qui les soutient est dûment constitué, doit-on en rester à une question de scrupules? D'une part, si l'élève introduit des inférences figurales dans ses preuves, ce n'est pas parce qu'il ne savait pas que c'était impossible, mais bien parce qu'il articule son raisonnement par battement argumentativo-graphique. D'autre part, nous avons mis en évidence, aux chapitres I et II, qu'il y avait une marge entre la réalisation d'une démonstration dans un cadre didactique et une autre dans un cadre formel. D'ailleurs, les éditeurs de certaines revues qui contiennent des «preuves sans mots» fixent les principes directeurs suivants:

> *Mathematics Magazine* aims to provide lively and appealing mathematical exposition. The *Magazine* is not a research journal, so the terse style appropriate for such a journal (lemma-theorem-proof-corollary) is not appropriate for the *Magazine*. [...] They should be attractive and accessible to undergraduates and would, ideally, be helpful in supplementing undergraduate courses or in stimulating student investigations (*Mathematics Magazine*, 2ᵉ de couverture).

Par rapport aux cinq fonctions de la démonstration (Villiers, 1993, données au chapitre I), seule la systématisation n'est pas au rendez-vous
(exclusion du style «lemme-théorème-démonstration-corollaire»). Nous
rapprochons volontiers «mathematical exposition» à la vérification-
conviction, «lively and appealing» à l'explication, «attractive and accessible to undergraduates» à la communication et «stimulating student
investigations» à la découverte.

Mis à part le fait qu'une preuve est un tout organisé qui contient des
inférences, qu'est-ce qui distingue une «preuve sans mots» d'une inférence figurale? Les «preuves sans mots» autorisent le registre algébrique,
par exemple, pour la mise en équation, mais le traitement ne s'effectue
pas par expansion dans ce registre, sinon en décrivant des «moments
significatifs» issus de l'expansion graphique ou de l'appréhention opératoire. Ces preuves s'articulent par raisonnement graphique.
L'inférence figurale, au contraire, introduit le registre graphique dans la
structure discursive pour produire ou justifier un pas de raisonnement.
C'est pourquoi, dans ce cas, nous parlons de forme d'expansion discursivo-graphique. Si le raisonnement graphique est susceptible de compenser l'absence du plan déductif, il ne peut s'y substituer. Autrement
dit, le raisonnement graphique peut produire un traitement cognitif
analogue – et cela est aussi valable pour les fonctions cognitives de
communication et d'objectivation (au sens de Duval, 1995) –, mais le
traitement sémiotique continuerait d'être différent.

Toutefois, comme nous le montre les dernières inférences figurales
des reproductions 4.24 et 4.27, le raisonnement discurvo-graphique se révèle d'une efficacité redoutable par rapport à d'autres registres de représentation sémiotique. Ainsi, dans la résolution de la même inéquation:

I. Si $-1 \le \dfrac{1}{x+3}$, ▪▪▪▪▶ alors $x+3 \le -1$ ou $0 < x+3$,
soit $x \le -4$ ou $-3 < x$ ∴

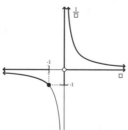

II. Si $-1 \leq \dfrac{1}{x+3}$, ▪▪▪▪▶ alors $x \leq -4$ ou $-3 < x$ $\therefore$

III. On a $-1 \leq \dfrac{1}{x+3}$,

soit $0 \leq \dfrac{x+4}{x+3}$,

x	$-\infty$		-4		-3		$+\infty$
$\dfrac{x+4}{x+3}$	1^-	$+$	0	$-$	$\begin{smallmatrix}+\infty\\ \\-\infty\end{smallmatrix}$	$+$	1^+

alors $x \leq -4$ ou $-3 < x$ $\therefore$

nous avons introduit trois pas de raisonnement qui invoquent la notion de fonction. Dans chaque cas, l'inférence figurale repose sur:

- Le «déshabillage» graphique de la fonction inverse (I);
- La comparaison graphique des images des fonctions membres (II);
- La formation et l'interprétation d'un tableau de signes (III).

En I et en II, malgré l'identité des prémisses du registre algébrique, les variations au niveau des «dessins» s'expliquent par l'expressivité du registre graphique dans l'intention de chaque inférence. Car l'acceptation de l'inférence exige de comprendre la constitution du «dessin» – ou du tableau en III –, en ce sens que le lecteur doit pouvoir effectuer un traitement cognitif et sémiotique équivalent à celui du producteur de l'inférence. Par exemple, dans I, le traitement devait s'assimiler au déroulement systématique suivant. Puisqu'on reconnaît la forme d'une fonction inverse dans l'inéquation, on en donne une esquisse comme support pour amorcer un raisonnement graphique. Il s'agit essentiellement de représenter le concept et non pas, comme en II, la fonction particulière. Le nombre –1 est reporté d'abord sur l'axe des ordonnées, pour convertir la forme $-1 \le \dfrac{1}{(\cdots)}$ en proposition graphique avec un crochet fermé[4] et un noircissement de l'intervalle. Ensuite, par raisonnement graphique, l'intervalle $\left[\,-1 ; +\infty\,\right[$ se compare à la courbe de la fonction pour ne retenir, sur l'axe des abscisses, que l'intervalle correspondant, soit $\left]\,-\infty ; -1\,\right] \cup \left]\,0 ; +\infty\,\right[$. C'est-à-dire que:

- La comparaison convertit le crochet fermé en rond plein sur la courbe et après, sur l'axe des abscisses, en crochet fermé;
- Le noircissement sur la courbe engendre une discontinuité en 0 qui se représente par un rond vide au centre du repère;
- Le nombre –1 sur l'axe des abscisses s'obtient en déterminant l'antécédent correspondant à l'image –1 par la fonction inverse, comme en résolvant l'équation $-1 = \dfrac{1}{x}$.

Finalement, la proposition graphique sur l'axe des abscisses se convertit dans le registre algébrique pour produire le conséquent de l'inférence. Dans cette illustration, non seulement l'activité cognitive procède essentiellement par conversions, mais les conditions de l'organisation discursivo-graphique entretiennent la valeur de vérité des propositions. Sans entrer dans les détails, soulignons que cette disposition est valable pour la représentation tabulaire en III et que l'expressivité de celle-ci permet d'inférer le même conséquent qu'en II. Tout comme avec le registre des figures, ces inférences figurales se montrent structurées en raccordant des propositions graphiques à des propositions verbales; elles obéissent intentionnellement à un plan d'organisation discursivo-graphique.

Contrairement à une sorte d'orthopédagogie, qui consisterait à diagnostiquer puis à traiter des troubles dans l'articulation de raisonnements, notre étude cherche plutôt à mettre en évidence le talent créateur de l'élève, face aux difficultés rencontrées. Il faut dire que le point de vue adopté communément en didactique ne cherche pas tant à remédier aux problèmes identifiés dans le comportement de l'élève, qu'à chercher quel est l'espace disponible entre les contraintes du complexe didactique. Or, notre exposition sur le raisonnement discursivo-graphique est avant tout une manifestation de cette créativité. Cependant, lorsqu'on note la diffi-

---

4   Du point de vue de sa forme, le signe «[» est un crochet ouvert, alors qu'il signifie un intervalle fermé. C'est pourquoi nous parlons de «crochet fermé».

culté de conjuguer un raisonnement qui s'articule par battement argumentivo-graphique avec un graphe proceptuel, on ne peut que s'interroger sur:

- La portée réelle du processus de proceptualisation, étant donné la proximité du graphe proceptuel avec le champ proceptuel formé dans l'esprit déductif. Il s'agit bien sûr d'une analogie, puisque la formation d'un graphe proceptuel ne représente qu'une situation qui permet de donner un sens aux procepts sous-jacents;
- L'opportunité de provoquer des situations de validation pour consolider la cohérence proceptuelle relative à la conjecture, hors d'un enseignement intégré du raisonnement déductif. Car sans développer de compétence sur la syntaxe et la rigueur du discours déductif, on risque d'alimenter un obstacle didactique, susceptible d'entraîner la proceptualisation fragmentaire et d'affaiblir l'autonomie et les moyens de contrôle de l'élève en l'absence du professeur, rendant virtuellement impossible le maniement de preuves de haut niveau.

A titre indicatif, même si nous plaçons régulièrement l'élève devant des situations résolubles par graphes propositionnels orientés, notre expérience dans l'enseignement suggère qu'il améliore davantage sa capacité de former ce genre de graphes plutôt que son aptitude à raisonner dans le plan déductif. De plus, lorsque nous transposons la démarche à des situations de validation conventionnelles, la compréhension du statut opératoire des définitions et des propriétés caractéristiques demeure fragile. Par contre, si nous projetons la méthode des graphes pour favoriser, en cas de doute, l'émergence d'un schéma de démonstration, nous assistons au développement d'une exigence personnelle d'enchaîner déductivement les propositions charnières pour contrôler le bien-fondé du raisonnement. Cette disposition est particulièrement visible lorsqu'il s'agit de réfuter la vérité d'affirmations d'autrui ou pour se convaincre par rapport à une conjecture étonnante – comme le non alignement des points C, E et A, malgré l'apparence visuelle, dans la situation du triangle ABC proposée au paragraphe *Modélisation, signifiance et représentation* (chapitre II).

ADAPTATION DU RAISONNEMENT, ENRACINEMENT MULTIPLE DES PREUVES

Déterminés par la potentialité du battement argumentativo-graphique, les raisonnements de notre diagnostic n'enchaînent pas des propositions en vertu de leur forme, sinon par obéissance à une continuité thématique. On imite parfois le fonctionnement de déductions en structurant le raisonnement à l'aide d'inférences figurales, mais l'usage du plan déductif attesté reste marginal. De plus, à partir du chapitre IV, nous avons souligné jusqu'à quel point l'exigence de commencement par les hypothèses de la situation-problème et d'achèvement par la conjecture prise en conclusion demeure méconnue, et comment cela marque la contexture stratégique. C'est pourquoi, les preuves montrent une adaptation mutuelle entre les propositions mises à jour et les besoins locaux d'une continuité thématique qui se délibère en partie au moment de la conjecture, mais surtout, qui s'ajuste tout au long du processus rédactionnel.

Dans une preuve orale à caractère dialogique, l'interlocuteur peut réfuter certains énoncés pour inciter à leur modification immédiate, cherchant à invalider la preuve, les connaissances, le discours ou la réfutation elle-même (voir section *Aspects relatifs à la démarche*, chapitre II). Cependant, dans les preuves écrites de notre étude, la dialectique du contre-exemple ne se révèle que dans 19% des cas (tableau 4.38). La fréquence majoritaire du groupe de la vérification par expérimentation-généralisation ne témoigne pas simplement du fait que la procédure de preuve commence par la conjecture, mais que c'est elle qui constitue le véritable moteur de la continuité thématique. Il faut étayer la conjecture à tout prix, quitte à devoir accommoder l'organisation discursive en introduisant des propostions graphiques pour exprimer les propriétés spatiales ou géométriques nécessaires. Plus qu'en dénouement obligé, la conjecture engage et soutient la preuve dans une logique où la structure fonctionnelle du raisonnement est malléable pour protéger la connexité entre la conjecture et la preuve.

Mais aussi, pour assurer un rapprochement entre le moment de la conjecture et celui de la preuve. Si, pour relever la contexture stratégique et former le schéma discursivo-graphique, nous avons eu besoin de considérer l'énoncé de la conjecture comme l'accomplissement d'un moment, l'élève, au contraire, reprend dans sa preuve une partie du processus qui donne naissance à la conjecture et à partir duquel il peut tirer des énoncés liminaires. A la section *Typologie du comportement* (chapitre IV), nous avons identifié ces énoncés en hypothèses effectives du raisonnement issues du moment de la conjecture. Mieux que l'emplacement physique, surtout quand le texte est répétitif, c'est le statut que l'élève attribue à l'énoncé-conjecture qui indique la stratégie employée dès l'abord de la preuve. Ainsi, lorsque l'énoncé-conjecture engage la procédure de preuve tel un fait qui a eu lieu, c'est parce que l'élève se lance dans une analyse descriptive et un étalement proceptuel, comme dans les reproductions 4.53 ou 4.54. A l'inverse, s'il apparaît en énoncé-cible tel un fait en devenir, c'est généralement parce que l'élève veut arriver à établir la conjecture dans un champ proceptuel, comme dans les reproductions 4.9 ou 4.56. Encore faut-il contrôler si l'énoncé-conjecture n'agit pas non plus tel un fait qui se produit, c'est-à-dire en propriété d'appui au développement de la continuité thématique dont on en vérifie l'effet dans la procédure de preuve. Nous en déduisons que l'adaptation de la stratégie est corrélative à celle du raisonnement, tant dans ses aspects structurels que fonctionnels.

Dans l'analyse des stratégies de preuve à la section *Evaluation des preuves* (chapitre IV), nous avons dégagé une préférence pour la «pratique expérimentale», au détriment d'une «pratique démonstrative». Ce qui rejoint Fischbein (1982), lorsqu'il propose que l'activité cognitive de l'élève fait appel à l'intuition, dans une démarche empirique asymétrique à celle d'une logique formelle. Cela rejoint aussi Mariotti (1998), lorsqu'elle distingue l'aspect intuitif de l'aspect formel pour l'apprentissage de théorèmes. Comme l'expert qui sépare volontiers le processus d'investigation du mémoire de recherche, la rédaction d'une preuve demande un effort d'organisation discursivo-graphique qui n'est pas nécessaire pour déterminer ou se convaincre du bien-fondé d'une conjecture. Puisque les comportements empirique et heuristique se produisent dans 70% des cas, nous croyons que la plupart des élèves n'adaptent pas leur raisonnement en fonction d'une exigence discursive, sinon qu'ils profitent largement de la souplesse offerte par la pratique expérimentale. Comparativement à la discipline déductive, la structure de leur raisonnement exprime plutôt une pensée éclatée, omni-directionnelle, dans laquelle la progression linéaire de chaque chaîne de raison, cimentée thématiquement dans le texte par la conjecture, puise dans l'ensemble du contexte de la situation-problème.

Mis à part la validité du raisonnement, sujette à la tolérance de la pratique expérimentale et à la conviction qu'elle engendre sur la conjecture, rien n'assure l'efficacité du choix des unités discursives, ni la connexité entre les chaînes de raison. On peut même considérer l'emploi d'inférences figurales, qui franchissent les frontières des plans discursifs, comme une rupture providentielle dans l'organisation proprement discursive. C'est justement en s'interrogeant sur la connexité entre les chaînes de raison, qui apparaissent de façon indépendante après la formation du schéma discursivo-graphique, que nous avons découvert que les élèves, pris individuellement, sont prédisposés à soutenir leurs preuves par une approche similaire à ce qu'ils appliquent comme hypothèses de raisonnement. D'une certaine façon, on peut considérer que les comportements étiologique et elliptique, minoritaires en termes de fréquence, constituent deux extrêmes. Parce qu'à l'idéal du premier (cheminement dans un champ conceptuel) s'oppose les failles discursives et conceptuelles du second. Le raisonnement du comportement empirique traduit une expérience relativement à la conjecture, tandis que le comportement heuristique accumule des chaînes de raison – véritable faisceau d'arguments heuristiques – pour la faire connaître. Nous croyons que c'est en suivant ces lignes de conduite que l'élève adapte ses raisonnements et qu'il décide des propositions dont il a besoin pour amorcer les chaînes de raison.

Pour fins d'analyse, nous avons dû considérer l'indépendance entre les chaînes de raison lorsque nous ne pouvions pas dégager, du texte de la preuve, de structure sémantique sans forcer l'interprétation. En fait, cette absence cachait soit une lecture de propositions provenant directement du dessin ou de la situation stricte, soit un raisonnement organisé ou plus intuitif issu du moment de la preuve, de la conjecture ou d'un souvenir né en dehors de la situation-problème (apprentissage adidactique) – comme dans la reproduction 4.6 («la même chose que l'exercice d'avant»). Bien plus qu'un raisonnement segmenté par des logiques isolées, cela traduit la nature «éclatée» d'un mode de pensée qui enracine les preuves dans le flux proceptuel relatif à la conjecture. Autrement dit, autant les propositions déjà constituées par la situation-problème que celles qui résultent d'un raisonnement discursivo-graphique sont effectivement valables aux yeux de l'élève pour entreprendre ou justifier les inférences.

Si l'élève accommode la structure du raisonnement à la convenance de la conjecture et que l'effet obtenu engendre un comportement maintenu d'une situation-problème à l'autre, peut-on y voir un reflet de sa structure cognitive? Sûrement, mais cela demande quelques nuances. En premier lieu, puisque notre outil d'analyse et d'évaluation n'a pas été conçu dans cet esprit, nous ne pouvons transposer certains mécanismes associés à la structure cognitive que de façon indirecte. Ainsi,

- L'élève «heuristique» apprendrait les définitions et les propriétés caractéristiques comme s'il s'agissait d'arguments parmi tant d'autres, parce qu'il prouve en accumulant des propriétés comme s'il s'agissait d'indices ou de symptômes contextuels;
- L'élève «empirique» serait enclin à entretenir une confusion entre l'idéal proceptuel et ses représentants, parce que l'intégration de propriétés significatives à ses preuves est le fruit d'une expérimentation dans laquelle le dessin apparaît en sujet d'expérience.

Le comportement adopté en situation de validation est susceptible de se reproduire aussi bien dans l'appréhension d'un élément proceptuel (une définition intuitive, formelle; une propriété visuelle, caractéristique; etc.), que dans la formation des modèles proceptuels sous-jacents et dans leur application pour établir ou prouver une conjecture (relations interproceptuelles). En second lieu, rappelons que notre diagnostic se base sur une étude ethnographique à partir de preuves écrites, sans autoriser l'interaction sociale. Par conséquent, elle ne permet pas de savoir dans quelle mesure le comportement diagnostiqué correspond à une projection de la structure cognitive, abstrayant la singularité du groupe concret dans lequel l'élève se trouve. Contrairement à une approche psychologique, la généralisation du comportement à n'importe quel élève, pris dans des conditions analogues, exige la triangulation de la procédure (Eisenhart, 1988) et le recoupement des conclusions. Sans cette nécessaire coïncidence des résultats, le risque demeure trop élevé de sous-estimer la composante sociale – surtout en ce qui concerne le débat oral pour l'évolution des connaissances individuelles – et de surestimer sa contrepartie génétique. Malgré les limites incontournables des études ethnographiques et sans prétendre à l'universalité des genres, notre diagnostic assoit une modélisation du comportement en situation de validation qui convient à des élèves de niveau secondaire.

Au chapitre II, nous avons abordé la trajectoire épistémologique du scrupule mathématique dans l'histoire de la démonstration en géométrie. Ensuite, nous avons soulevé combien le développement de celui-ci n'est pas inné pour l'apprenant, encore moins si les situations de validation proposées en classe insistent sur l'évidence visuelle. Parallèlement, nous avons affirmé que, pour pouvoir convaincre un tiers (ami: camarade; ennemi: professeur), il est indispensable que l'élève soit déjà convaincu lui-même ou qu'il soit persuadé de devoir convaincre, besoins généralement supposés antérieurs à la proceptualisation. Or, à la section *Evaluation des preuves* (chapitre IV), nous avons déduit que la nécessité de prouver chez les élèves de notre étude, bien qu'elle existe et qu'elle réponde à une inquiétude patente, reste modérée. Puisque les fréquences des niveaux de validation-conviction sont plus bas dans l'adéquation avec la conjecture définitive que dans l'adéquation avec la qualité globale de la preuve, on peut se demander si l'élève ne désire pas adapter sa preuve à la conjecture selon le degré de conviction qu'il en possède. Nous devons répondre par l'affirmative car, même dans l'erreur sur la conjecture, les élèves ont cherché à l'étayer à tout prix. Ce qui invite à croire que pour l'apprentissage de la géométrie, l'amélioration qualitative des preuves est consubstantielle à celles des modèles proceptuels et du besoin de prouver, au-delà de la connaissance du fonctionnement du plan déductif et du dépassement du battement argumentativographique.

CONTRIBUTION MÉTHODOLOGIQUE

Dans son ensemble, l'apport des sections précédentes relève du contenu développé au cours de l'investigation. Même si elle se fonde sur l'expérience, notre méthode est plus proche de la phénoménologie que d'une éventuelle recherche de causes. C'est-à-dire que notre intérêt visait à comprendre le comportement de l'élève en décrivant les particularités du raisonnement et de la stratégie de preuve employés, plutôt que de chercher spécifiquement pourquoi il en arrive à se comporter ainsi. Dans certains cas, notamment lorsque nous proposons l'existence d'un raisonnement qui bat du graphique au discursif, nous avons pu identifier positivement l'espace discursivo-graphique dans lequel circulent les raisonnements de l'élève. Mais cet espace permet d'expliquer le raisonnement disponible en termes de potentialité, plutôt que de conclure sur les motivations psychologiques qui poussent à l'utiliser. Pourtant, la méthodologie mise en œuvre procure également un profit certain. Quoique dans l'esprit d'une étude ethnographique, conjuguer une analyse situationnelle, structurale et qualitative aux méthodes quantitatives de la statistique descriptive ne constitue pas un fait complètement nouveau, il en va tout autrement pour la nature et l'organisation des éléments de référence et des points de comparaison. Car non seulement ils ont permis d'installer le diagnostic pour évaluer

les preuves produites, mais, par surcroît, nous les considérons entièrement récupérables pour rendre compte d'une évolution après enseignement.

Jusqu'à présent, nous avons utilisé le mot diagnostic dans un sens qui
s'attache au jugement tiré de l'analyse de signes pour la recherche en
didactique. Maintenant, pour le reste de la section, nous l'employons
précisément dans son aspect d'instrument de prévision orienté vers
l'enseignement, de façon à déterminer la catégorie de preuve, la qualité
globale et le type de comportement. Le *diagnostic* d'une preuve écrite
s'établit alors en cinq phases, que nous schématisons au diagramme 5.1.
Comme travail préalable et nécessaire à toute étude ethnographique, les
signes ou les systèmes de signes qui composent la preuve (mot, signe
graphique, syntagme, proposition, etc.) doivent s'entendre au sens voulu
par l'élève, de manière à assurer la constitution du canevas de la
contexture stratégique et du schéma discursivo-graphique. C'est la phase
de *structuration*, qui fournit un noyau objectif pour les phases subséquentes. Cette phase admet, à juste titre, l'inférence figurale pour rapporter l'expression discursivo-graphique. Il en découle trois autres phases:

- L'*évaluation*, qui permet d'interpréter la stratégie de preuve et le
  raisonnement sous-jacent au regard didactique, comme celle que
  nous avons entreprise au chapitre IV;
- La *catégorisation* qui, à partir des caractéristiques discursivo-
  graphiques, attribue la catégorie de preuve correspondante (de
  l'explication à la démonstration);
- La *mesure de la qualité*, selon les cinq indicateurs développés (de la
  cohérence à l'authenticité), incluant en sus le niveau de validation-
  conviction pour apprécier la réflexion méta-cognitive sur la preuve.

Finalement, après avoir relevé les hypothèses effectives (de la situation
stricte au méta-contexte), la phase consiste à classifier le type de comportement (d'empirique à heuristique) sur la base des phases antérieures.

Parmi les avantages incontestables de la méthode, on constate qu'elle
permet une analyse et une évaluation en toute rigueur, depuis plusieurs
variables qualitatives intégrées. Si, faut-il le rappeler, notre modèle de
comportement est susceptible d'être amendé avec d'autres groupes
d'élèves, c'est justement pour cette raison que, dans l'administration
d'un cours, un tel diagnostic devient très utile pour:

- Prévoir les activités d'apprentissage en fonction de l'état actuel d'une classe;
- Ajuster l'ambition commune et les objectifs pédagogiques selon les possibilités réelles du groupe;
- Appuyer les tâches de mesure, d'évaluation et de discrimination, conformément aux variables qualitatives.

Par exemple, si la proportion d'analyse descriptive et d'étalement proceptuel (respectivement de type elliptique) l'emporte décisivement sur les autres stratégies élémentaires de preuve (resp. les autres types de comportement), la tolérance de ces dernières pendant un certain temps peut s'avérer souhaitable. Sous cette hypothèse, l'élève qui se lance globalement dans une vérification par expérimentation-généralisation (resp. qui adopte un comportement empirique) demeure une attitude préférable, puisque cela suppose que les preuves s'articulent au moins par des raisonnements structurés. Sans poser de diagnostic et seulement parce que la classe se situe à un niveau scolaire donné, le fait d'attendre implicitement que les preuves se réalisent systématiquement par chemins dans un champ proceptuel (resp. que l'élève adopte un comportement étiologique) peut être prématuré pour la marche du cours, voire néfaste pour la motivation du groupe. A l'inverse, si c'est la fréquence de la vérification par expérimentation-généralisation (resp. du comportement empirique) qui prime nettement, le fait de ne pas accroître l'exigence du cours pour s'approcher de l'idéal précédent risque de sous-exploiter le potentiel stratégique et discursivo-graphique existant, tout en restreignant la proceptualisation et en alimentant un obstacle pour l'apprentissage de la démonstration.[5]

En situant le raisonnement au cœur de la démarche, nombreuses sont les applications didactiques qui résultent du diagnostic, au point qu'il serait vain d'en dresser une liste exhaustive. Car en plus de la réalisation de preuves, nous avons vu qu'elles concernent tout particulièrement la compréhension de textes, l'interprétation de représentations graphiques, le phénomène de proceptualisation et la résolution de problèmes. Ainsi, dans ce dernier cas, on pourrait penser à l'échafaudage d'un diagnostic qui remplace les stratégies élémentaires de preuves par des méthodes ou

---

5   L'usage de «respectivement» se calque sur une habitude d'économie rédactionnelle en mathématique. Il s'agit de lire le paragraphe deux fois, d'abord en ignorant le contenu entre parenthèses, ensuite en substituant ce contenu à l'expression immédiatement antérieure.

des heuristiques de résolution de problèmes. Il faudrait certainement approprier la source matérielle primitive, l'outil d'observation, les éléments de référence et les points de comparaison pour pouvoir identifier plus finement l'effet des différentes conjectures qui apparaissent dans le processus des preuves et des réfutations. Malgré tout, ce type de diagnostic ne pourrait en aucun cas recycler totalement notre méthode, à cause de la spécificité des contenus mathématiques et des impondérables habituels en recherche.

Diagramme 5.1

Diagnostic d'une preuve écrite pour relever la catégorie de preuve, la qualité globale et le type de comportement

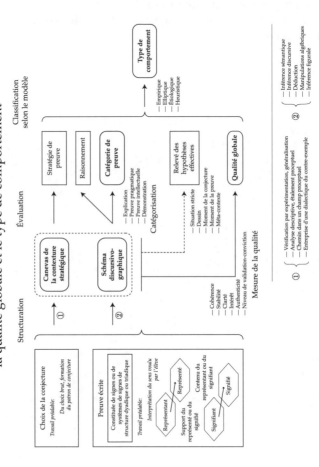

Conclusion

Descartes oppose la matière et l'esprit. Ainsi l'architecture peut-elle contenir les deux ensemble? Mais si je dis que seule la matière m'importe, je réplique que l'on ne peut séparer l'âme du corps. Il faut donc que l'on voie d'abord la belle matière et agencée de si belle façon qu'elle fasse découvrir l'âme.

Jacques Folch-Ribas, *La chair de pierre*

En traçant au pointillé la réflexion prospective, le chapitre V a, par le fait même, orienté l'apport du diagnostic vers les conclusions. Celles-ci peuvent alors se résumer en relation avec les vecteurs suivants:

- Intégration du raisonnement graphique à l'organisation discursive des preuves: emploi de l'inférence figurale;
- Battement argumentativo-graphique: articulation conditionnelle des catégories et des stratégies de preuve disponibles;
- Adaptation du raisonnement pour protéger la connexité entre la preuve et la conjecture;
- L'enracinement des preuves déborde la situation stricte et marque le comportement en situation de validation;
- Contribution méthodologique pour la recherche théorique et l'usage en milieu scolaire de l'outil d'analyse et d'évaluation.

Il faut comprendre qu'en imprimant une direction, chaque vecteur permet de traiter les éléments de la problématique qui sont résolus et de clore certains aspects significatifs du diagnostic et, qu'en indiquant un sens, chacun se pointe vers l'horizon de recherches ultérieures.

FONCTION, STRUCTURE ET QUALITÉ DE L'INFÉRENCE FIGURALE

Sans doute la notion la plus novatrice de notre recherche, l'inférence figurale constitue la découverte de rapports originaux entre le registre des figures et le raisonnement. Plusieurs études considèrent déjà une certaine forme de procédure visuelle (Presmeg, 1986) ou d'appréhension opératoire (Duval, 1995) dans ce registre. L'inférence figurale, qui suppose l'existence de propositions graphiques pour représenter une unité signifiante simple ou complexe, permet d'engager ou de soutenir un authentique pas de raisonnement. C'est pourquoi, en ajoutant ce type d'inférence aux formes du raisonnement discursif, nous avons pu compléter l'ensemble des inférences de Duval (1995) par une extension consistante qui respecte le fondement de la définition fonctionnelle du raisonnement.

Comme forme d'expansion discursivo-graphique, l'inférence figurale présente deux types d'organisation d'une ou de plusieurs propositions:

I. Structure binaire, sans énoncé-tiers:

Proposition(s) graphique(s)	▪▪▪▶	Proposition(s) discursive(s)

II. Structure ternaire, avec énoncé-tiers:

Proposition(s) graphique(s)

Proposition(s) discursive(s)	▪▪▪▶	Proposition(s) discursive(s)

Dans la structure de type I, la ou les propositions graphiques engagent l'inférence. Dans la structure de type II, la ou les propositions graphiques soutiennent la justification de l'inférence, sans que toute compatibilité sémantique entre les propositions discursives, ou que tout accommodement à la continuité thématique développée dans le reste du raisonnement ne s'avèrent suffisants pour accepter l'inférence. Le support des propositions graphiques ne se limite pas aux tracés sur une feuille ou à l'écran d'un dispositif électronique (calculatrice graphique ou ordinateur). Aux chapitres II et V, nous avons déjà expliqué pourquoi les images mentales constituent aussi un tel support. Mais il y a en outre les signes gestuels ou mécaniques. Cette question peut étonner puisque nous utilisons justement le mot «graphique» pour désigner les registres de représentation sémiotique non linguistiques en mathématique. Pourtant, on peut très bien représenter, par exemple, un triangle avec ses doigts ou à l'aide de pièces d'un jeu de mécano. Par contre, si on bougeait séquentiellement ses mains pour indiquer trois points non alignés, ou si on imprimait en l'air une trajectoire triangulaire avec son index, le support du triangle ainsi formé serait une image mentale.

A la différence des plans du discours, les propositions d'une inférence figurale ne s'articulent pas en fonction de leur contenu sémantique (plan argumentatif) ou de leur statut opératoire (plan déductif). Lorsque nous écrivons «proposition(s) graphique(s)» pour les types I et II, nous présupposons qu'elles véhiculent un raisonnement graphique, même si celui-ci se réduit à une appréhension opératoire. De plus, la présence conjointe de propositions discursives et graphiques implique un changement de registre de représentation sémiotique dans le processus inférentiel. Néanmoins, l'inférence figurale ne procède pas exclusivement par conversions entre registres, comme dans la construction d'un dessin à partir d'énoncés discursifs ou dans la lecture d'une propriété qui se dégage d'un support graphique. Ainsi,

- Lorsqu'un même procept est représenté par des unités graphiques ou discursives différentes, nous admettons une activité cognitive par conversion;
- Lorsqu'un même support graphique ou discursif peut renvoyer à différents modèles, nous accordons une activité cognitive par traduction.

Dans la manipulation d'un cabri-dessin ou dans la représentation graphique d'une fonction à l'aide d'une calculatrice, une partie du traitement sémiotique est prise en charge par le dispositif électronique. Puisque l'élève n'est généralement pas conscient des modèles mathématiques qui contrôlent la représentation et malgré l'illusion d'une conversion, le passage texte ↔ interface présume une activité cognitive par traduction.

En générant un sens spécifique, même si celui-ci doit s'instituer au préalable, les propositions graphiques possèdent une valeur qui dépend à la fois du contexte de réalisation, de l'univers des connaissances, des représentations et des relations sociales entre les interlocuteurs, ou par rapport au lecteur imaginaire à qui se destine la production sémiotique. Ainsi, les inférences figurales que nous avons montrées dans cet ouvrage dépendent certes de l'expressivité des registres mobilisés, mais aussi de l'aptitude du lecteur pour l'interprétation des propositions graphiques pertinentes dans l'acceptation de l'inférence. Et si leur sens n'est pas toujours spécifique parce qu'il peut renvoyer à plusieurs modèles (sorte de «polysémie graphique»), le lecteur doit également posséder une compétence relativement à l'activité cognitive de traduction. La qualité d'une inférence figurale se tourne alors vers:

- L'effectivité de la représentation, associée autant à la qualité interprétative des propositions graphiques qu'à la qualité du raisonnement qui s'y fonde, ce qui rejoint en partie la distinction apportée par Bishop (1996) entre l'habileté d'interprétation d'information figurale et l'habileté du traitement visuel;
- Le degré de fiabilité que possède ce qui est représenté dans les propositions graphiques, s'assimilant à la valeur épistémique d'énoncés discursifs (Duval, 1995);
- Le degré de fidélité de l'expansion graphique par rapport aux différents modèles qui entretiennent la valeur de vérité ou la valeur épistémique dans le raisonnement graphique;
- Le degré de convenance de la proposition discursive inférée dans son rapprochement aux propositions graphiques appropriées (conversion, traduction entre registres) et, dans le cas d'une inférence figurale de type II, celui du passage des propositions discursives aux propositions graphiques.

Dans certains cas, le raisonnement graphique véhiculé par l'inférence figurale peut s'identifier à un véritable calcul graphique, comme dans les résolutions de l'inéquation proposée au chapitre V, ce qui met en évidence l'autonomie de l'ordre symbolique des propositions graphiques de celui des signifiés. Autrement dit, il est possible d'accepter des inférences figurales sans avoir besoin de recourir à l'aspect sémantique des propositions graphiques, comme il est possible d'accepter des inférences dans le plan déductif seulement en considérant sa structure syntaxique (chapitre II). C'est pourquoi, en connaissant le fonctionnement du signe graphique, on peut maintenir la valeur de vérité dans ce pas de raisonnement.

Lors de notre exploration sur la notion d'inférence figurale, nous avons constamment été confronté à la difficulté de son appellation. A l'origine, nous la désignions par *inférence figurative* pour souligner la question de la représentation symbolique. Cependant, nous avons jugé que le risque était trop grand qu'elle se perçoit, de prime abord, comme établissant des correspondances analogiques entre propositions. Ensuite, nous avons pensé la signifier en fonction du registre mobilisé. Ainsi, dans un contexte analytique, on aurait des inférences «graphiques» ou «tabulaires». Mais une telle considération n'aurait pas respecté l'usage conjoint de plus d'un registre de représentation en mathématique, comme l'introduction du registre algébrique dans un tableau de signes ou dans un tableau de variation. Puisque nous avons décidé d'utiliser le mot «graphique» comme terme général, nous aurions pu aisément l'appeler *inférence graphique*. Même que pour introduire l'idée de «diagramme», nous avons envisagé de créer l'*inférence diagraphique*. Car un diagramme est à la fois un «tracé géométrique sommaire des parties d'un ensemble et de leur disposition les unes par rapport aux autres» (Le Nouveau Petit Robert, 1995), et une «représentation graphique de l'évolution d'un phénomène» (dictionnaire dans CD-Universalis version 7.0, 2001). Toutefois, qu'elle soit «graphique» ou «diagraphique», si nous consacrons l'expression *inférence figurale*, c'est parce que, d'une part, nous avons découvert ce pas de raisonnement en examinant les preuves de nos élèves dans un contexte géométrique. D'autre part, nous avons voulu réserver le mot «graphique» pour marquer un type de raisonnement ou un mode d'expansion, tout en évitant d'alourdir inutilement notre texte du néologisme «discursivo-diagraphique».

Ce qui fait la force de l'inférence figurale, ce n'est pas parce qu'elle se manipule plus facilement ou parce qu'elle emporte la conviction à partir de propriétés essentiellement visuelles. Sa production ou sa lecture ne dispense pas d'effectuer un contrôle, voire une coordination, dans la pluralité des processus de renvoi au même concept, dans la traduction relativement aux multiples modèles qui se rattachent aux mêmes propositions graphiques, dans la progression du raisonnement graphique et dans ses rapports au raisonnement discursif. En autorisant un traitement cognitif et sémiotique qui mobilise conjointement plusieurs registres valables de représentation en mathématique, l'inférence figurale permet de réaliser un pas de raisonnement *structuré* et *fonctionnel*. Comme les «preuves sans mots» qui sont toujours en phase exploratoire, il faut continuer la recherche didactique pour connaître quels sont les supports graphiques et les registres de représentation que couvre l'inférence figurale en situation d'enseignement. En outre, il faut vérifier quel est son profit pour l'apprentissage. Sans reprendre la critique du point de vue du chercheur, nous considérons que les élèves de notre étude accordent à l'inférence figurale les avantages suivants:

- Elle évite de «démembrer» les unités signifiantes de la figure invoquée tout en utilisant, dans les faits, des propriétés relatives aux procepts sous-jacents;
- Elle permet d'incarner et de motiver en un tour de main tout ce qui paraît nécessaire aux yeux de l'élève, voire évident, pour la marche du raisonnement, tel un concentré significatif opportun;
- Elle autorise un pas de raisonnement sans se doubler d'une exigence de «verbaliser» l'enchaînement de «moments significatifs», adoucissant positivement la composition textuelle;
- Elle concilie la capacité réelle de raisonner avec des propositions discursives et l'obligation tacite de prouver discursivement;
- Elle permet de représenter des unités signifiantes issues du modèle implicite de l'élève, surtout lorsque le dessin prétend exhiber ce qu'il perçoit matériellement ou intellectuellement et que c'est exactement ce dont il a besoin pour justifier l'étape de raisonnement;
- Elle favorise une économie de moyens dans la synergie de l'intuition, du raisonnement, du langage, du dessin, de la figure, de la conjecture vue comme référent ainsi que d'une partie de la preuve déjà achevée.

RAISONNEMENT, STRATÉGIE ET CATÉGORIE DE PREUVE

En attribuant un rôle aux supports graphiques dans leurs rapports avec le langage, les connaissances et le raisonnement, l'inférence figurale détermine une forme d'expansion et un mode d'organisation discursivographique. A cause de l'incompétence déductive manifeste des élèves de notre diagnostic, il faudrait, conformément à Duval (1995) qui n'envisage que les plans discursifs, circonscrire au plan argumentatif le raisonnement admissible en situation de validation. Or, la rigidité verbale (des mots) et symbolique (des graphies algébriques), la linéarité apparente d'un texte, la difficulté d'organiser séquentiellement plusieurs propriétés géométriques et la complication intrinsèque qui consisterait à raisonner uniquement dans le plan argumentatif obligent l'élève à mettre en œuvre des moyens adaptés. Au risque de reproduire une expression toute faite, nous croyons que l'articulation d'un raisonnement par battement argumentativo-graphique dans la réalisation d'une preuve évoque simplement une harmonie entre ce que l'élève sait, ce qu'il peut et ce qu'il croit qui devrait être.

Toutefois, les répercussions de cette harmonie ne se limitent guère à l'usage explicite de l'inférence figurale. Au-delà de la structure du raisonnement, elle rejaillit directement sur l'idée même de preuve. En premier lieu, le potentiel producteur du battement argumentativo-graphique et la virtualité réductrice due à l'incompétence déductive conditionnent d'entrée l'arsenal des stratégies de preuve disponibles et l'accessibilité aux catégories de preuve de niveau élevé. Il n'est donc pas étonnant, par exemple, que la proportion des démonstrations soit si faible, d'autant plus que c'est essentiellement grâce aux calculs algébriques que nous avons pu les accepter comme telles. Mais joint, en second lieu, à la méconnaissance de l'exigence du commencement de la preuve par les hypothèses et d'achèvement par la conclusion, nous avons pu distiller, de notre diagnostic, les substrats suivants:

- Beaucoup plus qu'en énoncé-cible du raisonnement, la conjecture agit, la plupart du temps, en élément déclencheur de la preuve et, surtout, elle intervient en moteur de la continuité thématique;
- Bien qu'en liant thématiquement la progression des chaînes de raison, la conjecture témoigne d'une volonté d'organisation discursivo-graphique cohérente, la provenance des hypothèses effectives exprime plutôt une pensée éclatée qui s'enracine dans l'ensemble de la situation-problème;
- Sans doute facilité par la proximité temporelle du passage des questions, chaque élève est prédisposé à soutenir ses preuves par une approche similaire de ce qu'il perçoit, conçoit ou utilise comme hypothèse de raisonnement (hypothèse effective). Le maintien de cette inclination, d'une situation-problème à l'autre, engendre un type de comportement en situation de validation;
- L'intégration du raisonnement graphique dans le corps d'une preuve ne trahit pas nécessairement une insuffisance discursive susceptible d'entraver le choix d'un chemin dans un champ proceptuel – stratégie élémentaire idéale, mais dont la fréquence relative se trouve continuellement en position d'infériorité. Elle reflète une volonté d'exprimer une partie du traitement sémiotique et cognitif qui a permis de formuler, de contrôler ou de se convaincre du bien-fondé de la conjecture. Dans cet esprit, nous croyons que la stratégie disponible est consubstantielle à la compétence dans l'articulation d'un raisonnement discursivo-graphique et à la qualité du champ proceptuel relatif à la conjecture;

- De notre catégorisation des procédures de preuve, il a fallu préciser a posteriori le rôle de l'inférence figurale dans la distinction entre les preuves pragmatiques et les preuves intellectuelles. Dans le premier cas, l'inférence soutient ce que l'élève voit avec ses yeux; les relations avec le modèle théorique ne sont pas attestées. Dans le second cas, l'inférence invoque des propriétés caractéristiques, le dessin n'agissant qu'en représentant de la figure géométrique;
- Dans l'ensemble des preuves, nous détectons une préférence pour la «pratique expérimentale» au désavantage de la «pratique démonstrative». Cette disposition se transpose respectivement en comportements empirique et étiologique. Majoritaire chez les élèves, ce premier type de comportement est propice à l'usage du raisonnement graphique puisque le «dessin-conjecture» constitue l'objet central de la démarche;
- Les comportements elliptique et heuristique s'inscrivent dans une tendance pour l'analyse descriptive et l'étalement proceptuel. Dans le premier cas, le texte montre des failles structurales dans un «raisonnement» qui se solde par une sélection d'hypothèses effectives jugées déterminantes, alors que dans le second cas, le texte présente une accumulation d'hypothèses effectives, peu intégrées les unes par rapport aux autres, mais qui s'ajoutent comme arguments d'appui dans la continuité thématique.

UN NOUVEAU CADRE CONCEPTUEL

En évaluant un «état des choses», le diagnostic propose un regard neuf sur la réalisation de preuves, que ce soit par la planification des moyens d'analyse ou dans l'interprétation didactique des résultats. A un niveau plus général, il constitue l'embryon d'un cadre conceptuel qui prétend à la modélisation du comportement en situation de validation, débordant les frontières de l'univers géométrique et les particularités de l'analyse de textes. Car notre diagnostic repose sur une phase de structuration qui, d'abord, autorise la dialectique du contre-exemple au sein des stratégies de preuve et, ensuite, reconnaît l'expression discursivo-graphique en situation de validation. Bien qu'il faille certainement se démarquer de la singularité socioculturelle du groupe d'élèves et envisager une adaptation aux nouveaux contenus, il reste que les mécanismes de l'outil d'analyse et d'évaluation sont suffisamment intégraux pour induire un tel cadre.

Notre recherche porte sur les stratégies individuelles, sans que l'interaction sociale ne participe au processus de preuve. La fonction de communication, une des trois fonctions méta-discursives dans l'emploi d'une langue (Duval, 1995) et une des cinq fonctions de la démonstration (Villiers, 1993), s'accomplit alors avec un lecteur imaginaire à qui est destinée la preuve. Ainsi, pour l'auteur d'une preuve dans un manuel scolaire, le lecteur imaginaire est l'élève ou l'enseignant; pour l'inventeur d'une démonstration, le lecteur imaginaire est la communauté mathématique. Bien que nous ne puissions pas savoir précisément à qui sont destinées les preuves du diagnostic, nous pouvons déduire indirectement que, pour certains, ce «lecteur» est le professeur. En effet, au chapitre IV, nous avons expliqué pourquoi des élèves ont coché tous les niveaux de validation-conviction, sauf le niveau du professeur. Il s'agit sans doute d'une prise de conscience que la preuve est destinée au professeur – c'est lui qui va la lire –, mais qu'elle ne devrait pas réussir à le convaincre. On pourra consulter Richard et Sierpinska (à paraître) lorsque la fonction de communication se considère conjointement avec le modèle des structures sémiotiques que nous dégageons de notre analyse des preuves.

Nous admettons quatre types de structures sémiotiques qui renvoient à l'usage de la langue naturelle, des registres graphiques, du raisonnement et de la stratégie de preuve. Les structures se forment à partir d'unités signifiantes et fonctionnelles qui se raccordent ou se composent à l'intérieur de chaque structure, pour accomplir un objectif prétendu ou effectif, dans le respect de règles de production ou de compositions normatives, conventionnelles ou naturelles.

- Structure linguistico-symbolique, qui intègre les symboles mathématiques purs aux mots du lexique.

Unités signifiantes	*Raccordement des unités*
Mots, symboles élémentaires	Etablit des relations entre les mots, les symboles élémentaires, les syntagmes et leurs fonctions à l'intérieur d'une proposition linguistico-symbolique ou d'une phrase
Objectif du raccordement	*Règles de production*
Produire une unité de sens ou un sens complet relatif à un procept ou à l'idée représentée	Règles d'orthographe, de grammaire, d'écriture mathématique

Si nous réunissons les symboles mathématiques purs aux mots du lexique, c'est pour respecter la spécificité des syntagmes nominaux complément du nom qui sont habituels en mathématique (chapitre II). La signification de symboles comme «*ABC*» ou «$f(x)$» n'est possible que dans des expressions du genre «le triangle *ABC*» ou «*f* est la fonction qui associe l'aire $f(x)$ du trapèze à la longueur x de la grande base». Nous appelons *proposition discursive* une proposition linguistico-symbolique qui s'emploie en unité discursive dans un pas de raisonnement.

• Structure graphique, qui regroupe les signes appartenant aux registres graphiques.

Unités signifiantes	*Raccordement des unités*
Signes d'un système de signes graphiques, symboles élémentaires	Etablit des relations entre les signes, les syntagmes graphiques et leurs fonctions à l'intérieur d'une proposition graphique ou d'un assemblage de propositions graphiques
Objectif du raccordement	*Règles de production*
Produire une unité de sens ou un sens complet relatif à un procept ou à l'idée représentée	Règles conventionnelles attachées à la formation des représentations graphiques

La présence des symboles élémentaires tient à une relation de désignation, comme accoler une lettre au tracé d'un point, ou lorsque ceux-ci se considèrent comme des objets. Par exemple, s'il fallait compter le nombre de chemins qui va de *A* vers *B* dans le réseau suivant, seulement en autorisant les déplacements au nord (**N**) ou à l'est (**E**):

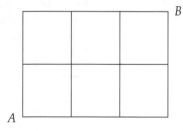

on pourrait représenter un chemin à l'aide d'une séquence, comme
«**NEENE**». Si on imaginait, de façon dynamique, la combinaison de deux
«**E**» parmi les cinq places disponibles, chaque lettre agirait conjointement
en représentant d'un déplacement élémentaire (une arête) et en objet qui
véhicule un raisonnement graphique non pas sur la grille, mais dans la
séquence. Comme les signes graphiques d'un dessin peuvent renvoyer à
plusieurs modèles, certaines «preuves sans mots» dans Nelsen (1993)
jouent ainsi sur deux modèles (v.g. disposer géométriquement des entiers naturels pour établir le terme général d'une série).

Par ailleurs, particulièrement en géométrie où les dessins peuvent reproduire la morphologie d'objets, de lieux, ou l'évolution de phénomènes physiques, la reconnaissance de la structure graphique n'est pas une
activité banale pour l'apprenant. En rapprochant l'assemblage de signes
graphiques à une illustration, on pourrait imaginer une *structure plasti-
que* dans laquelle:

- Les unités signifiantes sont les formes représentatives (traits, couleurs, grains, textures, espaces);
- La composition des unités établit des rapports visuels entre les
  formes représentatives dans l'illustration;
- L'objectif de la composition est d'illustrer des personnages, des
  objets, des sites ou des scènes;
- Les règles de composition s'attachent aux règles de l'art de l'illustration.

Si les aspects plastiques des registres graphiques sont bien réels, leurs
signes n'ont pas à subordonner la relation de référence à celle de la signification entre le signifiant et le signifié (v. g. le dessin tordu vs le dessin
«bien fait» au chapitre II).

- Structure discursivo-graphique, qui intègre les structures précédentes.

Unités signifiantes	*Composition des unités*
Propositions discursives, propositions graphiques	Etablit des relations entre les proposi-tions ou les groupes de propositions et leurs fonctions à l'intérieur d'une infé-rence ou d'un raisonnement

Objectif de la composition	*Règles de composition*
Modifier la valeur épistémique, sémantique, théorique ou la valeur de vérité de propositions (énoncé-cible)	Règles de la dialectique, de l'argumentation, de la logique, du calcul (littéral ou graphique) ou de l'expansion discursivo-graphique

En fait, nous aurions pu utiliser le terme d'expansion discursivo-graphique comme seul représentant des règles de composition. Selon Duval (1995), il y a quatre formes d'expansion discursive d'une expression (expansions lexicale, formelle, naturelle et cognitive). D'une certaine façon, le «calcul graphique» que nous avons évoqué en début de chapitre pourrait appartenir à l'expansion formelle; l'appréhension opératoire, à l'expansion cognitive. Toutefois, c'est en incluant l'inférence figurale aux plans du discours que nous considérons le mode d'expansion discursivo-graphique.

• Structure stratégique, qui se fonde sur les structures précédentes.

Unités signifiantes	*Composition des unités*
Propositions discursives, propositions graphiques	Etablit des relations entre les propositions ou les groupes de propositions et leurs fonctions à l'intérieur d'une stratégie élémentaire de preuve ou de la contexture stratégique
Objectif de la composition	*Règles de composition*
Modifier le niveau de validation-conviction de propositions (conjecture)	Règles de la validation-conviction relatives aux exigences de la situation

Rappelons que les mots «conjecture» et «preuve» sont utilisés dans une acception large. Par exemple, dans certains manuels scolaires, on affirme des propriétés dont on demande d'en vérifier l'exactitude à partir de cas particuliers lors d'exercices subséquents. On comprend que l'affirmation de la propriété est susceptible de jouer temporairement un rôle de conjecture tant que la vérification ou que la généralisation n'aura pas lieu. Même si, à proprement parler, il n'y a pas de preuve, encore moins de démonstration, il se peut que le raisonnement ou l'explication qui suit la conjecture se considère comme étant suffisant pour emporter la conviction.

Pour l'enseignant qui anime un débat et qui se sert de supports graphiques afin de modifier la valeur théorique d'un énoncé en classe, la connaissance du rôle des conjectures dans la structure stratégique et de l'existence de propositions graphiques peut lui faciliter l'exercice. Avec notre modèle, il ne s'agit pas d'engendrer une nouvelle perspective structurelle, comme celles qui s'inspirent des travaux de Saussure et de Lévi-Strauss en linguistique. Ce que nous proposons est une explication des aspects structurels relativement à:

– La constitution des registres graphiques;
– Leur utilisation conjointe avec la langue naturelle et les symboles mathématiques pour soutenir un raisonnement;
– La formulation de conjectures pour marquer la stratégie de preuve.

Dans notre discussion sur l'inférence figurale, nous avons déjà traité l'importance de la structure pour l'apprentissage de la preuve, la formation des champs proceptuels, l'élaboration de textes destinés à l'enseignement et la conception d'environnements d'apprentissage. D'ailleurs, nous avons la conviction profonde que pour l'élève, la méconnaissance des aspects structurels affaiblit considérablement son autonomie et ses moyens de contrôle pour l'acquisition de connaissances mathématiques. Car un élève est autonome s'il peut construire lui-même une connaissance nouvelle à partir des conditions d'une situation-problème; il serait «méta-autonome» s'il pouvait reconnaître qu'il a acquis une connaissance nouvelle, ce qui suppose une mise en relation avec des connaissances déjà acquises. Nous revenons sur cette idée d'autonomie dans la section suivante.

CONSÉQUENCES POUR L'ENSEIGNEMENT

Avant le passage du questionnaire, les élèves se trouvaient au seuil d'une étude de figures (au sens défini au chapitre II). Il est alors légitime d'interpréter certains aspects de leur comportement comme des réminiscences de la mathématique élémentaire. Cependant, bien au-delà d'une telle considération, notre recherche a pu montrer un certain nombre de contraintes qui, sans être prescriptibles, conditionnent pourtant l'espace disponible en situation de validation. De notre recherche, nous retenons que la réalisation d'une preuve demeure soumise:

– A la capacité de raisonner, aussi bien avec des propositions discursives que graphiques. Les limites de cette capacité obligent souvent à une accommodation à l'intérieur des structures discursivo-graphique et stratégique, en partie à cause des obstacles associés à la réalisation de preuves de niveau élevé, à l'incompétence sur le raisonnement déductif et à la méconnaissance du rôle des hypothèses et de la conclusion;

– Au potentiel producteur d'un raisonnement qui s'articule par battement argumentativo-graphique. Cela suppose que l'on peut accorder à la conjecture un rôle de soutien à la continuité thématique et qu'il est possible de raisonner graphiquement, sans avoir à tenter de contrepartie proprement discursive;

– Au besoin de prouver ou de convaincre, surtout lorsqu'on se trouve en face d'une évidence visuelle ou que l'on sait d'avance que la conjecture est vraie;

– Aux modèles proceptuels avec lesquels on sait raisonner et, en particulier, par rapport aux figures géométriques opératoires engendrées lors de situations de validation concrètes;

– Au comportement adopté dans l'enracinement des preuves de même que par une préférence pour la «pratique expérimentale» sur la «pratique démonstrative».

Aux chapitres IV et V, nous avons déjà envisagé quelques scénarios qui projettent le comportement en situation de validation sur le développement de compétences discursivo-graphiques et sur l'acquisition de connaissances en géométrie. Les comportements empirique et heuristique, qui touchent à sept élèves sur dix, montrent toute l'importance de la perception sensorielle pour le traitement des représentations cognitives et sémiotiques de propriétés géométriques. Cette constatation n'est certes pas nouvelle dans la recherche en didactique. Mais nous voulons mettre en évidence qu'il ne s'agit pas là d'un problème à éviter, susceptible de se résoudre simplement à l'aide de formules souvent répétées, comme «le dessin n'est donné qu'à titre indicatif» ou «avant d'interpréter une figure, il faut lire le texte de la situation qui introduit le dessin». L'espace physique existe indépendamment de l'espace modélisé par la géométrie. Autrement dit, la géométrie jette un regard sur l'espace, et cet espace, dit «espace euclidien», est l'objet d'un modèle qui peut être pris comme domaine de réalité. L'élève qui traite un dessin tel un fait et qui en tire des propriétés visuelles exprime la complexité des rapports entre un modèle, l'objet du modèle et la réalité physique qui l'entoure. La géométrie est un héritage culturel fabuleusement riche qui porte une conception de l'espace, mais elle ne s'y substitue pas. C'est pourquoi, l'apprentissage de la géométrie passe inévitablement par le développement d'une compétence dans le discours déductif et ce développement est inséparable d'une compétence sur le raisonnement graphique.

Il est facile de dresser une liste des situations où la connaissance du raisonnement déductif devient avantageuse. Parce qu'elle affecte aussi bien la compréhension syntaxique d'un énoncé mathématique que la représentation et l'interprétation de figures, la résolution de problèmes, la formulation de conjectures, les démarches de preuve, la manipulation de langues formelles, le processus de proceptualisation, le contrôle personnel des connaissances et leur communication. Nous avons souligné à quelques reprises que l'incompétence sur le raisonnement déductif risque à la longue d'alimenter un obstacle didactique. L'enseignant est déjà celui qui fixe les objectifs à atteindre, qui conduit les compétences à développer, qui évalue la progression de l'élève et qui lui retourne des «corrections». S'il appert que l'enseignant est le seul à pouvoir décider de la validité des raisonnements, l'élève pourrait recevoir les mathématiques comme une science dogmatique qui se fonde sur des arguments d'autorité. Qui plus est, une telle attitude peut être renforcée avec la nouvelle donne technologique. L'élève qui n'a pas appris à connaître une partie des procédures mathématiques qui animent le fonctionnement interne des dispositifs électroniques peut difficilement assurer un contrôle sur la représentation et sur la validité des résultats affichés. Par exemple, le cabri-géomètre permet de vérifier empiriquement certaines propriétés, comme le parallélisme, en retournant un message verbal qui indique si les objets sont (ou ne sont pas) parallèles. L'élève pourrait avoir foi en l'existence d'une procédure de preuve mathématique qui sous-tend la vérification, procédure tout aussi exacte que ses algorithmes numériques. Pourtant, ce logiciel vérifie le parallélisme par calculs analytiques à partir d'un échantillon de points aléatoires.

Malgré les valeurs dominantes dans nos sociétés, la formation générale des élèves n'a pas à produire une sorte de «capital humain» destiné aux entreprises; le rôle du professeur n'a pas à se réduire à celui d'un «technicien de la pédagogie» dont l'enseignement est conçu à des fins utilitaristes. Peut-être parce qu'il est difficile de les définir, on semble oublier trop souvent l'importance du développement des instruments généraux de la pensée qui, au sortir de l'école, accompagnent l'élève pour le reste de sa vie. Comme le dit Kahane par rapport au raisonnement mathématique: «un enfant, armé des outils de la raison, peut en remontrer à son maître» (citation en exergue, *Introduction*). A notre avis, la question de l'autonomie de l'élève n'appartient pas en premier lieu au domaine politique. Elle est au cœur de l'apprentissage des mathématiques. Au regard de la théorie des situations didactiques, Brousseau (1998) explique que:

> La conception moderne de l'enseignement va donc demander au maître de provoquer chez l'élève les adaptations souhaitées, par un choix judicieux de problèmes qu'il lui propose. Ces problèmes sont choisis de façon à ce que l'élève puisse les accepter, doivent le faire agir, parler, réfléchir, évoluer de son propre mouvement. [...] L'élève sait bien que le problème a été choisi pour lui faire acquérir une connaissance nouvelle mais il doit savoir aussi que cette connaissance est entièrement justifiée par la logique interne de la situation et qu'il peut la construire sans faire appel à des raisons didactiques [...]. Non seulement il le peut, mais il le doit aussi car il n'aura véritablement acquis cette connaissance que lorsqu'il sera capable de la mettre en œuvre de lui-même [...] (p. 59).

Dans cet esprit, la question de l'autonomie ne se lie pas tant à la subtile négociation du contrat didactique entre un maître et sa classe, dont les termes primitifs sont généralement issus des programmes officiels et des coutumes bien ancrées dans les établissements scolaires et les milieux socioculturels d'où ils sont issus. Tout d'abord, l'élève ne peut manifester sa créativité que s'il accepte de jouer le jeu des situations proposées. Ensuite, par rapport à la dévolution du problème et au respect de la logique interne à la situation, l'autonomie se cristallise dans la construction de la connaissance, sans pouvoir compter sur l'apport du maître. Le mot «logique» de cet extrait n'est pas seulement synonyme de cohérence. Car la construction effective de connaissances pertinentes se réalise par un changement de conception de l'élève et le dépassement d'obstacles lors de situations qui reproduisent les caractéristiques constitutives du travail mathématique. Le raisonnement déductif convient à ces caractéristiques, mais il doit faire l'objet d'un apprentissage. Encore, pour achever notre commentaire en point d'orgue, reprenons l'idée d'Aristote sur les affinités entre le bonheur et l'autonomie, réflexion qui se trouve dans *Ethique à Nicomaque*. Elle concerne l'objet que vise l'individu dans la recherche du bonheur. Ainsi, pour l'élève, le bonheur c'est l'acquisition d'une connaissance qui se suffit à elle-même.

Jointes à la résolution de problèmes, puisque les situations de validation sont déterminantes pour le développement du fonctionnement cognitif et de l'autonomie, nous concrétisons les résultats de notre recherche en quelques recommandations pour l'enseignant:

- Inciter à l'usage de preuves structurées qui commencent par les hypothèses de la situation stricte et qui se terminent par la conclusion. Cela sous-entend qu'une attention constante doit être portée simultanément dans la dévolution de la situation-problème et dans le processus de preuve. Rappelons que la réalisation d'une preuve n'est pas la manifestation d'un processus terminé au moment de la conjecture, mais qu'elle dévoile aussi la stratégie qui l'oriente.
- Valoriser le raisonnement graphique qui procède à partir de propriétés caractéristiques des procepts sous-jacents et l'emploi d'inférences figurales qui montre une volonté d'organisation discursivo-graphique.
- Diagnostiquer les habiletés acquises en situation de validation avant de systématiser l'étude de procédures de preuves institutionnelles. Les niveaux de validation-conviction sont utiles pour cerner ce que représente, pour l'élève, l'acte de prouver; les indicateurs de qualité permettent d'évaluer la progression de la classe après enseignement.
- Insister sur l'importance de la dialectique des preuves et des réfutations dans la construction des connaissances et démystifier les invalidations qui surgissent dans un raisonnement. D'autant plus que la découverte de contre-exemples peut s'interpréter par l'élève comme étant une erreur qui trahit un manque de sagacité ou de prévision, alors qu'elle est constitutive de l'activité mathématique.
- Adapter l'acceptation des procédures de preuve en fonction des exigences de la situation ou du niveau de validation-conviction désiré. Par exemple, il est fantaisiste de chercher à démontrer systématiquement des propriétés qui sont évidentes visuellement. Par contre, une introduction au raisonnement déductif pourrait profiter temporairement de cet exercice formel.
- Encourager les preuves dont la stratégie chemine dans un champ proceptuel, ce qui demande un apprentissage spécifique sur le statut opératoire des définitions et des propriétés caractéristiques, de même qu'un contrôle dans la gestion de transhypothèses et de macropropriétés rentables.
- Eveiller la conscience sur l'existence de types de structures sémiotiques. Cela permet, en l'occurrence, de séparer les failles de stratégie des failles de raisonnement.

- Distinguer expressément les moments de conjecture des moments de preuve. Dans le premier cas, stimuler l'usage de la pensée brouillonne, souscrire à l'intérêt pour la «pratique expérimentale» et développer des heuristiques de résolution de problèmes; dans le second cas, préconiser la composition de preuves structurées, défendre la supériorité pour la «pratique démonstrative» et proposer des méthodes de rédaction.
- Assurer la conviction raisonnable sur la conjecture avant d'entamer un processus de preuve. S'il s'agit de favoriser la collaboration de deux élèves ou plus dans la réalisation d'une même preuve, il faut s'assurer en outre que la discussion sur la conjecture porte sur un même changement de conviction ou que la rédaction naisse effectivement d'un consensus.
- Programmer des situations de validation-conviction qui encouragent en soi la nécessité de prouver et soutenir l'emploi de la démonstration dans les situations qui réclament une valeur épistémique élevée.

TENDANCES SOCIÉTALES ET PROBLÈMES OUVERTS POUR LA RECHERCHE

L'apprentissage du raisonnement et de la preuve en classe de mathématique est un exercice complexe qui ne peut se réaliser uniquement à partir de la planification de séquences d'enseignement. Cet apprentissage mobilise l'élève dans tout son être et dans ses relations sociales, au point qu'il semble parfois relever d'une certaine utopie. Déjà, chez les décideurs ou chez tous ceux qui ont un intérêt par rapport à la formation générale des jeunes, il faut s'entendre sur les valeurs culturelles que doit défendre l'école. Par exemple, au terme du récent Sommet du Québec et de la jeunesse, on produisit une *Déclaration en faveur de la valorisation de l'éducation et de la réussite*[1] sur la base d'un large consensus social. Ce document d'une page spécifiait que:

> [...] l'éducation [est] au cœur des priorités collectives du Québec avec l'objectif national d'atteindre une qualification de 100% des jeunes en fonction des choix et du potentiel de chacune et de chacun.

---

1 Ce document est disponible sur le site Web du ministère de l'Education du Québec à http://www.meq.gouv.qc.ca/CPRESS/cprss2000/declaration.pdf

> Ces participantes et ces participants se sont également entendus sur un plan national de réussite comportant l'élaboration d'un plan de réussite par chacun des établissements d'enseignement primaire, secondaire, collégial et universitaire, en collaboration avec les acteurs locaux et en fonction des caractéristiques socioéconomiques et culturelles du milieu.
> […] tous les acteurs de la société québécoise doivent unir leurs efforts afin d'appuyer chaque établissement d'enseignement dans sa mission d'instruire, de socialiser et de qualifier tous les jeunes du Québec […]

Dans cette logique de bon aloi, on octroyait aux professeurs-chercheurs des subventions qui favorisaient la connaissance des conditions de cette réussite et on finance encore le fonctionnement des établissements éducatifs en fonction du taux de diplomation. Pourtant, malgré les caractéristiques socioéconomiques et culturelles du milieu, la réussite en classe de mathématique dépend d'une compréhension de celle-ci par l'élève; l'enseignant est en mesure de considérer que la réussite découle naturellement de cette compréhension, même dans le respect de rythmes d'apprentissage. Assistons-nous à un glissement de l'utilité des savoirs véhiculés par les sciences mathématiques vers le pragmatisme de la qualification pour tous? Dans un cas extrême, présage-t-on que l'apprentissage des savoirs disciplinaires dans la formation générale porte préjudice à la réussite scolaire, quitte à les enseigner dans une conception utilitariste?

Même lorsqu'on prête à la science mère des vertus d'objectivité et que sa culture appartient au patrimoine universel, on sait qu'il n'est pas facile de trouver un terrain d'entente sur la nature des mathématiques à enseigner. La diversité des stratégies curriculaires d'une région à l'autre montre combien les aspects socioculturels sont ceux qui les déterminent.[2] Pourtant, en didactique des mathématiques, il est possible de trouver des valeurs qui transcendent ces aspects, comme la relation intrinsèque entre l'autonomie de l'élève et l'acquisition de connaissances (faits, moyens discursifs et cognitifs). Malgré le coût pédagogique présumé, on ne peut se complaire dans la réalité des difficultés inhérentes à l'apprentissage ou des caractéristiques socioéconomiques et culturelles du milieu où l'élève se trouve, encore moins si cela engendre ce que l'on appelle communément une baisse de qualité dans une éducation de masse. Car si le talent créateur de l'élève se manifeste à travers des compétences

---

2   On peut se référer aux documents de la Société mathématique européenne, (voir section *Place de la mathématique dans le curriculum* au chapitre II).

acquises, leur développement dépend de la qualité des apprentissages visés. Quand nous plaidons, par exemple, en faveur de l'agrément de la cause déductive dans la pratique éducationnelle, c'est parce que nous militons pour la recherche qui aspire à la détermination des conditions socioculturelles, psychologiques ou situationnelles satisfaisantes. Si, collectivement, nous avons les moyens d'une ambition pour la réussite des élèves, c'est aussi parce que nous disposons des moyens nécessaires pour élever l'être et le devenir de nos jeunes. Au fond, pour qu'ils réussissent à réussir, ne faudrait-il pas les alimenter davantage?

Dans notre recherche, nous avons mentionné plusieurs fois les limites de son fondement ethnographique, en insistant sur la nécessité de la compléter à l'aide d'études parallèles. Cependant, il ne s'agit pas de contester un type de comportement existant, sinon de vérifier l'effet de l'outil développé dans d'autres contextes. Bien qu'il faille envisager d'étendre, d'ajuster ou de modifier la définition de certaines composantes, il est possible de rendre compte d'une évolution du raisonnement et des stratégies de preuve après enseignement. Si l'on paraphrase le commentaire de Guin (1996) au sujet des logiciels d'aide à la démonstration en géométrie (voir section *Aspects relatifs à la démarche*, chapitre II), la modélisation du comportement de l'élève devrait autant précéder la programmation d'activités traditionnelles que la programmation informatique. Ainsi, on pourrait approprier la tolérance de ces «programmes» aux habitudes discursivo-graphiques de l'élève, améliorant l'autonomie et l'efficacité d'adhésion progressive aux procédures de preuve institutionnelles. On peut même projeter des situations de validation dans lesquelles des agents pédagogiques virtuels et des partenaires humains participeraient au processus d'élaboration, autorisant une dialectique des preuves et des réfutations. Il reste qu'une telle entreprise exige une étude du comportement qui s'étend aux situations de validation non écrites, comme celles qui naissent au cours d'un débat oral ou d'un apprentissage collaboratif. De même, les nouvelles possibilités d'actions sur des systèmes dynamiques de représentation sémiotique risquent d'accroître l'intérêt pour le raisonnement graphique et l'inférence figurale.

* * *

Au seuil de notre recherche, nous avions adopté l'attitude du pari de Pascal[3]: si nous réussissions à jeter la lumière sur les procédures de preuve conçues par l'élève, c'est que le jeu en valait la chandelle. La décomposition des preuves selon le raisonnement et la stratégie a montré une remarquable débrouillardise en situation de validation. D'abord, l'élève adapte la structure de son raisonnement pour rapprocher la preuve de la conjecture en puisant ses hypothèses dans tout ce qui concerne la situation-problème (hypothèses effectives). Ensuite, il se sert, au besoin, d'un authentique pas de raisonnement qui procède en partie par raisonnement graphique, mais qui s'intègre à la structure du raisonnement discursif (inférence figurale). L'état d'une telle disposition nous a permis d'identifier quatre types de comportement qui se sont maintenus dans les situations-problèmes proposées. Néanmoins, en l'absence d'une compétence sur la syntaxe déductive, l'espace discursivo-graphique dans lequel cheminent les raisonnements se restreint à une articulation par battement argumentativo-graphique. Cela conditionne les stratégies de preuve disponibles et met en cause la qualité de la proceptualisation et le développement de l'autonomie. L'incidence de notre méthode sur la recherche théorique devrait engendrer la reconnaissance de quatre types de structure sémiotique dans une preuve écrite; l'outil d'analyse et d'évaluation se laisse récupérer pour approprier l'enseignement selon la spécificité des habiletés acquises par une classe en situation de validation.

---

3   Argument qui montre la disproportion des enjeux selon que l'on croit ou non à l'existence de Dieu: «Si vous gagnez (Dieu existe), vous gagnez tout; si vous perdez (Dieu n'existe pas), vous ne perdez rien.»

Annexe A

Questionnaire original

Les pages suivantes déroulent le questionnaire proposé, sauf qu'à l'origine, seul le recto des feuilles (format A4) contenait une face imprimée. Les élèves disposaient en outre de quelques feuilles vierges supplémentaires.

QUESTION 1

Voici une **situation**:

> «Soit un cercle de diamètre [BC], *d* la médiatrice du segment [BC] et A un point d'intersection du cercle et de *d*»

Voici un **dessin**:

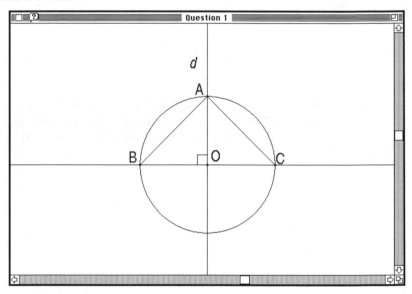

On veut déterminer la nature du triangle ABC.

Choisissez la ou les bonnes réponses en cochant dans la ou les cases appropriées:

- ❏ Avec ce qui est donné dans la situation il est impossible de construire un tel triangle.
- ❏ Triangle isocèle.
- ❏ Triangle équilatéral.
- ❏ Triangle rectangle.
- ❏ Aucune des réponses précédentes.

Si vous avez choisi «triangle isocèle», «triangle équilatéral» ou «triangle rectangle», on veut que vous expliquiez votre ou vos choix.

Avec des flèches, **liez** les arguments dans l'ordre qui vous apparaît le plus logique pour expliquer. Vous pouvez les utiliser tous ou seulement certains d'entre eux.

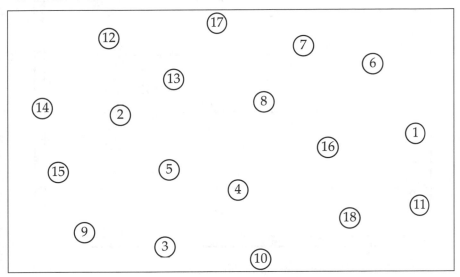

1: C'est évident: ça se voit à l'œil.

2: *d* est la médiatrice de [BC].

3: *d* est la bissectrice de l'angle ∠A.

4: *d* est la hauteur issue de A.

5: *d* est un axe de symétrie.

6: Le point A appartient à la médiatrice de [BC].

7: Le point A appartient au cercle de diamètre [BC].

8: BA = AC.

9: BO = OC.

10: Les angles ∠B et ∠C ont même mesure.

11: Les angles ∠B et ∠C mesurent 60°.

12: Les angles ∠BAO et ∠OAC mesurent 45°.

13: L'angle ∠A mesure 90°.

14: L'angle en ∠O mesure 90°.

15: Les points B et C sont symétriques par rapport à *d*.

16: ABC est isocèle en A.

17: ABC est rectangle en A.

18: ABC est équilatéral

QUESTION 2

Voici un **dessin** et sa **description**:

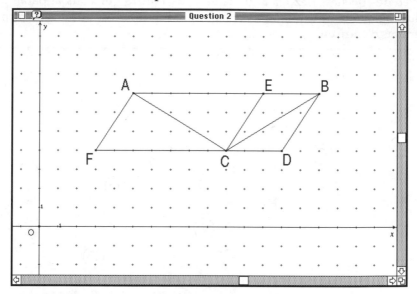

- AECF et EBDC sont des parallélogrammes.
- Les axes (Ox) et (Oy) sont perpendiculaires.
- Chaque division sur les axes (Ox) et (Oy) vaut 1.

On veut déterminer la nature du triangle ABC.

Choisissez la ou les bonnes réponses en cochant dans la ou les cases appropriées:

 ❑ Avec cette description il est impossible de construire un tel triangle.
 ❑ Triangle isocèle.
 ❑ Triangle équilatéral.
 ❑ Triangle rectangle.
 ❑ Aucune des réponses précédentes.

On veut que vous expliquiez votre ou vos réponses.

Expliquez votre choix de réponse(s).

On veut que vous évaluiez jusqu'à quel point votre explication précédente est convaincante.

Cochez la ou les phrases qui indiquent ce que vous pensez le mieux:

❑ Mon explication me convainc.
❑ Mon explication pourrait convaincre mon voisin de table.
❑ Mon explication pourrait convaincre le professeur.
❑ Mon explication pourrait convaincre une personne qui n'est pas nécessairement familière avec ce genre de problèmes.
❑ Aucune des possibilités précédentes.

QUESTION 3

Voici une **situation**:

«Dans un triangle ABC isocèle en A on considère les bissectrices des angles à la base qui se coupent à angle droit en O.»

Voici un **dessin**:

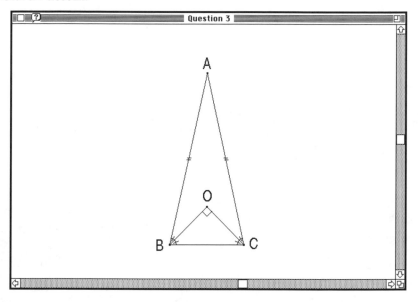

On veut déterminer la nature du triangle BOC.

Choisissez la ou les bonnes réponses en cochant dans la ou les cases appropriées:

- ❏ Avec ce qui est donné dans la situation il est impossible de construire un tel triangle.
- ❏ Triangle isocèle.
- ❏ Triangle équilatéral.
- ❏ Triangle rectangle.
- ❏ Aucune des réponses précédentes.

On veut que vous expliquiez votre ou vos réponses.

Expliquez votre choix de réponse(s) avec des arguments qui pourraient convaincre votre voisin de table.

QUESTION 4

Pour paver le plancher d'une navette spatiale en construction à l'aide de tuiles identiques, le docteur Vavite a rendu au responsable du projet une esquisse avec des indications et, ensuite, est parti en vacances pour deux semaines dans le Grand Nord.

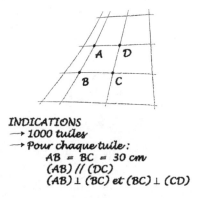

INDICATIONS
→ 1000 tuiles
→ Pour chaque tuile :
   AB = BC = 30 cm
   (AB) // (DC)
   (AB) ⊥ (BC) et (BC) ⊥ (CD)

Parce que chaque tuile doit être fabriquée avec une grande précision, que les matériaux et le coût de production sont très élevés et que le travail doit être terminé au plus tard dans une semaine, le responsable du projet doit s'assurer <u>à tout prix</u> de la nature du quadrilatère ABCD, sans pouvoir compter sur une aide éventuelle du docteur Vavite.

On veut aider le responsable du projet à déterminer la nature de ABCD.

Choisissez la ou les bonnes réponses en cochant dans la ou les cases appropriées:

❑ Avec ce qui est donné dans les indications il est impossible de construire un tel quadrilatère.
❑ Trapèze.
❑ Parallélogramme.
❑ Rectangle.
❑ Losange.
❑ Carré.
❑ Aucune des réponses précédentes.

On veut s'assurer à tout prix que la ou les réponses données sont valables.

Donnez une explication qui permet d'être complètement sûr de votre ou de vos réponses.

Annexe B

Transcription du texte des reproductions

Bien que nous ayons respecté le plus possible la syntaxe originale et la disposition relative du texte, nous avons corrigé l'orthographe des mots qui ne risquait pas de modifier la valeur sémantique, discursivographique ou stratégique de la rédaction.

REPRODUCTION 4.6

Ce triangle est scalène parce qu'il a tous les
angles différents et tous les côtés aussi.
Il n'est pas isocèle parce qu'il n'a pas deux angles
et côtés égaux. Il n'est pas équilatéral parce
qu'il n'a pas tous les côtés et angles égaux.
Il n'est pas un triangle rectangle parce qu'il n'a
pas un angle de 90°. Donc il est scalène.

C'est isocèle parce que si on fait un cercle
en utilisant la médiatrice (la même chose que
l'exercice d'avant) on verrait que la ligne de
la médiatrice coupera dans un point
du cercle. Si on unit les [extrémités]
du diamètre avec ce point on verra que
c'est isocèle.

REPRODUCTION 4.9

Je détermine un point O. OC = 3 unités.
OB = 5 u.

CB = $\sqrt{34}$ u.
AO = 5 cm.
OC = 3 u.
AC = $\sqrt{34}$ u.
Alors ABC c'est un triangle isocèle.

REPRODUCTION 4.12

On peut savoir que le triangle BOC
est isocèle, premièrement, parce qu'on le
voit dans le dessin mais, en plus, si
on coupe le triangle ABC en deux par
les points A et O, ça nous coïncide: ça
coupe aussi par la moitié le triangle
BOC. Alors, si le triangle ABC est
isocèle, le triangle BOC est isocèle aussi.

En plus, dans l'introduction on dit
que les bissectrices des angles à la
base se coupent à angle droit en O.

Par conséquent, si dans un triangle il
y a un des angles qui est de 90°,
le triangle est rectangle.

REPRODUCTION 4.15

La construction de cette figure est impossible,
car si l'angle O est 90°, alors la bissectrice
de l'angle B plus la bissectrice de l'angle C doit
être 90°, car la somme [de] tous les angles d'un
triangle est toujours 180°.

Si ABC est un triangle isocèle en A, alors l'angle B est
égal à l'angle C. Comme on avait dit,

$\dfrac{B}{2}$ = 45° donc B = 90°

$\dfrac{C}{2}$ = 45° donc C = 90°

Si la somme des angles d'un triangle est
180°, alors:
A + B + C = 180
A + 90° + 90° = 180. Donc A est égal à zéro.

Si A est égal à zéro, cette
construction est fausse, car ce triangle ne
peut pas exister.

REPRODUCTION 4.18

C'est impossible de construire [un] tel quadrilatère
avec les indications données.

Avec ce qu'on a, on peut seulement
[placer]: AB, BC et CD (mais pas sa mesure)

«dessin ❶»

On ne peut pas le construire parce que
on ne sait pas ni si AD est perpendiculaire
à AB ou parallèle à BC et on ne sait [pas] non plus
la mesure de DC.

Il pourrait être un carré ou un trapèze:

«bande dessinée ❷»

REPRODUCTION 4.21

Le quadrilatère ABCD est un carré puisque:
– il a les côtés parallèles deux à deux;
– tous ses côtés mesurent le même;
– il a tous les angles [qui] mesurent 90°.

Il peut être un carré ou un
trapèze, puisque la longueur AD n'est pas définie,

Si AD = 30 alors il est un carré.
Si AD ≠ 30 alors il est un trapèze.

«dessin a)» carré, «dessin b)» trapèze

REPRODUCTION 4.24

Quand, pour construire le rectangle, on prend les points
milieux des côtés, on trouve que,

«dessin ❶» $0 < x <$ Base
Pour $x = 0$, aire $= 0$
Pour $x =$ Base, aire $= 0$

deux types différents de triangles se forment (A et B).

Dans cette situation, en plus,
$B' + B' + A' + A' = A1 + A2 + B1 + B2$

«dessin ❷»   Aire rectangle $= \dfrac{1}{2}$ aire triangle

«bande dessinée ❸ ❹ ❺»

Lorsque x tend vers 0 ou lorsque x tend
vers base on observe que l'aire du rectangle diminue
tandis que l'aire du reste du triangle augmente.
(pour $x = \dfrac{\text{base}}{2}$, ces deux aires étaient égales.)

«dessin ❻»

REPRODUCTION 4.27

On a le triangle «dessin»
de surface $\dfrac{a \cdot H}{2}$
le rectangle qu'on veut inscrire est

«dessin»

«dessin ❶»

Suivant la propriété de Thalès on peut
dire que: $\dfrac{L}{a} = \dfrac{H - h}{H}$ L et h $\Rightarrow$ variables
                                                     a et H $\Rightarrow$ invariables

Donc chaque fois que L devient plus
grand H- h devra faire la même chose
h deviendra plus petit.

Avec un triangle «dessin»

on fait $\dfrac{L}{9} = \dfrac{5-h}{5}$

et on sait que $A = \dfrac{L \cdot h}{2}$ donc on

cherche L et h $\quad \dfrac{L}{9} = \dfrac{5-h}{5} \Rightarrow L = \dfrac{9}{5}(5-h)$

$\dfrac{L}{9} = \dfrac{5-h}{5} \Rightarrow \dfrac{5}{9}L = 5-h$

$\Rightarrow \dfrac{5}{9}L - 5 = -h$

$h = \dfrac{-5}{9}L + 5$

$L \cdot h = \dfrac{9}{5}(5-h) \cdot \left(\dfrac{-5}{9}L + 5\right)$

$= \left(\dfrac{9}{5}(5-h) \cdot \dfrac{-5}{9}L\right) + \left(\dfrac{9}{5}(5-h) \cdot 5\right)$

$= -L(5-h) + 9(5-h)$ «substitution de $L = \dfrac{9}{5}(5-h)$»

$= \dfrac{-9}{5}(5-h)(5-h) + 9(5-h)$

$= \dfrac{-9}{5}(5-h)^2 + 9(5-h)$

Avec ça on a une fonction du deuxième
degré avec [comme] forme graphique «dessin ❷»

Le sommet est à la moitié
du segment de nombres qu'on peut
prendre, c'est-à-dire que la valeur de l'aire
est le plus grand quand la hauteur ou la
longueur du rectangle est la moitié du maximum
qu'on peut prendre.

REPRODUCTION 4.51

Je crois que la seule façon de l'expliquer
c'est que si on fait une médiatrice de

$\overline{AB}$, et on l'appelle x, on pourra voir
que le point C croise la médiatrice.

Alors, on peut voir que le triangle ABC
est isocèle, parce que les deux segments
$\overline{AC}$ et $\overline{BC}$ ont la même mesure.

REPRODUCTION 4.52

Avec ce qui est donné dans les indications
on peut savoir que le quadrilatère est
un trapèze:

On nous dit que AB = BC donc:

«dessin»

Alors on nous dit que AB // DC donc:

«dessin»

Finalement on nous dit que (AB) ⊥ (BC) donc
et que (BC) ⊥ (CD)

«dessin»

Ce qu'on [ne] nous dit pas c'est combien
mesure AD ni combien fait l'angle AD.

Par conséquent, on ne nous détermine
pas exactement comment est le trapèze
qu'on doit dessiner:

«bande dessinée»   aussi ça peut être un carré si AD mesure 30 cm aussi

REPRODUCTION 4.53

Le triangle qu'on veut déterminer, BOC,
est isocèle parce qu'il a deux angles et côtés
égaux, et il est aussi rectangle parce qu'il a
un angle de 90°.

REPRODUCTION 4.54

C'est un carré parce que AD = BC et AB = DC. A simple
vue [il] semble que les côtés sont différents mais
ça c'est à cause de la perspective.

En plus, (AB) // (DC); (DC) ⊥ (CD) et ça veut
dire que c'est un carré

«dessin»

REPRODUCTION 4.55

C'est un triangle rectangle parce qu'on dit
même dans l'énoncé qu'il y a un angle
droit.

C'est [un] triangle isocèle parce que:
Les bissectrices de B et C, dans un triangle
isocèle (ABC) coïncident avec la
médiatrice de BC; par conséquent
OB = OC et BOC c'est un triangle isocèle.

REPRODUCTION 4.56

Les premières choses qu'on nous dit
c'est que:

«dessin»

C'est clair: on nous donne AB et BC = 30 cm
mais on ne nous donne pas AD ni DC.
On sait aussi que AB // DC. Ça veut dire
que la possible figure doit avoir deux côtés
«insertion de» qu'on peut construire dans ce cas
parallèles. Des figures avec deux côtés parallèles
sont: carré si AB = 30 cm.

trapèze si AB ≠ 30 cm.

REPRODUCTION 4.57

Ce n'est pas aucun triangle. De ce que les définitions disent.
C'est un triangle scalène.

Raisons: ce n'est pas isocèle parce que $\overline{AC}$ est différent à $\overline{CB}$.
Ce n'est pas équilatéral parce que les côtés sont différents.
Et c'est impossible d'être rectangle parce que ça se voit à
l'œil , ou on peut le mesurer sans difficultés.
Comme j'ai dit avant, c'est scalène parce que les côtés sont
tous différents et les angles aussi.

REPRODUCTION 4.58

– C'est un triangle rectangle parce qu'on le voit à l'œil, et
en plus ils nous le disent en disant que ∠B est 45 alors 45 + 45 = 90.
– C'est un triangle isocèle parce que ça se voit à l'œil,
parce que $\overline{BO}$ est égal à $\overline{OC}$. Et ce n'est pas possible que
ça soit équilatéral parce qu'il est rectangle.

REPRODUCTION 4.59

– On [ne] peut pas savoir la nature de ABCD.
On pourrait penser que c'est un carré, mais ce n'est pas
évident parce que on [ne] sait pas si BC // AD ou si DC = AB,
il y a beaucoup de choses qu'on [ne] sait pas.
Ça pourrait être un parallélogramme, mais on le sait pas,
Il nous manque quelque chose.

On a: «dessin»   largeur x
                    inclinason y

Ce n'est pas possible de savoir si c'est un carré, ou un
parallélogramme.
A l'œil on dirait un carré, mais avec les définitions
on [ne] le sait pas.

Annexe C

Patrons de conduite

Les tableaux C.1 à C.8, qui sont complémentaires à la section *Typologie du comportement* du chapitre IV, offrent le détail des tableaux de distributions d'effectifs des patrons de conduite, par ordre décroissant des fréquences. Dans chaque tableau, nous préférons donner des arrondis d'ordre 1 pour éviter la disproportion du total que causerait un arrondissement à l'unité, tout en jouissant de l'avantage offert par les fréquences relatives. Nous avons éliminé l'élève A-16 (voir section *Contexture stratégique, schéma discursif,* chapitre IV), ce qui porte la taille de l'échantillon à 66 élèves.

Tableau C.1
Patrons de conduite sur la conjecture

Patron	Q2	Q3	Q4	Fréquence
C_1	Triangle isocèle	Triangle rectangle isocèle	Trapèze, carré	19,7
C_2	Triangle quelconque	Triangle rectangle isocèle	Trapèze, carré	15,2
C_3	Triangle isocèle	Triangle rectangle isocèle	*Conjecture primitive* Carré *Conjecture définitive* trapèze, carré	7,6
C_4	Triangle isocèle	Triangle isocèle	Trapèze, carré	4,5
C_5	Triangle isocèle	*Conjecture primitive* triangle rectangle isocèle *Conjecture définitive* figure impossible	Trapèze	4,5
C_6	Triangle quelconque	Triangle rectangle isocèle	Trapèze, parallélogramme	4,5
C_7	*Conjecture primitive* triangle quelconque *Conjecture définitive* triangle isocèle	Triangle rectangle isocèle	Carré	4,5
C_8	*Conjecture primitive* triangle rectangle *Conjecture définitive* triangle isocèle	Triangle rectangle isocèle	Trapèze, carré	4,5
C_9	Triangle quelconque	Figure impossible	Trapèze, carré	4,5
C_{10}	Triangle quelconque	Triangle rectangle isocèle	Parallélogramme, carré	3,0
C_{11}	Triangle rectangle isocèle	*Conjecture primitive* triangle rectangle isocèle *Conjecture définitive* figure impossible	*Conjecture primitive* trapèze, parallélogramme, carré *Conjecture définitive* trapèze, carré	3,0
C_{12}	Triangle isocèle	Triangle rectangle isocèle	Impossible de construire	3,0
C_{13}	Triangle quelconque	Figure impossible	Impossible de construire	3,0
C_{14}	Triangle isocèle	*Conjecture primitive* triangle rectangle isocèle *Conjecture définitive* triangle isocèle	Impossible de construire	3,0

C_{15}	Triangle isocèle	Figure impossible	*Conjecture primitive* trapèze, parallélo-gramme, carré *Conjecture définitive* trapèze	3,0
C_{16}	*Conjecture primitive* triangle rectangle isocèle *Conjecture définitive* triangle isocèle	Triangle rectangle isocèle	Carré	3,0
C_{17}	Triangle isocèle	Figure impossible	Carré	3,0
C_{18}	Triangle isocèle	Figure impossible	Impossible de construire	1,5
C_{19}	Triangle quel-conque	Triangle rectangle isocèle	Trapèze, parallélo-gramme, losange, carré	1,5
C_{20}	Triangle rectangle isocèle	Triangle rectangle isocèle	Trapèze, carré	1,5
C_{21}	Triangle isocèle	*Conjecture primitive* triangle rectangle isocèle *Conjecture définitive* figure impossible	Trapèze, carré	1,5

Tableau C.2
Patrons de conduite dans le contenu de la contexture stratégique

Patron	Q2	Q3	Q4	Fréquence
S_1	Vérification par expérimentation, généralisation	Vérification par expérimentation, généralisation	Vérification par expérimentation, généralisation	15,2
S_2	Analyse descriptive, étalement proceptuel	Vérification par expérimentation, généralisation Chemin dans un champ proceptuel	Vérification par expérimentation, généralisation	15,2
S_3	Chemin dans un champ proceptuel	Chemin dans un champ proceptuel Entreprise d'une dialectique du contre-exemple	Chemin dans un champ proceptuel Entreprise d'une dialectique du contre-exemple	7,6
S_4	Analyse descriptive, étalement proceptuel Entreprise d'une dialectique du contre-exemple	Analyse descriptive, étalement proceptuel	Analyse descriptive, étalement proceptuel	7,6
S_5	Chemin dans un champ proceptuel	Vérification par expérimentation, généralisation	Vérification par expérimentation, généralisation	6,1
S_6	Analyse descriptive, étalement proceptuel	Vérification par expérimentation, généralisation	Chemin dans un champ proceptuel Entreprise d'une dialectique du contre-exemple	6,1
S_7	Vérification par expérimentation, généralisation	Chemin dans un champ proceptuel	Chemin dans un champ proceptuel	4,5
S_8	Chemin dans un champ proceptuel	Chemin dans un champ proceptuel	Chemin dans un champ proceptuel	4,5
S_9	Analyse descriptive, étalement proceptuel	Chemin dans un champ proceptuel Entreprise d'une dialectique du contre-exemple	Chemin dans un champ proceptuel	4,5
S_{10}	Vérification par expérimentation, généralisation Analyse descriptive, étalement proceptuel	Vérification par expérimentation, généralisation Chemin dans un champ proceptuel	Vérification par expérimentation, généralisation	4,5
S_{11}	Analyse descriptive, étalement proceptuel Entreprise d'une dialectique du contre-exemple	Vérification par expérimentation, généralisation	Chemin dans un champ proceptuel	4,5

S_{12}	Vérification par expérimentation, généralisation	Vérification par expérimentation, généralisation Chemin dans un champ proceptuel	Chemin dans un champ proceptuel	3,0
S_{13}	Chemin dans un champ proceptuel	Vérification par expérimentation, généralisation Analyse descriptive, étalement proceptuel	Vérification par expérimentation, généralisation Analyse descriptive, étalement proceptuel	3,0
S_{14}	Vérification par expérimentation, généralisation Analyse descriptive, étalement proceptuel	Vérification par expérimentation, généralisation	Chemin dans un champ proceptuel Entreprise d'une dialectique du contre-exemple	3,0
S_{15}	Analyse descriptive, étalement proceptuel Entreprise d'une dialectique du contre-exemple	Analyse descriptive, étalement proceptuel	Vérification par expérimentation, généralisation	3,0
S_{16}	Chemin dans un champ proceptuel Entreprise d'une dialectique du contre-exemple	Vérification par expérimentation, généralisation	Analyse descriptive, étalement proceptuel	3,0
S_{17}	Vérification par expérimentation, généralisation Analyse descriptive, étalement proceptuel	Vérification par expérimentation, généralisation Analyse descriptive, étalement proceptuel	Chemin dans un champ proceptuel	1,5
S_{18}	Vérification par expérimentation, généralisation Analyse descriptive, étalement proceptuel	Chemin dans un champ proceptuel Entreprise d'une dialectique du contre-exemple	Analyse descriptive, étalement proceptuel	1,5
S_{19}	Chemin dans un champ proceptuel Entreprise d'une dialectique du contre-exemple	Vérification par expérimentation, généralisation	Vérification par expérimentation, généralisation Analyse descriptive, étalement proceptuel	1,5

Tableau C.3
Patrons de conduite dans le contenu discursivo-graphique

Patron	Q2	Q3	Q4	Fréquence
R_1	Plan argumentatif Plan déductif	Plan argumentatif Plan déductif Raisonnement graphique	Plan argumentatif Raisonnement graphique	16,7
R_2	Plan argumentatif Raisonnement graphique	Plan argumentatif Plan déductif	Plan argumentatif Raisonnement graphique	10,6
R_3	Plan argumentatif	Plan argumentatif Plan déductif	Plan argumentatif Raisonnement graphique	9,1
R_4	Plan argumentatif Manipulations algébriques	Plan argumentatif Plan déductif Raisonnement graphique	Plan argumentatif Raisonnement graphique	9,1
R_5	Plan argumentatif Plan déductif	Plan argumentatif Plan déductif	Plan argumentatif Plan déductif Raisonnement graphique	7,6
R_6	Plan argumentatif	Plan argumentatif Raisonnement graphique	Plan argumentatif Raisonnement graphique	7,6
R_7	Plan argumentatif Plan déductif Raisonnement graphique	Plan argumentatif Plan déductif Raisonnement graphique	Plan argumentatif Raisonnement graphique	6,1
R_8	Plan argumentatif	Plan argumentatif Raisonnement graphique	Plan argumentatif	4,5
R_9	Plan argumentatif Plan déductif	Plan argumentatif Plan déductif Manipulations algébriques	Plan argumentatif Raisonnement graphique	4,5
R_{10}	Plan argumentatif Manipulations algébriques	Plan argumentatif Raisonnement graphique	Plan argumentatif Plan déductif	4,5
R_{11}	Plan déductif Manipulations algébriques	Plan argumentatif Plan déductif	Plan argumentatif Plan déductif Raisonnement graphique	4,5

R_{12}	Plan déductif Manipulations algébriques	Plan déductif Raisonnement graphique	Plan argumentatif Plan déductif	4,5
R_{13}	Plan argumentatif	Plan argumentatif Raisonnement graphique	Plan argumentatif Plan déductif Raisonnement graphique	4,5
R_{14}	Plan argumentatif Raisonnement graphique	Plan argumentatif Raisonnement graphique	Plan argumentatif Raisonnement graphique	3,0
R_{15}	Plan argumentatif Plan déductif	Plan argumentatif Plan déductif	Plan argumentatif	1,5
R_{16}	Plan argumentatif Manipulations algébriques	Plan argumentatif Plan déductif	Plan argumentatif Raisonnement graphique	1,5

Tableau C.4
Patrons de conduite dans la catégorie de preuve

Patron	Q2	Q3	Q4	Fréquence
P_1	Explication	Preuve pragmatique	Preuve intellectuelle	13,6
P_2	Preuve pragmatique	Preuve pragmatique	Explication	12,1
P_3	Preuve pragmatique	Preuve intellectuelle	Preuve intellectuelle	9,1
P_4	Preuve pragmatique	Preuve pragmatique	Preuve intellectuelle	9,1
P_5	Explication	Explication	Explication	7,6
P_6	Preuve intellectuelle	Démonstration	Preuve intellectuelle	6,1
P_7	Preuve intellectuelle	Explication	Explication	6,1
P_8	Explication	Preuve pragmatique	Preuve pragmatique	4,5
P_9	Explication	Démonstration	Démonstration	4,5
P_{10}	Explication	Explication	Démonstration	4,5
P_{11}	Démonstration	Preuve intellectuelle	Preuve intellectuelle	4,5
P_{12}	Démonstration	Explication	Preuve intellectuelle	4,5
P_{13}	Preuve intellectuelle	Démonstration	Démonstration	3,0
P_{14}	Preuve pragmatique	Explication	Explication	3,0
P_{15}	Preuve pragmatique	Explication	Preuve intellectuelle	3,0
P_{16}	Preuve pragmatique	Démonstration	Preuve intellectuelle	3,0
P_{17}	Preuve pragmatique	Explication	Démonstration	1,5

Tableau C.5
Patrons de conduite dans la qualité globale de la preuve

Patron	Q2	Q3	Q4	Fréquence
Q_1	Faible	Faible	Faible	22,7
Q_2	Faible	Moyen	Moyen	13,6
Q_3	Moyen	Moyen	Moyen	9,1
Q_4	Moyen	Très Faible	Faible	9,1
Q_5	Très Faible	Faible	Très Faible	6,1
Q_6	Très Faible	Moyen	Moyen	6,1
Q_7	Très Faible	Très Faible	Faible	4,5
Q_8	Moyen	Faible	Faible	4,5
Q_9	Faible	Moyen	Faible	4,5
Q_{10}	Faible	Très Faible	Moyen	4,5
Q_{11}	Bon	Faible	Moyen	4,5
Q_{12}	Faible	Faible	Très Faible	4,5
Q_{13}	Très Faible	Moyen	Faible	3,0
Q_{14}	Très Faible	Faible	Faible	3,0

Tableau C.6
Patrons de conduite dans le contenu de l'acception des mots

Patron	Q2	Q3	Q4	Fréquence
A_1	Courant Mathématique	Courant Mathématique	Courant Mathématique	18,2
A_2	Courant Mathématique	Mathématique	Courant Mathématique	12,1
A_3	Mathématique	Mathématique	Courant Mathématique	9,1
A_4	Mathématique	Courant Mathématique	Courant Mathématique	9,1
A_5	Didactique Mathématique	Courant Didactique Mathématique	Courant Mathématique	9,1
A_6	Mathématique	Didactique Mathématique	Courant Mathématique	9,1
A_7	Courant Mathématique	Courant Mathématique	Mathématique	7,6
A_8	Mathématique	Mathématique	Mathématique	6,1
A_9	Courant Didactique Mathématique	Courant Mathématique	Courant Mathématique	6,1
A_{10}	Courant Mathématique	Didactique Mathématique	Mathématique	4,5
A_{11}	Mathématique	Courant Mathématique	Didactique Mathématique	3,0
A_{12}	Courant Mathématique	Didactique Mathématique	Courant Mathématique	3,0
A_{13}	Mathématique	Mathématique	Didactique Mathématique	1,5
A_{14}	Mathématique	Courant Mathématique	Mathématique	1,5

Tableau C.7
Patrons de conduite dans le contenu du style d'écriture

Patron	Q2	Q3	Q4	Fréquence
E_1	Verbal Combiné	Verbal Combiné	Verbal Symbolique	21,2
E_2	Verbal Combiné Symbolique	Verbal Combiné Symbolique	Verbal Combiné Symbolique	13,6
E_3	Verbal Combiné	Verbal	Verbal Combiné	12,1
E_4	Verbal Symbolique	Verbal Combiné Symbolique	Verbal Symbolique	10,6
E_5	Verbal Combiné	Verbal Combiné	Verbal	6,1
E_6	Verbal Symbolique	Verbal Symbolique	Verbal Symbolique	6,1
E_7	Verbal Combiné	Verbal Combiné Symbolique	Verbal Combiné	4,5
E_8	Verbal Combiné Symbolique	Verbal Combiné Symbolique	Verbal Symbolique	4,5
E_9	Verbal Combiné	Verbal Combiné	Verbal Combiné	3,0
E_{10}	Verbal Combiné Symbolique	Verbal	Verbal Combiné Symbolique	3,0
E_{11}	Verbal Symbolique	Verbal Combiné	Verbal Symbolique	3,0
E_{12}	Verbal	Verbal	Verbal Symbolique	3,0
E_{13}	Verbal Combiné	Verbal Combiné Symbolique	Verbal Combiné Symbolique	1,5
E_{14}	Verbal Symbolique	Verbal Combiné Symbolique	Verbal Combiné Symbolique	1,5
E_{15}	Verbal Combiné Symbolique	Verbal Combiné Symbolique	Verbal Combiné	1,5

E_{16}	Verbal	Verbal Combiné Symbolique	Verbal Combiné Symbolique	1,5
E_{17}	Verbal Symbolique	Verbal Combiné	Verbal Combiné	1,5
E_{18}	Verbal	Verbal Combiné	Verbal Combiné	1,5

Tableau C.8
Patrons de conduite dans le contenu du niveau de langage

Patron	Q2	Q3	Q4	Fréquence
N_1	Expert	Extensible Expert	Expert	21,2
N_2	Expert	Expert	Extensible Expert	16,7
N_3	Extensible Expert	Expert	Extensible Expert	15,2
N_4	Expert	Extensible Expert	Extensible Expert	13,6
N_5	Expert	Expert	Inextensible Expert	7,6
N_6	Inextensible Extensible Expert	Inextensible Expert	Inextensible Expert	6,1
N_7	Extensible Expert	Expert	Expert	4,5
N_8	Extensible Expert	Extensible Expert	Indéterminé Expert	4,5
N_9	Indéterminé Inextensible Extensible Expert	Extensible Expert	Extensible Expert	4,5
N_{10}	Expert	Inextensible Expert	Expert	3,0
N_{11}	Expert	Extensible Expert	Inextensible Expert	1,5
N_{12}	Expert	Inextensible Expert	Expert	1,5

Références bibliographiques

Aleksandrov, A. D. (1994). *La Matemática: su contenido, métodos y significado*. Madrid: Alianza Universidad.

Alsina, C., Burgués, C. & Fortuny, J. M. (1989). *Invitación a la Didáctica de la Geometría*. Madrid: Editorial Síntesis.

Alsina, C. & Richard, P. (2001). *Niveaux de référence pour l'enseignement des mathématiques en Europe*. Comité sur l'enseignement des mathématiques de la Société Mathématique européenne [Page Web]. Accès: http://www.emis.de/projects/Ref/index.html.

Anderson, J. R., Boyle, C. F. & Yost, G. (1985). The Geometry Tutor. *Proceedings of the International Joint Conference on Artificial Intelligence*, 1-7. Los Altos, Californie: Morgan Kaufmann.

Arsac, G. (1987). L'origine de la démonstration: essai d'épistémologie didactique. *Recherches en Didactique des Mathématiques, 8*(3), 267-312.

Arsac, G. (1988). Les recherches actuelles sur l'apprentissage de la démonstration et les phénomènes de validation en France. *Recherches en Didactique des Mathématiques, 9*(3), 247-280.

Apéry, R. (1982). Mathématique constructive. In *Penser les mathématiques* (pp. 58-72). Paris: Editions du Seuil.

Bachmakov, M. (1998). *Les mathématiques du COK*. Paris: ACL – Les Editions du Kangourou.

Balacheff, N. (1987). Processus de preuve et situations de validation. *Educational Studies in Mathematics, 18*(2), 147-176.

Balacheff, N. (1988). *Une étude des processus de preuve en mathématique chez des élèves de collège*. Thèse doctorale, Université Joseph Fourier, Grenoble.

Balacheff, N. (1994). Didactique et intelligence artificielle. *Recherches en Didactique des Mathématiques, 14*(1, 2), 9-42.

Banchoff, T. M. (1996). *Beyond the Third Dimension. Geometry, Computer Graphics, and Higher Dimension*. New York: Scientific American Library.

Barbin, E. (1988). La démonstration mathématique dans l'histoire: signification épistémologique et questions didactiques. *Bulletin de l'APMEP, 366,* 591-620.

Barbin, E. (2001). La démonstration: pulsation entre le discursif et le visuel. In E. Barbin, R. Duval, I. Giorgiutti, J. Houdebine & C. Laborde (Ed.), *Produire et lire des textes de démonstration* (pp. 31-62). Paris: Ellipse.

Baulac, Y. (1990). *Un micromonde de géométrie, Cabri-géomètre*. Thèse doctorale, Université Joseph Fourier, Grenoble.

Baulac, Y. & Giorgiutti, I. (1991). Interaction micromonde / tuteur en géométrie. In *Deuxièmes Journées EIAO de Cachan* (pp. 11-31). Cachan: Les Editions de l'Ecole Normale Supérieure.

Bazin, J. M. (1994). Géométrie: le rôle de la figure mis en évidence par les difficultés de réalisation d'un résolveur en EAO. In M. Artigue, R. Gras, C. Laborde & P. Vignot (Ed.), *Vingt ans de didactique des mathématiques en France. Hommage à Guy Brousseau et Gérard Vergnaud* (pp. 371-378). Grenoble: La Pensée Sauvage.

Bishop, A. J. (1996). Implicacions didàctiques de les recerques sobre visualització. *Butlletí de la Societat Catalana de Matemètiques, 11*(2), 7-18.

Boero, P. (1999, juillet-août). Argomentazione e dimostrazione: una relazione complessa, produttiva e inevitabile nella matematica e nella didattica della matematica. *International Newsletter on the Teaching and Learning of Mathematical Proof*. Récupéré le 25 octobre 2002 dans http:/ / www-didactique.imag.fr/preuve/Newsletter/990708.html

Bonnefond, G., Daviaud, D. & Revranche, B. (1999). *Le nouveau Pythagore*. Paris: Hatier.

Bourbaki, N. (1969). *Eléments d'histoire des mathématiques*. Paris: Hermann.

Bradley, G. L. & Smith, K. J. (1995). *Calculus*. Upper Saddle River: Prentice Hall.

Brannan, D. A., Esplen, M. F. & Gray, J. J. (1999). *Geometry*. Cambridge: Cambridge University Press.

Brousseau, G. (1981). Problèmes didactiques des décimaux. *Recherches en Didactique des Mathématiques, 2*(3), 37-127.

Brousseau, G. (1988). Représentations et didactique du sens de la division. In G. Vergnaud, G. Brousseau & M. Hulin (Ed.), *Didactique et acquisition des connaissances scientifiques* (pp. 47-64). Grenoble: La Pensée Sauvage.

Brousseau, G. (1998). *Théorie des situations didactiques.* Grenoble: La Pensée Sauvage.

Casselman, B. (2000). Pictures and proofs. *Notices of the American Mathematical Society,* 47(10), 1257-1266.

Caveing, M. (1990). Introduction générale. In *Les éléments / Euclide d'Alexandrie; traduits du texte de Heiberg* (pp. 13-148). Paris: Presses Universitaires de France.

Chaitin, G. (1974). Information-Theoretic Limitations of Formal Systems. *Journal of the Association for Computing Machinery, 21,* 403-424.

Chevallard, Y. (1992). *La transposition didactique.* Grenoble: La Pensée Sauvage.

Chomsky, N. (1968). *L'étude formelle des langues naturelles.* Paris: Gauthier-Villars.

Coxeter, H. S. M. & Greitzer, S. L. (1967). *Geometry Revisited.* Washington: The Mathematical Association of America.

Dahan-Dalmedico, A. & Peiffer, J. (1986). *Une histoire des mathématiques.* Paris: Editions du Seuil.

Davis, M. & Weyuker, E. (1983). *Computability, Complexity, and Languages. Fundamentals of Theoretical Computer Science.* Orlando, Floride: Academic Press.

Departament d'Ensenyament, Generalitat de Catalunya (1993). *Currículum. Educació Secundària Obligatoria. Àrea de Matemàtiques.* Barcelone: Servei de Difusió i Publicació.

Descartes, R. (1953). Discours de la méthode. In A. Bridoux (Ed.), *Œuvres et Lettres.* Paris: Gallimard. (L'œuvre originale a été publiée en 1637.)

Desclés, J.-P. (1980). Mathématisation des concepts linguistiques. *Modèles linguistiques, 2*(1), 21-56.

Desclés, J.-P. (1982). Quelques réflexions sur les rapports entre linguistique et mathématiques. In *Penser les mathématiques* (pp. 88-107). Paris: Editions du Seuil.

Diari Oficial de la Generalitat de Catalunya (1996). Numéro 2215.

Dieudonné, J. (1982). Mathématiques vides et mathématiques significatives. In *Penser les mathématiques* (pp. 15-38). Paris: Editions du Seuil.

Dreyfus, T. (1994). Imagery and Reasoning in Mathematics Education. *Choix de conférences du 7ᵉ Congrès international sur l'enseignement des mathématiques*, 107-122. Québec: Les Presses de l'Université Laval.

Dupin, J.-J. & Johsua, S. (1999). *Introduction à la didactique des sciences et des mathématiques*. Paris: Presses Universitaires de France.

Duval, R. (1991). Structure du raisonnement déductif et apprentissage de la démonstration. *Educational Studies in Mathematics, 22*, 233-261.

Duval, R. (1995). *Sémiosis et pensée humaine: registre sémiotique et apprentissages intellectuels*. Berne: Peter Lang.

Duval, R. (1999, novembre-décembre). L'argumentation en question. *International Newsletter on the Teaching and Learning of Mathematical Proof*. Récupéré le 25 octobre 2002 dans http://www-didactique .imag.fr/preuve/Newsletter/991112.html.

Eisenhart, M. A. (1988). The Ethnographic Research Tradition and Mathematics Education Research. *Journal for Research in Mathematics Education, 19*(2), 99-114.

Euclide d'Alexandrie (1990). *Les éléments. Livres I à IV*, 149-321. Traduction du texte de Heiberg publié entre 1883 et 1888. Paris: Presses Universitaires de France.

Fallis, D. (1996). Mathematical Proof and the Reliability of DNA Evidence. *The American Mathematical Monthly, 6*, 491-497.

Fischbein, E. (1982). Initiation and Proof. *For the Learning of Mathematics, 3*(1), 9-18.

Fischbein, E. (1993). The Theory of Figural Concepts. *Educational Studies in Mathematics, 24*(2), 139-162.

Fomin, D., Genkin, S. & Itenberg, I. (1996). *Mathematical Circles. Russian Experience*. Providence: American Mathematical Society.

Fraïssé, R. (1982). Les axiomatiques ne sont-elles qu'un jeu? In *Penser les mathématiques* (pp. 39-57). Paris: Editions du Seuil.

Gramirian, C., Vallaud, F. & Misset, L. (1998). *Maths Terminale ES*. Paris: Hachette Education.

Gray, E. & Tall, D. (1994). Duality, Ambiguity and Flexibility: A Proceptual View of Simple Arithmetic. *The Journal for Research in Mathematics Education, 26*(2), 115-141.

Guichard, J. (1990). Arrières-plans philosophiques de la démonstration. In *La démonstration mathématique dans l'histoire* (pp. 39-52). Besançon et Lyon: IREM.

Guin, D. (1996). A Cognitive Analysis of Geometry Proof Focused on Intelligent Tutoring Systems. In J.-M. Laborde (Ed.), *Intelligent Lear-*

ning Environments: the Case of Geometry (pp. 82-93). Berlin: Springer Verlag.

Guzmán, M. (1996). *El Rincón de la Pizarra. Ensayos de Visualización en Análisis Matemático. Elementos Básicos del Análisis.* Madrid: Ediciones Pirámide.

Halmos, P. R. (1974). *Naive Set Theory.* New York: Springer-Verlag.

Hanna, J. (1991). Mathematical Proof. In D. Tall (Ed.), *Advanced Mathematical Thinking* (pp. 54-61). Dordrecht: Kluwer Academic Publishers.

Hersh, R. (1999). *What is Mathematics, Really?* Oxford University Press.

Hrbacek, K. & Jech, T. (1999). *Introduction to Set Theory.* New York: Marcel Dekker.

ICME (1994a). La théorie et la pratique de la preuve mathématique. (1994b). Le rôle de la géométrie dans la formation générale. *Actes du 7ᵉ Congrès international sur l'enseignement des mathématiques,* 253-256, 160-167. Québec: Les Presses de l'Université Laval.

Jackson, A. (2002). The World of Blind Mathematicians. *Notices of the American Mathematical Society, 49*(10), 1246-1251.

John-Steiner, V. (1993). Afterword: Vygotskian Approaches to Mathematical Education. *Focus on Learning Problems in Mathematics, 15*(2, 3), 108-112.

Kahane J.-P. (2002). *L'enseignement des sciences mathématiques,* p. 16. Editions Odile Jacob et CNDP.

Kline, M. (1972). The Mathematics of the Hindus and Arabs. *Mathematical Thought from Ancients to Moderns Times* (pp. 183-90). New York: Oxford University Press.

Laborde, C. (1994). Enseigner la géométrie: permanences et révolutions. *Actes du 7ᵉ Congrès international sur l'enseignement des mathématiques* (pp. 47-75). Québec: Les Presses de l'Université Laval.

Laborde, C. & Capponi, B. (1994). Cabri-Géomètre constituant d'un milieu pour l'apprentissage de la notion de figure géométrique. *Recherches en Didactique des Mathématiques, 14*(1, 2), 165-210.

Lakatos, I. (1986). *Pruebas y refutaciones. La lógica del descubrimiento matemático.* Madrid: Alianza Universidad.

Legrand, M. (1988). Rationalité et démonstration mathématiques, le rapport de la classe à une communauté scientifique. *Recherches en Didactique des Mathématiques, 9*(3), 365-406.

Loi, M. (1982). Rigueur et ambiguïté. In *Penser les mathématiques* (pp. 108-122). Paris: Editions du Seuil.

Lombardi, H. (1990). Mathématiques constructives: hier et demain. In *La démonstration mathématique dans l'histoire* (pp. 233-249). Besançon et Lyon: IREM.

Mariotti, M. A. (1998, novembre-décembre). Intuizione e dimostrazione: riflessioni su un articolo di Fischbein. *International Newsletter on the Teaching and Learning of Mathematical Proof.* Récupéré le 25 octobre 2002 dans http://www-didactique.imag.fr/preuve/Newsletter/ 981112.html.

Martzloff, J. C. (1990). Quelques exemples de démonstration en mathématiques chinoises. In *La démonstration mathématique dans l'histoire* (pp. 131-153). Besançon et Lyon: IREM.

Mendelson, E. (1979). *Introduction to Mathematical Logic.* Monterey, Californie: Wasdworth.

Nelsen, R. B. (1993). *Proofs Without Words. Exercices in Visual Thinking.* Washington: The Mathematical Association of America.

Nelsen, R. B. (2001). *Proofs Without Words II: More Exercises in Visual Thinking.* Washington: Mathematical Association of America.

Orton, A. (1990). *Didáctica de las Matemáticas.* Madrid: Ministerio de Educación y Ciencia y Ediciones Morata.

Pimm, D. (1990). *El lenguaje matemático en el aula.* Madrid: Ministerio de Educación y Ciencia y Ediciones Morata.

Presmeg, N. C. (1986). Visualization in High-school Mathematics. *For the Learning of Mathematics, 6,* 42-46.

Polya, G. (1965). *Comment poser et résoudre un problème.* Paris: Dunod.

Popper, K. R. (1978). *La connaissance objective.* Bruxelles: Editions Complexe.

Richard, P. R. (1995). *Initiation à la démonstration en géométrie au collège.* Mémoire de maîtrise, Universitat Autònoma de Barcelona.

Richard, P. R. (2003). Proof without words: Equal areas in a partition of a parallelogram. *Mathematics Magazine, 76*(5), p. 348.

Richard, P. R. & Sierpinska, A. (à paraître). Etude fonctionnelle-structurelle de deux extraits de manuels anciens de géométrie. In G. Lemoyne & C. Sackur (réd. invitées), Le langage dans l'enseignement et l'apprentissage des mathématiques. *Revue des sciences de l'éducation, N° thématique, 30*(1).

Schœnfeld, A. (1987). What's All the Fuss About Metacognition. In *Cognitive science and mathematics education* (pp. 189-215). Hillsdale, New Jersey: Erlbaum.

Sfard, A. (1991). On the Dual Nature of Mathematical Conceptions: Reflections on Processes and Objectes as Different Sides of the Same Coin. *Educational Studies in Mathematics, 22*, 1-36.

Shaumyan, S. K. (1977). *Applicational Grammar as a Semantic Theory of Natural Language*. Edimbourg: Edinburgh University Press.

Sierpinska, A. (1993). The Development of Concepts According to Vygotsky. *Focus on Learning Problems in Mathematics, 15*(2, 3), 87-107.

Sipka, T. A. (1988). The Law of Cosines. *Mathematics Magazine, 61*(4), 259.

Tall, D. (1991). The Psychology of Advanced Mathematical Thinking. Reflections. In D. Tall (Ed.), *Advanced Mathematical Thinking* (pp. 3-21). Dordrecht: Kluwer Academic Publishers.

Tall, D. & Vinner, S. (1981). Concept image and concept definition in mathematics, with special reference to limits and continuity, *Educational Studies in Mathematics, 12*, 151-169.

Taylor, L. (1993). Vygotskian Influences in Mathematics Education, with Particular Reference to Attitude Developement. *Focus on Learning Problems in Mathematics, 15*(2, 3), 3-17.

Tellier, C. (1996). *Eléments de syntaxe du français. Méthodes d'analyse en grammaire générative*. Montréal: Les Presses de l'Université de Montréal.

Thom, R. (1982). Mathématique et théorisation scientifique. In *Penser les mathématiques* (pp. 250-273). Paris: Editions du Seuil.

Thurston, W. P. (1994). On proof and progress in mathematics. *Bulletin of the American Mathematical Society, 30*(2), 161-177.

Vega, L. (1990). *La Trama de la Demostración*. Madrid: Alianza Universidad.

Vergnaud, G. (1981). Quelques orientations théoriques et méthodologiques des recherches françaises en didactique des mathématiques. *Recherches en Didactique des Mathématiques, 2*(2), 215-231.

Vergnaud, G. (1990). La théorie des champs conceptuels. *Recherches en Didactique des Mathématiques, 10*(2, 3), 133-170.

Viader, P., Paradís, J., Miralles de Imperial, J. & Bibiloni, L. (2001). Els sistemes de representació dels nombres reals. *Butlletí de la Societat Catalana de Matemátiques, 11*(2), 91-120.

Villiers, M. (1993). El Papel y la Función de la demostración en matemáticas. *Epsilon, 26*, 15-30.

Villiers, M. (1997). The Role of Proof in Investigate, Computer-based Geometry: Some Personal Reflections. In J. R. King & D. Schattschneider (Ed.), *Geometry Turned On. Dynamic software in learning, teaching, and research* (pp. 15-24). Washington: MAA Notes Series.

Vitrac, B. (1990). Les Eléments, volume I. Traduction et commentaires. In *Les éléments / Euclide d'Alexandrie; traduits du texte de Heiberg* (pp. 149-528). Paris: Presses Universitaires de France.

Vygotsky, L. S. (1978). *Mind in Society: The Development of Higher Psychological Process.* Cambridge, Massachusetts: Havard University Press.

Wiles, A. (1995). Modular Elliptic Curves and Fermat's Last Theorem. *Annals of Mathematics, 141,* 553-572.

CITATIONS EN EXERGUE

Doyle, A. C. (1994). Le mystère du val Boscombe. *Sherlock Holmes, tome 1,* (p. 148). Castor poche Flammarion.

Folch-Ribas, J. (1989). *La chair de pierre* (p. 69). Editions Robert Laffont.

Goscinny, R. & Uderzo, A. (1975). *La grande traversée* (p. 23). Dargaud Editeur.

Kahane J.-P. (2002). *L'enseignement des sciences mathématiques* (p. 16). Editions Odile Jacob et CNDP.

Saint-Exupéry, A. (1971). *Le Petit Prince* (p. 87). Harcourt, Brace & World.

Exploration

Ouvrages parus

Education: histoire et pensée

- Loïc Chalmel: *La petite école dans l'école – Origine piétiste-morave de l'école maternelle française*. Préface de J. Houssaye. 375 p., 1996, 2000.
- Loïc Chalmel: *Jean Georges Stuber (1722-1797) – Pédagogie pastorale*. Préface de D. Hameline, XXII, 187 p., 2001.
- Loïc Chalmel: *Réseaux philanthropinistes et pédagogie au 18ᵉ siècle*. XXVI, 270 p., 2004.
- Nanine Charbonnel: *Pour une critique de la raison éducative*. 189 p., 1988.
- Marie-Madeleine Compère: *L'histoire de l'éducation en Europe. Essai comparatif sur la façon dont elle s'écrit*. (En coédition avec INRP, Paris). 302 p., 1995.
- Lucien Criblez, Rita Hofstetter (éds/Hg.), Danièle Périsset Bagnoud (avec la collaboration de/unter Mitarbeit von): *La formation des enseignant(e)s primaires. Histoire et réformes actuelles / Die Ausbildung von PrimarlehrerInnen. Geschichte und aktuelle Reformen*. VIII, 595 p., 2000.
- Marcelle Denis: *Comenius. Une pédagogie à l'échelle de l'Europe*. 288 p., 1992.

– Patrick Dubois: *Le Dictionnaire de Ferdinand Buisson. Aux fondations de l'école républicaine (1878-1911)*. VIII, 243 p., 2002.

– Jacqueline Gautherin: *Une discipline pour la République. La science de l'éducation en France (1882-1914)*. Préface de Viviane Isambert-Jamati. XX, 357 p., 2003.

– Daniel Hameline, Jürgen Helmchen, Jürgen Oelkers (éds): *L'éducation nouvelle et les enjeux de son histoire*. Actes du colloque international des archives Institut Jean-Jacques Rousseau. VI, 250 p., 1995.

– Rita Hofstetter: *Les lumières de la démocratie. Histoire de l'école primaire publique à Genève au XIXe siècle*. VII, 378 p., 1998.

– Rita Hofstetter, Charles Magnin, Lucien Criblez, Carlo Jenzer (†) (éds): *Une école pour la démocratie. Naissance et développement de l'école primaire publique en Suisse au 19e siècle*. XIV, 376 p., 1999.

– Rita Hofstetter, Bernard Schneuwly (éds/Hg.): *Science(s) de l'éducation (19e-20e siècles) – Erziehungswissenschaft(en) (19.–20. Jahrhundert). Entre champs professionnels et champs disciplinaires – Zwischen Profession und Disziplin*. 512 p., 2002.

– Jean Houssaye: *Théorie et pratiques de l'éducation scolaire (1): Le triangle pédagogique*. Préface de D. Hameline. 267 p., 1988, 1992, 2000.

– Jean Houssaye: *Théorie et pratiques de l'éducation scolaire (2): Pratique pédagogique*. 295 p., 1988.

– Alain Kerlan: *La science n'éduquera pas. Comte, Durkheim, le modèle introuvable*. Préface de N. Charbonnel. 326 p., 1998.

– Francesca Matasci: *L'inimitable et l'exemplaire: Maria Boschetti Alberti. Histoire et figures de l'Ecole sereine*. Préface de Daniel Hameline. 232 p., 1987.

– Pierre Ognier: *L'Ecole républicaine française et ses miroirs*. Préface de D. Hameline. 297 p., 1988.

– Johann Heinrich Pestalozzi: *Ecrits sur l'expérience du Neuhof*. Suivi de quatre études de P.-Ph. Bugnard, D. Tröhler, M. Soëtard et L. Chalmel. Traduit de l'allemand par P.-G. Martin. X, 160 p., 2001.

– Johann Heinrich Pestalozzi: *Sur la législation et l'infanticide. Vérités, recherches et visions*. Suivi de quatre études de M. Porret, M.-F. Vouilloz Burnier, C. A. Muller et M. Soëtard. Traduit de l'allemand par P.-G. Matin. VI, 264 p., 2003.

– Martine Ruchat: *Inventer les arriérés pour créer l'intelligence. L'arriéré scolaire et la classe spéciale. Histoire d'un concept et d'une innovation psychopédagogique 1874–1914*. Préface de Daniel Hameline. XX, 239 p., 2003.

– Jean-François Saffange: *Libres regards sur Summerhill. L'œuvre pédagogique de A.-S. Neill*. Préface de D. Hameline. 216 p., 1985.

– Michel Soëtard, Christian Jamet (éds): *Le pédagogue et la modernité. A l'occasion du 250e anniversaire de la naissance de Johann Heinrich Pestalozzi (1746-1827)*. Actes du colloque d'Angers (9-11 juillet 1996). IX, 238 p., 1998.

– Alain Vergnioux: *Pédagogie et théorie de la connaissance. Platon contre Piaget?* 198 p., 1991.

– Marie-Thérèse Weber: *La pédagogie fribourgeoise, du concile de Trente à Vatican II. Continuité ou discontinuité?* Préface de G. Avanzini. 223 p., 1997.

Recherches en sciences de l'éducation

- Linda Allal, Jean Cardinet, Phillipe Perrenoud (éds): *L'évaluation formative dans un enseignement différencié*. Actes du Colloque à l'Université de Genève, mars 1978. 264 p., 1979, 1981, 1983, 1985, 1989, 1991, 1995.

- Claudine Amstutz, Dorothée Baumgartner, Michel Croisier, Michelle Impériali, Claude Piquilloud: *L'investissement intellectuel des adolescents. Recherche clinique*. XVII, 510 p., 1994.

- Guy Avanzini (éd.): *Sciences de l'éducation: regards multiples*. 212 p., 1994.

- Daniel Bain: *Orientation scolaire et fonctionnement de l'école*. Préface de J. B. Dupont et F. Gendre. VI, 617 p., 1979.

- Ana Benavente, António Firmino da Costa, Fernando Luis Machado, Manuela Castro Neves: *De l'autre côté de l'école*. 165 p., 1993.

- Anne-Claude Berthoud, Bernard Py: *Des linguistes et des enseignants. Maîtrise et acquisition des langues secondes*. 124 p., 1993.

- Dominique Bucheton: *Ecritures-réécritures – Récits d'adolescents*. 320 p., 1995.

- Jean Cardinet, Yvan Tourneur (†): *Assurer la mesure. Guide pour les études de généralisabilité*. 381 p., 1985.

- Felice Carugati, Francesca Emiliani, Augusto Palmonari: *Tenter le possible. Une expérience de socialisation d'adolescents en milieu communautaire*. Traduit de l'italien par Claude Béguin. Préface de R. Zazzo. 216 p., 1981.

- Evelyne Cauzinille-Marmèche, Jacques Mathieu, Annick Weil-Barais: *Les savants en herbe*. Préface de J.-F. Richard. XVI, 210 p., 1983, 1985.

- Vittoria Cesari Lusso: *Quand le défi est appelé intégration. Parcours de socialisation et de personnalisation de jeunes issus de la migration*. XVIII, 328 p., 2001.

- Nanine Charbonnel (éd.): *Le Don de la Parole. Mélanges offerts à Daniel Hameline pour son soixante-cinquième anniversaire*. VIII, 161 p., 1997.

- Christian Daudel: *Les fondements de la recherche en didactique de la géographie*. 246 p., 1990.

- Bertrand Daunay: *La paraphrase dans l'enseignement du français*. XIV, 262 p., 2002.

- Jean-Marie De Ketele: *Observer pour éduquer*. (Epuisé)

- Joaquim Dolz, Jean-Claude Meyer (sous la direction de): *Activités métalangagières et enseignement du français. Actes des journées d'étude en didactique du français (Cartigny, 28 février – 1 mars 1997)*. XIII, 283 p., 1998.

- Pierre Dominicé: *La formation, enjeu de l'évaluation*. Préface de B. Schwartz. (Epuisé)

- Pierre-André Doudin, Daniel Martin, Ottavia Albanese (sous la direction de): *Métacognition et éducation*. XIV, 392 p., 1999, 2001.

- Pierre Dominicé, Michel Rousson: *L'éducation des adultes et ses effets. Problématique et étude de cas*. (Epuisé)

- Andrée Dumas Carré, Annick Weil-Barais (éds.): *Tutelle et médiation dans l'éducation scientifique*. VIII, 360 p., 1998.

– Jean-Blaise Dupont, Claire Jobin, Roland Capel: *Choix professionnels adolescents. Etude longitudinale à la fin de la scolarité secondaire*. 2 vol., 419 p., 1992.

– Raymond Duval: *Sémiosis et pensée humaine – Registres sémiotiques et apprentissages intellectuels*. 412 p., 1995.

– Eric Espéret: *Langage et origine sociale des élèves*. (Epuisé)

– Jean-Marc Fabre: *Jugement et certitude. Recherche sur l'évaluation des connaissances*. Préface de G. Noizet. (Epuisé)

– Monique Frumholz: *Ecriture et orthophonie*. 272 p., 1997.

– Pierre Furter: *Les systèmes de formation dans leurs contextes*. (Epuisé)

– André Gauthier (éd.): *Explorations en linguistique anglaise. Aperçus didactiques*. Avec Jean-Claude Souesme, Viviane Arigne, Ruth Huart-Friedlander. 243 p., 1989.

– Michel Gilly, Arlette Brucher, Patricia Broadfoot, Marylin Osborn: *Instituteurs anglais instituteurs francais. Pratiques et conceptions du rôle*. XIV, 202 p., 1993.

– André Giordan: *L'élève et/ou les connaissances scientifiques. Approche didactique de la construction des concepts scientifiques par les élèves*. 3e édition, revue et corrigée. 180 p., 1994.

– André Giordan, Yves Girault, Pierre Clément (éds): *Conceptions et connaissances*. 319 p., 1994.

– André Giordan (éd.): *Psychologie genétique et didactique des sciences*. Avec Androula Henriques et Vinh Bang. (Epuisé)

– Armin Gretler, Ruth Gurny, Anne-Nelly Perret-Clermont, Edo Poglia (éds): *Etre migrant. Approches des problèmes socio-culturels et linguistiques des enfants migrants en Suisse*. 383 p., 1981, 1989.

– Francis Grossmann: *Enfances de la lecture. Manières de faire, manières de lire à l'école maternelle*. Préface de Michel Dabène. 260 p., 1996, 2000.

– Francis Grossmann, Jean-Pascal Simon: *Lecture à l'Université. Langue maternelle, seconde et étrangère*. 335 p., 2003.

– Michael Huberman, Monica Gather Thurler: *De la recherche à la pratique. Eléments de base et mode d'emploi*. 2 vol., 335 p., 1991.

– Institut romand de recherches et de documentation pédagogiques (Neuchâtel): Connaissances mathématiques à l'école primaire: J.-F. Perret: *Présentation et synthèse d'une évaluation romande*; F. Jaquet, J. Cardinet: *Bilan des acquisitions en fin de première année*; F. Jaquet, E. George, J.-F. Perret: *Bilan des acquisitions en fin de deuxième année*; J.-F. Perret: *Bilan des acquisitions en fin de troisième année*; R. Hutin, L.-O. Pochon, J.-F. Perret: *Bilan des acquisitions en fin de quatrième année*; L.-O. Pochon: *Bilan des acquisitions en fin de cinquième et sixième année*. 1988-1991.

– Daniel Jacobi: *Textes et images de la vulgarisation scientifique*. Préface de J. B. Grize. (Epuisé)

– René Jeanneret (éd.): *Universités du troisième âge en Suisse*. Préface de P. Vellas. 215 p., 1985.

– Samuel Johsua, Jean-Jacques Dupin: *Représentations et modélisations: le «débat scientifique» dans la classe et l'apprentissage de la physique*. 220 p., 1989.

– Constance Kamii: *Les jeunes enfants réinventent l'arithmétique*. Préface de B. Inhelder. 171 p., 1990, 1994.

– Helga Kilcher-Hagedorn, Christine Othenin-Girard, Geneviève de Weck: *Le savoir grammatical des élèves. Recherches et réflexions critiques*. Préface de J.-P. Bronckart. 241 p., 1986.

– Georges Leresche (†): *Calcul des probabilités*. (Epuisé)

– Even Loarer, Daniel Chartier, Michel Huteau, Jacques Lautrey: *Peut-on éduquer l'intelligence? L'évaluation d'une méthode d'éducation cognitive*. 232 p., 1995.

– Georges Lüdi, Bernard Py: *Etre bilingue*. 3e édition. XII, 203 p., 2003.

– Pierre Marc: *Autour de la notion pédagogique d'attente*. 235 p., 1983, 1991, 1995.

– Jean-Louis Martinand: *Connaître et transformer la matière*. Préface de G. Delacôte. (Epuisé)

– Marinette Matthey: *Apprentissage d'une langue et interaction verbale*. XII, 247 p., 1996, 2003.

– Paul Mengal: *Statistique descriptive appliquée aux sciences humaines*. VII, 107 p., 1979, 1984, 1991, 1994, 1999 (5e + 6e), 2004.

– Henri Moniot (éd.): *Enseigner l'histoire. Des manuels à la mémoire*. (Epuisé)

– Cléopâtre Montandon, Philippe Perrenoud: *Entre parents et enseignants: un dialogue impossible?* Nouvelle édition, revue et augmentée. 216 p., 1994.

– Christiane Moro, Bernard Schneuwly, Michel Brossard (éds): *Outils et signes. Perspectives actuelles de la théorie de Vygotski*. 221 p., 1997.

– Gabriel Mugny (éd.): *Psychologie sociale du développement cognitif*. Préface de M. Gilly. (Epuisé)

– Sara Pain: *Les difficultés d'apprentissage. Diagnostic et traitement*. 125 p., 1981, 1985, 1992.

– Sara Pain: *La fonction de l'ignorance*. (Epuisé)

– Christiane Perregaux: *Les enfants à deux voix. Des effets du bilinguisme successif sur l'apprentissage de la lecture*. 399 p., 1994.

– Jean-François Perret: *Comprendre l'écriture des nombres*. 293 p., 1985.

– Anne-Nelly Perret-Clermont: *La construction de l'intelligence dans l'interaction sociale*. Edition revue et augmentée avec la collaboration de Michèle Grossen, Michel Nicolet et Maria Luisa Schubauer-Leoni. 305 p., 1979, 1981, 1986, 1996, 2000.

– Edo Poglia, Anne-Nelly Perret-Clermont, Armin Gretler, Pierre Dasen (éds): *Pluralité culturelle et éducation en Suisse. Etre migrant*. 476 p., 1995.

– Jean Portugais: *Didactique des mathématiques et formation des enseignants*. 340 p., 1995.

– Yves Reuter (éd.): *Les interactions lecture-écriture*. Actes du colloque organisé par THÉODILE-CREL (Lille III, 1993). XII, 404 p., 1994, 1998.

– Philippe R. Richard: *Raisonnement et stratégies de preuve dans l'enseignement des mathématiques*. XII, 324 p., 2004.

– Guy Rumelhard: *La génétique et ses représentations dans l'enseignement*. Préface de A. Jacquard. 169 p., 1986.

– El Hadi Saada: *Les langues et l'école. Bilinguisme inégal dans l'école algérienne*. Préface de J.-P. Bronckart. 257 p., 1983.

– Gérard Vergnaud: *L'enfant, la mathématique et la réalité. Problèmes de l'enseignement des mathématiques à l'école élémentaire*. V, 218 p., 1981, 1983, 1985, 1991, 1994.

– Jacques Weiss (éd.): *A la recherche d'une pédagogie de la lecture*. (Epuisé)